Sven Langbein

Lokale Konfiguration und partielle Aktivierung des FG-Effektes

Sven Langbein

Lokale Konfiguration und partielle Aktivierung des FG-Effektes

Diskussion von smarten Bauteilstrukturen und Beschreibung des Standardisierungs- und Integrationspotentials von FGL

Südwestdeutscher Verlag für Hochschulschriften

Imprint
Any brand names and product names mentioned in this book are subject to trademark, brand or patent protection and are trademarks or registered trademarks of their respective holders. The use of brand names, product names, common names, trade names, product descriptions etc. even without a particular marking in this work is in no way to be construed to mean that such names may be regarded as unrestricted in respect of trademark and brand protection legislation and could thus be used by anyone.

Cover image: www.ingimage.com

Publisher:
Südwestdeutscher Verlag für Hochschulschriften
is a trademark of
Dodo Books Indian Ocean Ltd., member of the OmniScriptum S.R.L Publishing group
str. A.Russo 15, of. 61, Chisinau-2068, Republic of Moldova Europe
Printed at: see last page
ISBN: 978-3-8381-2541-1

Zugl. / Approved by: Bochum, Ruhr-Universität, Dissertation, 2009

Copyright © Sven Langbein
Copyright © 2011 Dodo Books Indian Ocean Ltd., member of the OmniScriptum S.R.L Publishing group

Vorwort

Die vorliegende Dissertation entstand im Rahmen meiner Tätigkeit als wissenschaftlicher Mitarbeiter am Lehrstuhl für Maschinenelemente und Konstruktionslehre der Ruhr-Universität Bochum. Finanziell wurde die Arbeit durch die Förderung des Projektes B1 (variable Bauteilfunktionen durch lokal konfigurierbare und partiell aktivierbare Formgedächtniseffekte) im Sonderforschungsbereich (SFB) 459 „Formgedächtnistechnik" durch die Deutsche Forschungsgemeinschaft (DFG) unterstützt.

Mein besonderer Dank richtet sich an Herrn Prof. Dr.-Ing. Ewald Georg Welp, dem ehemaligen Inhaber des Lehrstuhls, der plötzlich und für alle unerwartet in der letzten Phase meiner Dissertation verstarb. Ich danke Ihm für das mir entgegengebrachte Vertrauen und die mir zugestandene Freiheit, eigenverantwortlich auf dem Gebiet der Formgedächtnistechnik zu forschen. Herrn Prof. Dr.-Ing. Horst Meier, Leiter des Lehrstuhls für Produktionssysteme und Dekan der Fakultät Maschinenbau der Ruhr-Universität Bochum danke ich in besonderem Maße für die Übernahme des Referats von Prof. Welp. Herrn Prof. Dr.-Ing. Werner Theisen danke ich herzlich für das Interesse an dieser Arbeit und für die freundliche Übernahme des Korreferats.

Bedanken möchte ich mich zudem bei meiner Familie und meinen Kollegen am Lehrstuhl für Maschinenelemente und Konstruktionslehre für die gute und mitunter auch humorvolle Zusammenarbeit.

Abstract

Regarding their technical feasibility shape memory alloys (SMAs) can be compared to simply constructed and silently operating actuators. SMA-based products are applied rarely because of their complex characteristics, missing simulation and design tools and missing engineering standards. Companies often avoid the risks connected to an individual development. To remedy this deficiency it is necessary to provide standardized actuators which are staged in type series, like electromagnets or electric motors.

SMAs have a very distinctive standardization- and integration potential. The reasons for these potentials are distinctive features of SMAs (compared to other materials) such as adjusting different effect specifications and therefore different functions in one component. Two methods are used for local generation of the SM-effects and/or smart actuator structures. Both methods are investigated and functionally characterized by experiments within this research paper.

One method is local configuration. In this case a locally limited and permanent function giving is realized by a modification of the inner microstructure. The main focus of this paper is local heat treatment. In order to characterize this method basic functional investigations on wires as well as further investigations on actuator structures are carried out in specially developed test stands. At the same time an analytic view on the method is given.

A further method which is investigated is partial activation. This method is based on the locally limited activation by a locally limited heat source. Here the SM-component does not require any thermo mechanical pre-treatment, only a heating principle must be installed locally. With partial activation the function giving is only applied during operation. Equivalent to local configuration basic tests and an analytic view are carried out.

After the presentation of both function giving methods the potentials resulting from the combination of both methods are discussed. The disadvantages of the individual methods regarding the variability and complexity of their function giving can be compensated.

After the detailed description of both function giving methods the second part of the paper concentrated on the conceptual view of smart SM-structures. In this context exemplary effect structures were generated and an analysis of the standardization- and integration potentials was made. A prototype resulted from the specification of a partially integrated structure. Important results concerning the function integration were achieved via practical test methods.

Finally, guidelines were developed to support development processes together with multi-functional SM-components. The developed guidelines were based on structural analysis as well as the development of a prototype actuator system. A special emphasis was put on the support of the function integration and therefore the realization of multi-functional structures.

Kurzfassung

Formgedächtnislegierungen (FGL) besitzen den Charme der Realisierbarkeit einfach aufgebauter und geräuschlos arbeitender Aktoren. Aufgrund der komplexen Eigenschaften, der fehlenden Simulations- und Auslegungswerkzeuge und der fehlenden Normen sind FGL-basierte Produkte jedoch bisher selten zu finden. Unternehmen scheuen häufig die Risiken, die mit einer Individualentwicklung in Verbindung stehen. Um diesen Missstand zu beseitigen, ist es notwendig, standardisierte und in Baureihen gestufte Aktorsysteme, wie sie beispielsweise bei Elektromagneten oder Elektromotoren vorzufinden sind, bereitzustellen.

Das Standardisierungs- und Integrationspotential ist bei FGL besonders ausgeprägt. Grundlage für dieses Potential ist die Besonderheit von FGL gegenüber anderen Werkstoffen, verschiedene Effektausprägungen und damit verschiedene Funktionen in einem Bauteil einstellen zu können. Zur lokalen Generierung der FG-Effekte und damit von smarten Aktorstrukturen existieren zwei verschiedene Verfahren, die im Rahmen dieser Arbeit analysiert und mittels experimenteller Untersuchungen funktional charakterisiert werden.

Es handelt sich hierbei einerseits um die lokale Konfiguration, bei der durch eine Veränderung der inneren Mikrostruktur eine örtlich begrenzte und dauerhafte Funktionsgebung realisiert wird. Im Rahmen dieser Arbeit wird der Schwerpunkt auf die lokale Wärmebehandlung gelegt. Zur Charakterisierung dieses Verfahrens werden sowohl grundlegende funktionale Untersuchungen an Drähten als auch weiterführende Untersuchungen an Aktorstrukturen an eigens dafür entwickelten Versuchsständen durchgeführt. Parallel dazu erfolgt eine analytische Betrachtung des Verfahrens.

Als weiteres Verfahren wird die partielle Aktivierung untersucht. Dieses Verfahren beruht auf der örtlich begrenzten Aktivierung durch eine örtlich begrenzte Wärmequelle. Die FG-Komponente bedarf hierbei keiner thermomechanischen Vorbehandlung, lediglich das Erwärmungsprinzip muss lokal installiert werden. Bei der partiellen Aktivierung erfolgt die Funktionsgebung nur während des Betriebes. Äquivalent zur lokalen Konfiguration werden grundlegende Versuche und analytische Betrachtung durchgeführt.

Im Anschluss an die Vorstellung der beiden Funktionsgebungsverfahren erfolgt die Diskussion der Potentiale, die sich durch eine Kombination beider Verfahren ergeben. Schwächen der einzelnen Verfahren in Bezug auf die Variabilität und Komplexität der Funktionsgebung können somit kompensiert werden.

Nach der ausführlichen Beschreibung der beiden Funktionsgebungsverfahren erfolgt im zweiten Teil der Arbeit eine konzeptionelle Betrachtung von smarten FG-Strukturen. Hierzu wurden beispielhafte Wirkstrukturen generiert und Analysen zum Standardisierungs- und Integrationspotential angestellt. Es erfolgte die Konkretisierung einer teilintegrierten Struktur zu einem Prototyp. Damit konnten wichtige Erkenntnisse zur Funktionsintegration unter Praxisbezug gewonnen werden.

Abschließend wurde eine Handlungshilfe bzw. ein Handlungsleitfaden erarbeitet, der aufbauend auf den Strukturanalysen und der Entwicklung des prototypischen Aktorsystems Entwicklungsprozesse im Zusammenhang mit multifunktionalen FG-Komponenten unterstützen soll. Besonderer Wert wurde dabei auf die Unterstützung der Funktionsintegration und damit die Verwirklichung von multifunktionalen Strukturen gelegt.

Inhaltsverzeichnis

1 Einleitung 1
   1.1 Problemstellung und Motivation 1
   1.2 Ziel der Arbeit 2
   1.3 Struktur der Arbeit 3
2 Grundlagen und Stand der Technik 4
   2.1 Formgedächtnislegierungen 4
      2.1.1 Ursache für das Formgedächtnisverhalten 4
      2.1.2 Formgedächtniseffekte 6
      2.1.3 Legierungstypen 9
   2.2 Formgedächtnisaktoren 10
      2.2.1 Bauform und Stellbewegung 11
      2.2.2 Prinzipieller Aufbau 13
      2.2.3 Thermische Aktivierung 15
      2.2.4 Anwendungsbeispiele für FG-Aktoren 16
   2.3 FG-Aktoren aus der Sicht der Mechatronik 19
      2.3.1 Grundlagen 19
      2.3.2 Wegfall der Sensorik und Informationsverarbeitung 20
      2.3.3 Wegfall der Informationsverarbeitung 22
      2.3.4 Wegfall der Sensorik 22
   2.4 Smarte Strukturen 23
   2.5 Baukastensysteme 24
      2.5.1 Integral- und Differentialbauweise 24
      2.5.2 Definition von Baukastensystemen 25
      2.5.3 FGL-basierte Baukastensysteme 26
3 Strategie der lokalen Konfiguration 28
   3.1 Grundlagen 28
   3.2 Arten der lokalen Konfiguration 29
      3.2.1 Lokale Konfiguration durch Wärmebehandlung 31
      3.2.2 Lokale Konfiguration durch Beschichtung 33
      3.2.3 Lokale Konfiguration durch Strukturierung 34
      3.2.4 Lokale Konfiguration durch Legierungszusammensetzung 36
   3.3 Beispiele für lokal konfigurierte FG-Aktoren 40

3.3.1	Linearaktor mit lokal konfigurierter FG-Feder	40
3.3.2	Lokal konfigurierter Mikrogreifer	41
3.3.3	Mikrogreifer	41
3.3.4	Dünnschichtaktor	42
3.4	Versuche an Halbzeugen	43
3.4.1	Einleitung	43
3.4.2	Verwendete Versuchsanlagen und Methoden	44
3.4.3	Versuchsvorbereitung	49
3.4.4	Versuchsdurchführung	50
3.4.5	Versuchsauswertung	52
3.4.5.1.	Grundlagenversuche	52
3.4.5.2.	Versuche zur Leistungsfähigkeit und Temperaturstandfestigkeit	75
3.4.5.3.	Lokale Konfigurationsversuche	79
3.4.5.4.	Stufenaktorversuche	87
3.5	Versuche am Demonstrator	89
3.5.1	Versuchsaufbau	89
3.5.2	Versuchsdurchführung	91
3.5.3	Versuchsauswertung	91
4	Strategie der partiellen Aktivierung	92
4.1	Grundlagen	92
4.2	Arten der partiellen Aktivierung	94
4.3	Beispiele für partiell aktivierte FG-Aktoren	96
4.3.1	Multiaktorsystem mit Aktor-Gegenaktor-Prinzip	96
4.3.2	Harmonic Drive Schrittantrieb	97
4.4	Versuche an Halbzeugen	98
4.4.1	Versuchsaufbau	98
4.4.2	Versuchsdurchführung	98
4.4.3	Darstellung und Auswertung der Messergebnisse	99
4.5	Versuche zur Agonist-Antagonist Bauweise	101
4.5.1	Diskussion des Prinzips gegeneinander arbeitender FG-Stellelemente	101
4.5.2	Versuchsaufbau	103
4.5.3	Versuchsdurchführung	104
4.5.4	Auswertung der Messergebnisse	104
4.6	Versuche am Demonstrator	108
4.6.1	Versuchsaufbau	108

Inhaltsverzeichnis

- 4.6.2 Versuchsdurchführung 108
- 4.6.3 Darstellung und Auswertung der Messergebnisse 109
- 5 Kombination lokale Konfiguration mit partieller Aktivierung 110
  - 5.1 Kombination lokaler Konfigurationen 110
  - 5.2 Kombination lokale Konfiguration mit partieller Aktivierung 112
- 6 Bauweisen smarter Aktorstrukturen 114
  - 6.1 Merkmale und Anforderungen 114
  - 6.2 „One-Module"-Funktionsbaukasten 115
    - 6.2.1 Standardisierung 116
    - 6.2.2 Funktionsintegration 118
  - 6.3 Analytische Betrachtungen an Elementarstrukturen 119
    - 6.3.1 Drahtstruktur 119
    - 6.3.2 Hebelstruktur 122
  - 6.4 Strukturentwicklung 123
    - 6.4.1 Möglichkeiten zur partiellen Aktivierung und Kontaktierung der Strukturen 123
    - 6.4.2 Erweiterung der Strukturen aus Kapitel 6.3 125
    - 6.4.3 Analytische Betrachtung der Strukturentwicklung 126
    - 6.4.4 Erzeugung einer definierten FG-Struktur 128
- 7 Handlungshilfe zur Entwicklung smarter FG-Strukturen 131
  - 7.1 Grundlagen 131
  - 7.2 Erweiterung des mechatronischen Vorgehensmodells 132
    - 7.2.1 Allgemeine Sichtweise 132
    - 7.2.2 Evaluierung am Beispiel des Rautenaktors 138
  - 7.3 Einbindung in den Entwurfsprozess mechatronischer Systeme 140
    - 7.3.1 Anforderungen 140
    - 7.3.2 Systementwurf 142
- 8 Abschließende Betrachtung 151
  - 8.1 Fazit 151
  - 8.2 Zusammenfassung und Ausblick 152

Abkürzungen

Abkürzung	Bedeutung
CAD	Computer Aided Design
CBN	kubisches Bornitrit
CVD	chemische Gasphasenabscheidung
DSC	Differential Scanning Calorimetry
DBW	Differentialbauweise
ECR	Electron Cyclotron Resonance
EDM	Electro-Discharge-Machining
EWE	Einwegeffekt
FG-	Formgedächtnis-
FGL	Formgedächtnislegierung
HIP	Heißisostatisches Pressen
IBW	Integralbauweise
P-	Proportional-
PKD	polykristalliner Diamant
PROM	Programmable Read Only Memory
PUT	Phasenumwandlungstemperatur
PVD	physikalische Gasphasenabscheidung
S-	Stufen-
SLS	selektives Lasersintern
SMA	Shape Memory Alloy
STA	Stufenaktor
SW-	Schwarz-Weiß-
ZWE	Zweiwegeffekt

Formelzeichen

Formelzeichen	Bezeichnung	Einheit
A_f	Austenit-Finish-Temperatur	°C
A_s	Austenit-Start-Temperatur	°C
EQ^A	Gleichgewichtspunkt	-
$EQ^{R,M}$	Gleichgewichtspunkt	-
F	Kraft	N
F^A	Kraft resultierend aus dem Austenitplateau	N
$F^{R,M}$	Kraft resultierend aus dem Martensitplateau	N
I	elektrischer Strom	A
L	Länge	m
M_d	Grenztemperatur zur spannungsinduzierten Martensitbildung	°C
M_f	Martensit-Finish-Temperatur	°C
M_s	Martensit-Start-Temperatur	°C
P	Leistung	W
r	Radius	m
T	Temperatur	°C
U	elektrische Spannung	V
V	Volumen	m³
ΔL	Längendifferenz	m
ΔT	Temperaturdifferenz	°C
σ	mechanische Spannung	N/mm²
ε	Dehnung	-

1 Einleitung

1.1 Problemstellung und Motivation

Das Gebiet der Aktoren auf der Basis von Formgedächtnislegierungen (FGL) ist durch eine Fokussierung auf die Entwicklung von Formgedächtnis(FG)-Applikationen für konkrete Anwendungsfälle gekennzeichnet und erlaubt in der Regel keine Übertragung der Lösungen auf andere Aufgaben. Diese Fokussierung hat zwei entscheidende Nachteile zur Folge. Erstens erreichen durch eine Individualentwicklung der Aufwand und die Kosten ein sehr hohes Niveau und zweitens stellt die Entwicklung von komplexen FG-Aktoren eine für viele Unternehmen unüberwindbare Hürde dar. Grund hierfür sind die komplexen Eigenschaften und fehlende Simulations- und Auslegungswerkzeuge. Dadurch ist die Durchführung ausgiebiger Tests unausweichlich, um gesicherte Aussagen über die Funktion und die Lebensdauer der FG-Komponenten treffen zu können.

Es besteht daher ein erhebliches Interesse daran, FG-Aktorsysteme mit komplexen und auch mit variablen Funktionen in standardisierter Form bereitzustellen. Baukastensysteme ermöglichen hierbei nicht nur eine Übertragbarkeit auf verschiedene Einsatzbereiche, sondern führen auch zu einer Reduzierung der Variantenvielfalt. Die Nutzung standardisierter Komponenten stellt somit eine interessante Möglichkeit dar, das Entwicklungsrisiko und den Aufwand für einzelne Applikationen wirksam zu reduzieren. Ein Problem bei herkömmlichen Baukastensystemen, wie sie in [1] beschrieben werden, stellt jedoch die steigende Systemkomplexität durch die notwendigen Zusatzfunktionen, wie die mechanische und elektronische Kopplung der Module, dar. Über die herkömmliche Form eines Baukastensystems hinaus besteht jedoch die Möglichkeit, ein variables FG-Aktorsystem allein durch die Konfiguration einer einzigen FG-Komponente zu erzeugen. Damit wird das bei FGL vorhandene und einzigartige Potential zur Funktionsintegration und damit zur Standardisierung ausgeschöpft. Die Entwicklung hin zu einem derartig vollintegrierten System ist schematisch in *Bild 1.1* dargestellt.

Grundlage für dieses Potential ist die Besonderheit von FGL, gegenüber anderen Werkstoffen bzw. Funktionswerkstoffen verschiedene Effektausprägungen in einem Bauteil einstellen zu können. Damit lassen sich in einem einzigen FG-Bauteil folgende Funktionen realisieren:

- Aktorfunktion,
- Feder- bzw. Rückstellfunktion,
- Gelenkfunktion,
- Dämpfungsfunktion,
- Strukturfunktion.

Mit dieser Funktionskonfiguration eröffnet sich somit eine neue Sichtweise, nämlich die der hochgradigen Integralbauweise, um ein multifunktionales Aktorelement zu realisieren. Dieser sogenannte „one-Module"- Funktionsbaukasten, der nur aus einer einzigen Basis-FG-Komponente bestehen kann, kann speziell für den vorgesehenen Einsatzzweck funktional programmiert werden. Diese Programmierung beruht dabei auf der lokalen Erzeugung verschiedener FG-Effekte als auch auf der Erzeugung gleicher Effekt mit verschiedenen Ausprägungen. D.h., eine FG-Komponente

Einleitung

allein kann sowohl verschiedene passive (Gelenk-, Dämpfungs- oder Strukturfunktionen) als auch verschiedene aktive Funktionsbereiche besitzen. Die so geschaffenen Partitionen können innerhalb der FG-Komponente wie Module eines Baukastens beliebig kombiniert werden. Aus der Summe der inhärenten Einzelfunktionen ergibt sich eine Gesamtfunktion. Die räumliche Struktur einer solchen FG-Komponente findet dabei Anlehnung an smarte bzw. adaptive Strukturen [2]. Derartige variable Strukturen wurden bereits in allgemeiner Form aber ohne Bezug zu Funktionswerkstoffen von [3] und [4] beschrieben. Die Realisierbarkeit einer funktionalen Programmierung von FG-Bauteilen, d.h. einer lokalen Manipulation der funktionalen Werkstoffeigenschaften, wurde bereits durch [5] und [6] nachgewiesen.

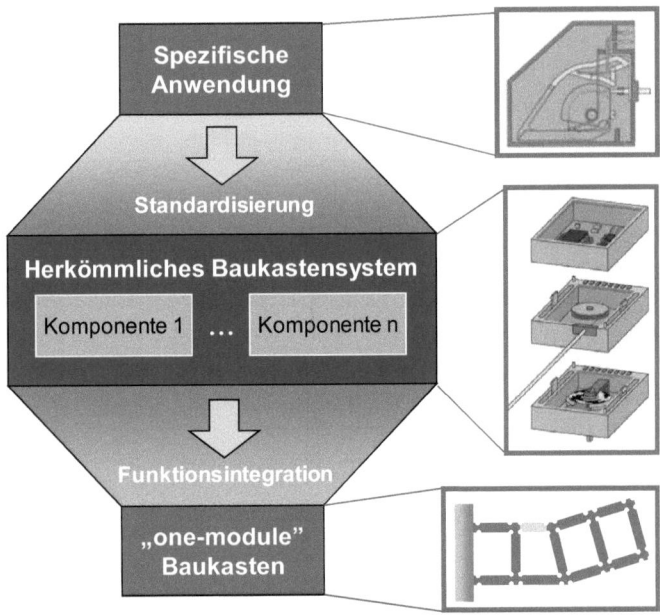

Bild 1.1: *Schematische Entwicklung von Bauweisen bei FG-Aktoren*

1.2 Ziel der Arbeit

Das Ziel der Arbeit lässt sich in zwei Bereiche aufteilen. Im ersten Teil der Arbeit sollen mögliche Verfahren zur Konfiguration von smarten FG-Strukturen beschrieben und funktional charakterisiert werden. Hierunter fallen Grundlagenversuche zur Bestimmung der optimalen Konfigurationsparameter sowie eine Charakterisierung der erzeugbaren FG-Effekte. Desweiteren sollen Versuche an Demonstratoren bzw. FG-Halbzeugen durchgeführt werden, um die Realisierbarkeit der „one-Module"-Strategie zu überprüfen.

Der zweite Teil der Arbeit beinhaltet die Bereitstellung von Methoden und Wissen zur Unterstützung des Entwicklungsprozesses derartiger FG-Strukturen. Hierbei gilt es, Bauformen von smarten Strukturen zu analysieren und Potentiale zur Funktionsintegration abzuleiten. Aus den Ergebnissen soll eine Handlungshilfe zur Konzeption von FG-Strukturen aufgestellt werden, die die mögliche Lösungsvielfalt beschreiben und eine Lösungsfindung unterstützen soll. Der erreichbare Grad der Funktionsintegration ist hierbei eine wesentliche Zielgröße.

1.3 Struktur der Arbeit

Eine Übersicht über die Struktur der Arbeit wird in ***Bild 1.2*** gegeben. Hierbei werden die Schwerpunkte und die Vernetzungen der Kapitel aufgeführt.
Das erste Kapitel beschäftigt sich mit der Einführung in die Problemstellung und mit den Zielen dieser Arbeit. Im zweiten Kapitel werden die grundlegenden Merkmale und Eigenschaften der Formgedächtnistechnik sowie relevanter Bauweisen erläutert. Im Anschluss daran wird im dritten Kapitel mit der lokalen Konfiguration das zentrale Verfahren zur Herstellung von „one-Module"-Strukturen vorgestellt. Neben der ausführlichen Analyse und Charakterisierung dieses Funktionsgebungsverfahrens werden auch Untersuchungen an einem Demonstrator beschrieben. Im vierten Kapitel erfolgt in äquivalenter Weise die Vorstellung der partiellen Aktivierung als ein alternatives Verfahren. Aufbauend auf Kapitel drei und vier wird im fünften Kapitel die Kombination beider Verfahren diskutiert. Im sechsten Kapitel werden die Erkenntnisse aus den vorangegangenen Kapiteln genutzt, um konzeptionelle Vorschläge für smarte FG-Strukturen zu unterbreiten. Unter Einbeziehung der gewonnen Erkenntnisse wird im siebten Kapitel eine Methodik zur Konzeption von FG-Strukturen vorgestellt. Abschließend erfolgen im achten Kapitel die Diskussion der Ergebnisse und die Zusammenfassung.

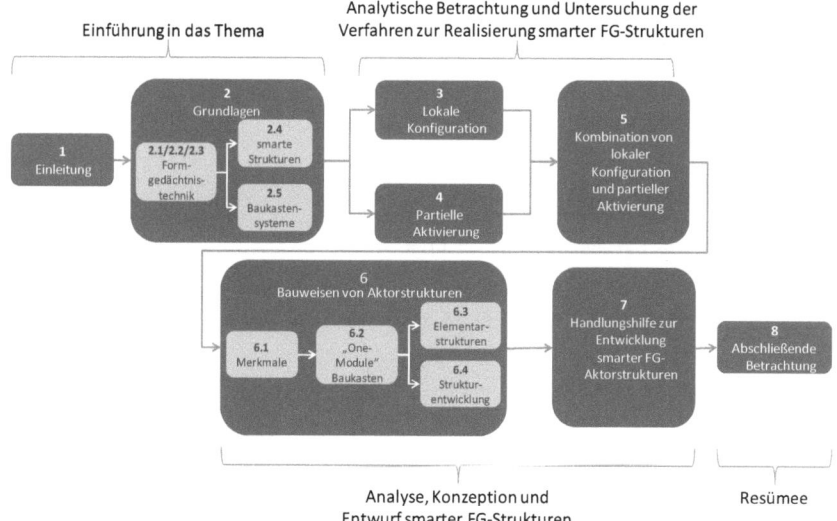

Bild 1.2: *Struktur und Inhalte der Arbeit*

2 Grundlagen und Stand der Technik

2.1 Formgedächtnislegierungen

Formgedächtnislegierungen (FGL) werden den so genannten „intelligenten" Materialien zugeordnet, da sie neben der Aktorfunktion auch eine Sensorfunktion erfüllen können und somit die Realisierung einfacher und kompakter Bauelemente mit multifunktionalen Eigenschaften ermöglichen. Der Formgedächtniseffekt resultiert aus einer kristallographisch reversiblen Martensit-Austenit-Phasenumwandlung. Unter den derzeit bekannten Aktorprinzipien zeigt der Formgedächtniseffekt die höchsten Energiedichten, die bei NiTi-Legierungen in der Größenordnung von 10 J/cm^3 liegen [7]. Der Begriff Formgedächtnis steht für die ungewöhnliche Eigenschaft der Gestalterinnerung, die in bestimmten Legierungen thermisch oder mechanisch ausgelöst werden kann. Nach einer starken Deformation sind Legierungen mit Formgedächtnis in der Lage, sich in eine zuvor eingeprägte Gestalt zurück zu verformen.

Im Gegensatz zu konventionellen Antriebsprinzipien bietet der Einsatz von Stellelementen aus Formgedächtnislegierungen die Möglichkeit, einfach aufgebaute, leichte und geräuschlose Aktoren herzustellen. Die entscheidenden Vorteile von FG-Aktoren sind in *Bild 2.1* zusammengefasst. Nachteilig wirkt sich bei Aktoren auf Basis von Formgedächtnislegierungen die für bestimmte Anwendungen ungenügende Dynamik aus. Probleme wie die niedrigen Umwandlungstemperaturen und das Stabilitätsverhalten sind weitere Themen der aktuellen Forschung.

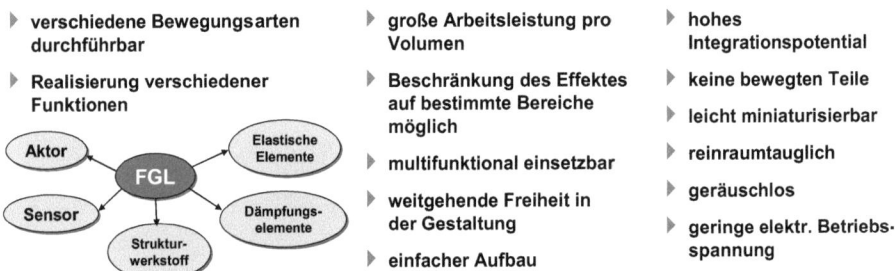

Bild 2.1: Vorteile von FG-Aktoren in Bezug auf industrielle Anwendungen

2.1.1 Ursache für das Formgedächtnisverhalten

Die Basis für den Formgedächtniseffekt ist die martensitische Umwandlung, die unabhängig von der Abkühlgeschwindigkeit und damit unabhängig von Zeit und Diffusion abläuft. Bei der martensitischen Umwandlung wandelt die Hochtemperaturphase Austenit (β-Phase) bei tiefer Temperatur zu Martensit (α-Phase) um. Die Reversibilität dieser besonderen Austenit-Martensit-Umwandlung ist die wichtigste Voraussetzung für das Auftreten von Formgedächtniseffekten. Grundlage dafür ist die Vererbung der kristallinen Ordnung bei dem aus der β-Phase durch Scherung entstandenen martensitischen Zustand. D.h., Nachbarschaftsverhältnisse im Atomverbund werden nicht verändert. Diese Umwandlung wird deshalb auch als thermoelastische Umwandlung bezeichnet. Wird nun der Formgedächtniskristall im martensitischen Zustand unterhalb einer

Grenzdehnung mechanisch verformt, bleiben nächste Nachbarn weiterhin im Atomverbund nächste Nachbarn. Erfolgt beim thermischen Effekt durch Erwärmung die Rückumwandlung von Martensit in Austenit, so bildet sich die Verformung aufgrund der Symmetrie des Austenitgitters, die nur eine Möglichkeit zur Anordnung der Atome zulässt, wieder zurück [8;9]. *Bild 2.2* zeigt schematisch den Vorgang der Umwandlung und die entsprechenden Umwandlungstemperaturen.

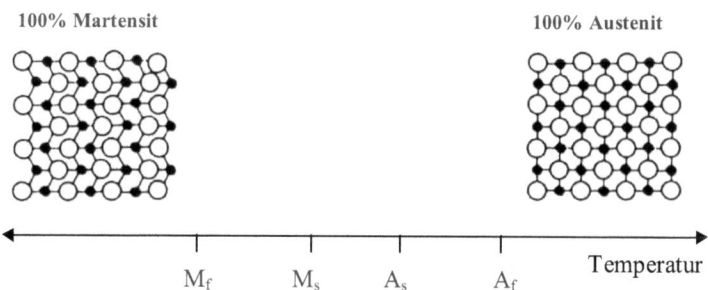

***Bild 2.2**: Umwandlung anhand des Temperaturstrahls*

A_s (Austenit-Start-Temperatur): Umwandlung Martensit→Austenit beginnt
A_f (Austenit-Finish-Temperatur): Umwandlung Martensit→Austenit endet
M_s (Martensit-Start-Temperatur): Umwandlung Austenit→Martensit beginnt
M_f (Martensit-Finish-Temperatur): Umwandlung Austenit→Martensit endet

Eine Besonderheit, die mit dem FG-Effekt einhergeht, sind die großen scheinbar plastischen Formänderungen, welche auf einer sogenannten Entzwilligung verschiedener Martensitvarianten beruhen. Hierbei kann die martensitische Probe bis zu 8% pseudoplastisch verformt werden. „Pseudoplastisch" bedeutet in diesem Fall, dass die plastische Verformung der Formgedächtnislegierung im Gegensatz zu herkömmlichen plastischen Materialverformungen durch das Erhöhen der Temperatur und der damit verbundenen kristallinen Phasenumwandlung reversibel wird. Die zweite Besonderheit bei FGL ist das ungewöhnliche Verformungsverhalten des Austenits zwischen der Austenit-Finish-Temperatur A_f und der kritischen Temperatur M_d. In diesem Temperaturbereich ist der mechanische Effekt der sogenannten Pseudoelastizität (auch bekannt als Superelastizität) zu beobachten. Hierbei erfolgt eine Umwandlung von Austenit zu Martensit nicht durch thermische sondern durch mechanische Triebkräfte, beispielsweise durch das Beaufschlagen mit einer äußeren Last und der daraus resultierenden inneren mechanischen Spannung. Wird die mechanische Spannung wieder zurückgenommen, erfolgt eine Rückumwandlung in Austenit. Dieser Effekt bewirkt im Vergleich zu Stählen eine sehr stark erhöhte quasi elastische (pseudoelastische) Verformbarkeit. Oberhalb der kritischen Temperatur M_d verhält sich der Austenit wieder konventionell und es wird kein Martensit mehr induziert [8;10]. Das Spannungs-Dehnungsverhalten von Formgedächtnislegierungen ist zusammenfassend in *Bild 2.3* dargestellt.

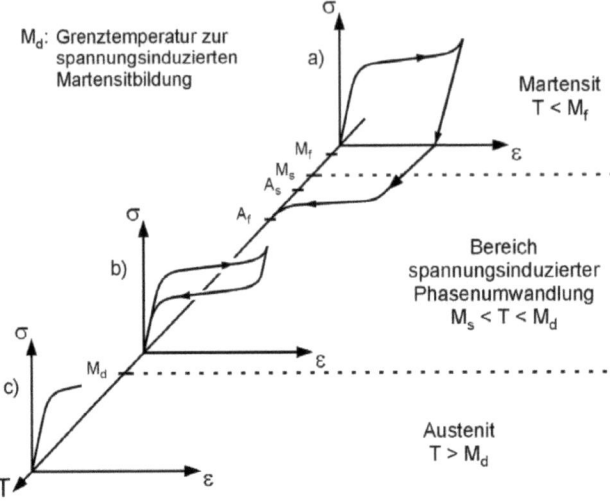

Bild 2.3: *Temperaturabhängiges Spannungs-Dehnungsverhalten von FGL [10]*

2.1.2 Formgedächtniseffekte

Eine Übersicht der nutzbaren FG-Effekte mit beispielhaften Anwendungen ist in **Bild 2.4** dargestellt. Eine detailliertere Erläuterung der einzelnen Effekte erfolgt in den nachfolgenden Abschnitten.

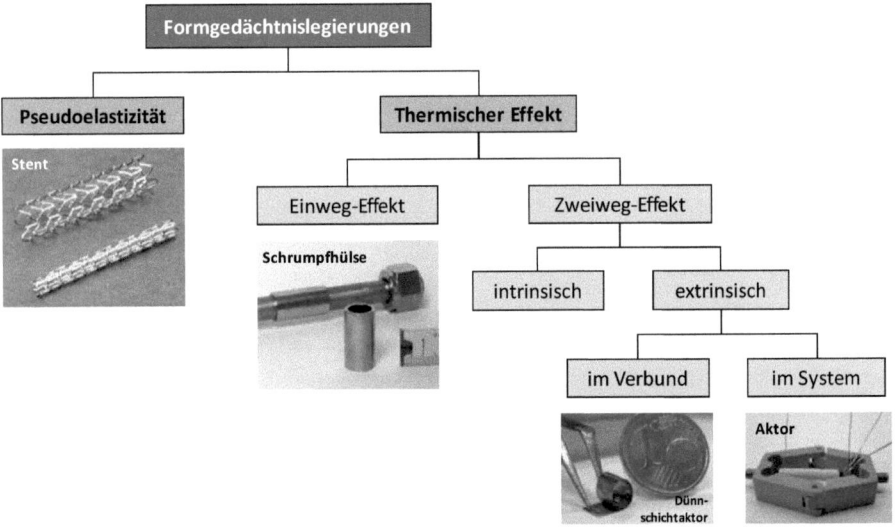

Bild 2.4: *Schematische Unterteilung der FG-Effekte und Zuordnung von Anwendungen*

Einwegeffekt (EWE)

Der Einwegeffekt beruht auf der pseudoplastischen Verformung im martensitischen Zustand und der im Vergleich zum Austenit geringen Festigkeit des Martensits. Durch das Anlegen einer mechanischen Spannung lässt sich das Kristallgitter im martensitischen Zustand leicht umorientieren und entzwillingen. Dies geschieht dabei in Richtung der äußeren oder inneren Spannung und aufgrund der hochbeweglichen Grenzflächen. Im Spannungs-Dehnungs-Diagramm stellt sich dieser Bereich durch ein Plateau dar (Martensitplateau). Die Formänderung beim Martensit ist bleibend. Wird die Temperatur jedoch über A_s und weiter bis A_f erhöht, so stellen sich während der Umwandlung die ursprüngliche Kristallorientierung des Austenits und damit die ursprüngliche Form der Probe wieder ein. Kühlt das Material daraufhin im spannungsfreien Zustand wieder bis M_f ab, so erfolgt zwar eine kristalline Umwandlung von Austenit in Martensit, jedoch ohne eine äußere Formänderung und man spricht vom sogenannten Einwegeffekt. Gekennzeichnet ist der Einwegeffekt somit durch die einmalige Formänderung einer zuvor im Martensit pseudoplastisch verformten Probe beim Aufheizen. Sowohl während der Umwandlung als auch im austenitischen Zustand wirken beim Einwegeffekt keine äußeren Kräfte auf die Formgedächtnislegierung ein. Dieser Effekt eignet sich zur Anwendung in Verbindungselementen wie beispielsweise Schrumpfhülsen. Dargestellt ist der Mechanismus des Einwegeffektes in **Bild 2.5** [8;10].

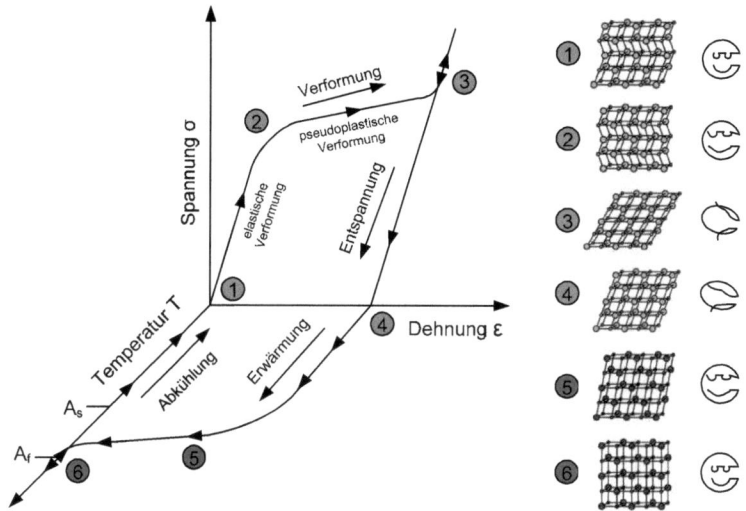

Bild 2.5: *Verhalten beim Einwegeffekt (in Anlehnung an [8])*

Zweiwegeffekt (ZWE)

Generell ist das Durchlaufen der martensitischen Umwandlung nicht mit einer äußeren Formänderung verknüpft. Erst aus der Auswahl bestimmter Kristallvarianten resultiert eine Formänderung des Martensits beim Abkühlen. Die Auswahl kann dabei durch innere

Spannungsfelder (intrinsisch) oder durch Verformung mit Hilfe einer äußeren Kraft (extrinsisch) erfolgen. Die reversible Formänderung sowohl beim Aufheizen als auch beim nachfolgenden Abkühlen wird demnach als Zweiwegeffekt bezeichnet. Bei diesem Effekt „erinnern" sich Formgedächtnisbauteile sowohl an ihre Hochtemperatur- als auch an ihre Niedertemperaturform. Der „intrinsische Zweiwegeffekt" resultiert aus dem Einprägen bzw. Stabilisieren bevorzugter Martensitvarianten durch sogenannte Trainingsprozesse, bei denen Versetzungsstrukturen generiert werden. Bei der Austenit-Martensit-Umwandlung kann jedoch keine nennenswerte mechanische Arbeit geleistet werden, weshalb dieser Effekt in technischen Anwendungen nur eine untergeordnete Rolle spielt. Beim sogenannten „extrinsischen Zweiwegeffekt" erhält man die reversible Formänderung im Prinzip dadurch, dass der Einwegeffekt durch eine äußere, verformende Kraft immer wieder von neuem auftritt (*Bild 2.6*). Diese von außen wirkende, verformende Kraft kann durch eine Last oder eine Gegenfeder aufgebracht werden und muss groß genug sein, um den Martensit im Plateaubereich zu verformen. Die Kraft darf jedoch nicht zu groß sein, um die Arbeitsleistung nicht unnötig zu verringern. Dieser Effekt eignet sich zur Verwendung in Aktoren [8;10].

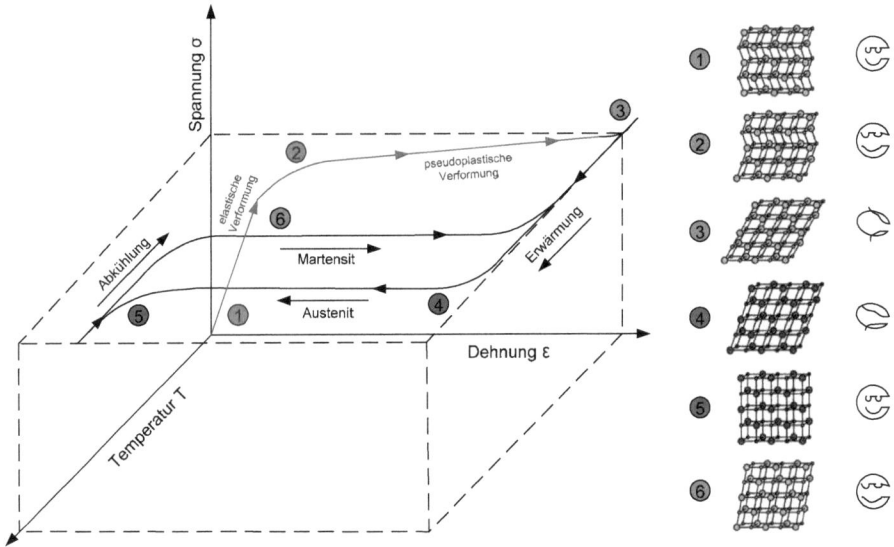

Bild 2.6: Verhalten beim Zweiwegeffekt (in Anlehnung an [8])

Pseudoelastizität

Dieser Effekt beruht auf der Umwandlung von Austenit in Martensit durch mechanische Triebkräfte und der Bildung von sogenannten spannungsinduzierten Martensit in einem Temperaturbereich zwischen A_f und M_d. Dargestellt ist der Mechanismus der Pseudoelastizität in *Bild 2.7*.
Durch bestimmte Legierungszusammensetzungen erreicht man, dass die austenitischen Umwandlungstemperaturen auf ein Intervall unterhalb der Raumtemperatur fallen, wodurch der

Effekt der Pseudoelastizität nutzbar wird. Bei der Pseudoelastizität können bei nahezu gleichbleibender Spannung (pseudoelastische Plateauspannung) Dehnungen von maximal 8% erreicht werden. Dieser pseudoelastische Bereich ist dem Bereich der konventionellen elastischen Verformung nachgelagert. Wird nach erfolgter Verformung, d.h. nach der Entzwilligung des spannungsinduzierten Martensits, die martensitbildende Kraft wieder weggenommen, so vollzieht sich eine Rückumwandlung von Martensit in Austenit und damit eine Rückverformung. Diese Eigenschaft erlaubt die Herstellung von Federelementen, die näherungsweise eine vom Weg unabhängige konstante Kraft ausüben. Die Pseudoelastizität eignet sich für Produkte, wie Festkörpergelenke, Brillengestelle, Stents und aufgrund der hysteresebehafteten Umwandlung für Dämpfungselemente [8;10].

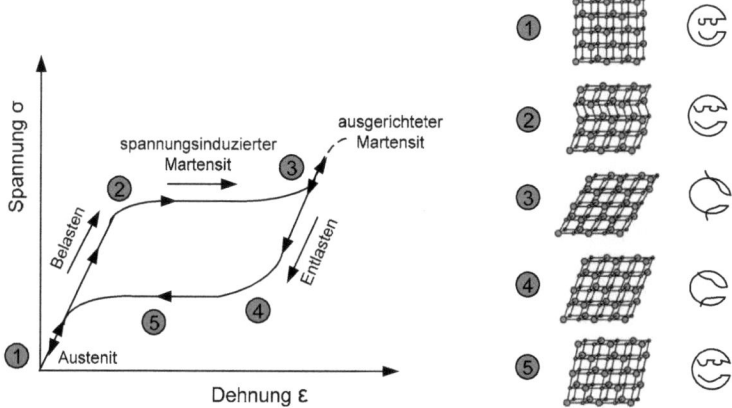

Bild 2.7: *Verhalten beim pseudoelastischen Effekt (in Anlehnung an [8])*

2.1.3 Legierungstypen

Alle Legierungssysteme mit einer thermoelastischen martensitischen Umwandlung sind grundsätzlich für den Einsatz als Formgedächtnislegierung geeignet. Aufgrund nachteiliger mechanischer Eigenschaften sind jedoch viele dieser Legierungen von geringer technischer Bedeutung. Vergleichsweise am besten für Formgedächtnisanwendungen sind Legierungen auf NiTi-, Cu- oder Fe-Basis geeignet. Wie der Vergleich von verschiedenen Legierungen in **Tabelle 2.1** zeigt, nimmt die Größe der nutzbaren Formgedächtniseffekte in der Reihenfolge NiTi-Basis, Cu-Basis, Fe-Basis ab [5]. Von den genannten FGL lassen sich jedoch nur einige für Halteelemente mit Einwegeffekt oder Stellelemente mit Zweiwegeffekt technisch nutzen. Die meisten erfüllen die nachfolgend aufgeführten notwendigen Anforderungen nicht:

- generelle Anforderungen
    - hohe pseudoplastische Dehnung,
    - geringer Verformungswiderstand des Martensitgefüges,
    - hohe Festigkeit des Austenitgefüges,

o   gute Bearbeitbarkeit des Werkstoffes,
- Anforderungen für Stellelemente
  o   gute Langzeitstabilität des Formgedächtniseffektes,
  o   hoher Umsetzungsgrad der elektrischen Energie in Arbeit,
  o   hohe Umwandlungstemperaturen.

Um den Forderungen in Bezug auf eine Verwendung als Stellelement so gut wie möglich gerecht zu werden, empfiehlt sich bei den heute kommerziell verfügbaren Werkstoffen nur die Verwendung von NiTi-Legierungen. Diese besitzen nicht nur den größten Formgedächtniseffekt, sondern weisen auch eine hohe Langzeitstabilität und damit Lebensdauer auf [8]. Nur mit NiTi-Legierungen lassen sich Arbeitszyklen bis zu einer Million und mehr realisieren. Um solche hohen Zyklen zu erreichen, ist jedoch eine detaillierte Auslegung der Formgedächtnisbauteile unumgänglich.

Tabelle 2.1: Technisch nutzbare Formgedächtnislegierungen [5]

Eigenschaften	NiTi	CuZnAl	CuAlNi	FeNiCoTi	FeMnSi
Umwandlungstemp. [° C]	-50...100	-100...100	80...200	-150...300	50...250
max. Einwegeffekt [%]	8	5	5	1,5	2,0
max. Zweiwegeffekt [%]	6	1	1	0,5	0,3
max. Pseudoelastizität [%]	8	2	2	1,5	1,5
Probleme	schlecht zerspanbar, teuer	Entmischung, Grobkorn	schlecht kaltumformbar	Stabilität und Effekt gering	Stabilität und Effekt gering
Vorteil	max. Effekte, höchste Stabilität, korrosionsbeständig	kostengünstig, leicht umformbar	kostengünstig	kostengünstig, leicht umformbar	kostengünstig, leicht umformbar

2.2   Formgedächtnisaktoren

Aktoren, die auf Basis des Formgedächtniseffekts arbeiten, gehören zur Gruppe der stoffmechanischen Aktoren. Durch den Begriff „stoffmechanisch" soll das Wandlerprinzip und die zugrundegelegten physikalischen Effekte bzw. Wirkprinzipien verdeutlicht werden. Weiterhin sind diese stoffmechanischen Effekte invers, so dass Aktoren dieser Gruppe auch als Sensoren eingesetzt werden können. Elektrisch aktivierte FG-Aktoren bestehen in der Regel aus einem elektronischen Steller, aus dem eigentlichen stoffmechanischen Wandler und eventuell aus einem nachgeschalteten Umformer [11].

2.2.1 Bauform und Stellbewegung

Will man in Bezug auf die Stellbewegung eine hohe Anzahl an Zyklen und eine gleichbleibende Formänderung gewährleisten, dürfen die lokalen Dehnungen und Gleitungen im Aktorelement einen kritischen Wert nicht überschreiten. Dieser Grenzwert resultiert aus dem Verformungsvermögen aufgrund der Martensitentzwillingung. Dies bedeutet, dass Bauteilformen mit einer Zug- oder Druckbelastung den besten Materialausnutzungsgrad bieten und damit am wirtschaftlichsten sind. Verschiedene Grundformen von FG-Stellelementen sind in *Tabelle 2.2* dargestellt.

Formgedächtnisaktorelemente besitzen den Vorteil, dass im Prinzip jede Bauteilform herstellbar ist. Bei der Herstellung wird dabei ein Halbzeug aus einer Formgedächtnislegierung in die gewünschte Bauform verformt, fixiert und einer Glühbehandlung unterzogen. Die so eingeprägte Form stellt die Hochtemperaturform dar. Aus technischen und wirtschaftlichen Gesichtspunkten werden meistens Drähte, Federn und Blechstreifen als Aktorelemente eingesetzt.

Tabelle 2.2: Bauformen von Aktorelementen aus Formgedächtnislegierungen

Aktorbauformen	Translation		Rotation	
	Zug	Druck	Biegung	Torsion
Draht	↓			
Stab	↓	↑		
Rohr	↓	↑		
Streifen	↓	↑		
Federelemente	↓	↑		↑

Ein Vergleich der wichtigsten Bauteilformen wird in *Tabelle 2.3* angestellt. Die Bauform mit der größten technischen Bedeutung ist dabei der Draht, der aufgrund seiner einfachen und kostengünstigen Herstellung (Massenfertigung) und seiner universellen Einsetzbarkeit

entscheidende Vorteile liefert. Draht in Form von Zugdraht ist aufgrund seiner optimalen Materialausnutzung und den damit verbundenen kleinen Querschnitten sehr gut für Aktoranwendungen geeignet. Allerdings benötigt man für große Stellwege entsprechend lange Drähte. Als Feder gewickelt ist Draht wegen der größeren benötigten Materialquerschnitte zwar langsamer, legt aber bei gleicher Aktorlänge größere Stellwege zurück.
Alternativ zu Drähten sind bei kleineren Kräften Schichtverbundmaterialien einsetzbar. Diese können platzsparend eingebaut werden, benötigen nur eine sehr geringe Dehnung des Formgedächtnismaterials und besitzen ein sehr gutes Oberflächen-Volumen-Verhältnis. Dies ist besonders für dynamische Anwendungen von enormer Bedeutung. Schichtverbundaktoren sind aufgrund ihres Herstellungsverfahrens (Sputterverfahren) jedoch nur bis zu einer Dicke von ca. 50µm verfügbar [12].

Tabelle 2.3: Vergleich verschiedener Bauformen von Formgedächtniselementen

Bauform	Stell-bewegung	Material-verformung	Vorteile	Nachteile
Zugdraht/ Druckstab	Translation	Kontraktion/ Dehnung	• optimale Materialausnutzung • homogene Belastung • hohe Belastbarkeit • hohe Lebensdauer • kurze Zyklenzeiten • kostengünstig	• geringer Stellweg • Verbindungstechnik notwendig
Torsionsstab	Rotation	Gleitung	• großer Stellwinkel • Rotationsbewegung	• inhomogene Belastung • Lebensdauer eingeschränkt • gleichmäßige Rückverformung problematisch • lange Zyklenzeiten
Schraubenfeder	Translation	Gleitung	• sehr großer Stellweg • geringer Bauraumbedarf • einfacher Einbau	• spezielle Temperform • inhomogene Belastung • ungleichmäßige Abkühlung • lange Zyklenzeiten • Lebensdauer eingeschränkt
Biegestreifen	Rotation	Biegung	• großer Stellwinkel • einfacher Einbau	• inhomogene Belastung • lange Zyklenzeiten • Lebensdauer eingeschränkt • Rückverformung problematisch
Schichtverbund	Rotation	Biegung	• großer Stellwinkel • homogene Belastung • hohe Lebensdauer • schnelle Abkühlung • Rückstellvorrichtung entfällt	• hoher Herstellungsaufwand • Baugröße und Arbeitsleistung begrenzt

2.2.2 Prinzipieller Aufbau

Der Aufbau eines einfachen FG-Aktors, der auf dem Prinzip des extrinsischen Zweiwegeffektes (ZWE) im System basiert, ist in *Bild 2.8* dargestellt. Eine derartige Bauweise ist häufig in thermisch durch die Umgebungstemperatur aktivierten Anwendungen, wie beispielsweise in Ventilantrieben, vorzufinden.

Das Formgedächtnisaktorelement ist bei diesem Beispiel eine Schraubenfeder. Die Rückstellkraft wird durch eine Schraubenfeder aus Stahl aufgebracht. Da der Kraftverlauf der Stahlfeder linear ist, erhält man im Gegensatz zu einer konstanten Last eine Verringerung des Arbeitsvermögens. Ist die Stahlfeder vollkommen zusammengedrückt, wird die weitere Formänderung der NiTi-Feder unterdrückt. Eine derartige Unterdrückung sollte jedoch durch eine richtige Auslegung der FG-Feder von vorherein vermieden werden, da sonst Einbußen in der Lebensdauer zu verzeichnen sind.

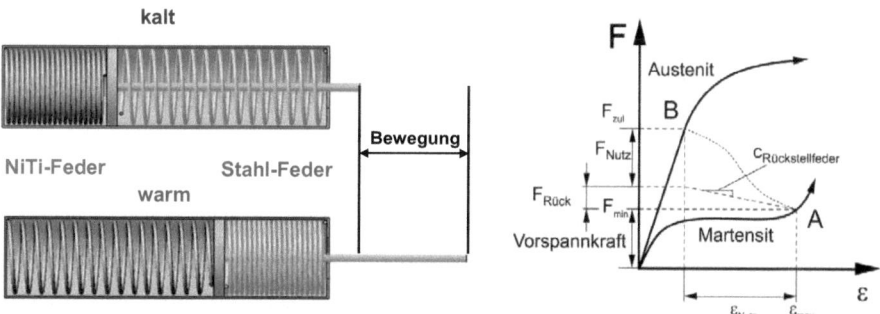

Bild 2.8: Aufbau eines einfachen FG-Aktors basierend auf dem ZWE im System

Auf der Grundlage dieser Bauweise und einer durchgeführten Patentanalyse ist es nun möglich, eine generelle Funktionsstruktur für Formgedächtnisaktoren aufzustellen. Bei der Aufstellung der Funktionsstruktur muss man zwei Arten der thermischen Aktivierung differenzieren, woraus sich zwei verschiedene Grundfunktionsstrukturen ableiten lassen. Für den Fall, dass das FG-Element infolge einer elektrischen Energie, beispielsweise durch den Eigenwiderstand, aktiviert wird, ergibt sich die in *Bild 2.9* dargestellte Funktionsstruktur. Die weiß hinterlegten Funktionsblöcke stellen die Grundfunktionen von elektrisch aktivierten Aktoren dar, wobei die Aktoren die elektrische Energie über die thermische Energie in eine mechanische Energie wandeln. Besteht ein Aktor lediglich aus diesen Funktionsblöcken, so führt er je nach Bauform eine translatorische oder rotatorische Bewegung aus, welche nur einmal vollzogen wird, da der Aktor kein Rückstellelement besitzt. Wird ebenfalls ein Rückstellelement vorgesehen, so kommt der Funktionsblock „wandeln" hinzu, in welchem die mechanische Energie in eine potentielle gewandelt wird. Diese Energie wird im Rahmen der Rückverformung wieder in mechanische Energie zurückgewandelt, was durch die Rückkopplung dieses Blockes dargestellt ist. Der Aktor arbeitet dann auf dem Prinzip des extrinsischen ZWE. Weiterhin besteht die Möglichkeit, die potentielle Energie beispielsweise in Form eines mechanischen Flip-Flop-Mechanismus zu speichern. Bei einer derartigen Anforderung ist ein weiterer Funktionsblock („speichern") in die Funktionsstruktur zu integrieren. Soll z.B. bei einem kontrahierenden Aktorelement anstatt einer translatorischen Bewegung eine

Rotationsbewegung ausgeführt werden, so muss die Kontraktion des FG-Elements mittels konstruktiver Maßnahmen in eine Rotation umgeformt werden. Diese Umformung wird in der Funktionsstruktur in *Bild 2.9* durch den Funktionsblock „umformen" dargestellt. Eine Umformung von mechanischer Energie muss auch in Betracht gezogen werden, wenn Stellwege oder Stellkräfte der FG-Elemente nicht den Anforderungen genügen. Für die Stellbewegung des Aktors besteht weiterhin die Option aus regelungstechnischen Gründen ein Positionsmesssystem zu installieren. Diese Option spiegelt sich in dem Funktionsblock „detektieren" wieder. Benötigt der Aktor entsprechend seiner Anforderungen alle Funktionsblöcke, so entsteht ein komplexes Aktorsystem, welches durch die integrierte Sensorik autark arbeiten kann. Weiterhin wurde aus der Patentanalyse ersichtlich, dass in den patentierten Anwendungen die Funktionen „Energie speichern" und „Position detektieren" stark unterrepräsentiert sind.

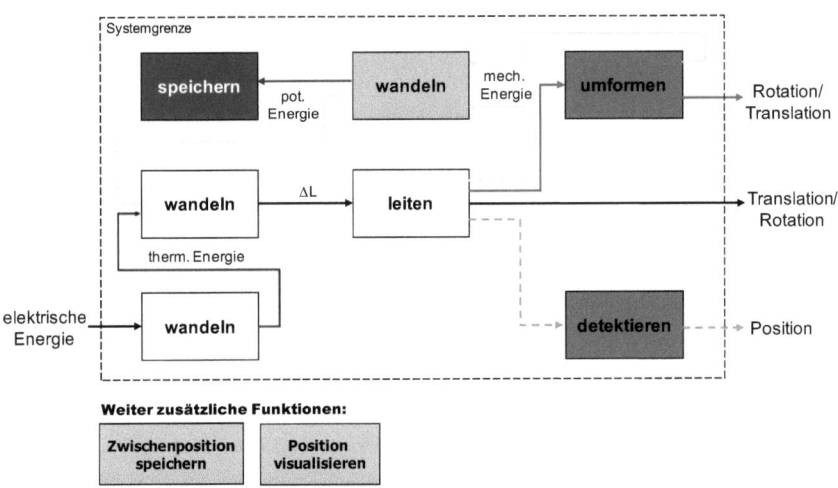

Bild 2.9: Allgemeine Funktionsstruktur bei elektrischer Aktivierung

Eine weitere allgemeine Funktionsstruktur lässt sich auch für den Fall ableiten, dass das FG-Element durch das umgebende Medium aktiviert wird.
Der wesentliche Unterschied zur ersten Funktionsstruktur besteht darin, dass in diesem Fall die Teilfunktionen „potentielle Energie speichern" und „Bewegung detektieren" entfallen. Im Gegensatz zur elektrischen Aktivierung, bei welcher auch ein zweiter stabiler und stromloser Betriebszustand angestrebt wird, wird in diesem Fall das Halten der angefahrenen Position durch die Temperatur des den Aktor umgebenden Mediums gewährleistet. Das Umgebungsmedium übernimmt damit autark alle energetischen und regelungstechnischen Aufgaben. Derartige Systeme sind deshalb einfach aufgebaut und finden sich in diversen Anwendungen wieder.
Bild 2.10 zeigt den Aufbau der Funktionsstruktur für diesen Anwendungsfall. Diese Funktionsstruktur entspricht dem Aktorbeispiel aus *Bild 2.8*.
Der wesentliche Unterschied zur ersten Funktionsstruktur besteht darin, dass in diesem Fall die Teilfunktionen „potentielle Energie speichern" und „Bewegung detektieren" entfallen. Im

Gegensatz zur elektrischen Aktivierung, bei welcher auch ein zweiter stabiler und stromloser Betriebszustand angestrebt wird, wird in diesem Fall das Halten der angefahrenen Position durch die Temperatur des den Aktor umgebenden Mediums gewährleistet. Das Umgebungsmedium übernimmt damit autark alle energetischen und regelungstechnischen Aufgaben. Derartige Systeme sind deshalb einfach aufgebaut und finden sich in diversen Anwendungen wieder.

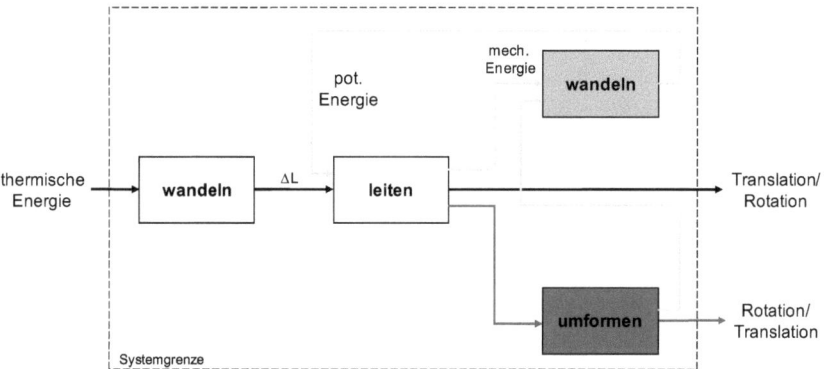

Bild 2.10: Allgemeine Funktionsstruktur bei Aktivierung durch Umgebungsmedium

2.2.3 Thermische Aktivierung

In engem Zusammenhang mit der Auswahl eines Formgedächtnisaktorelementes steht die Art und Weise der thermischen Aktivierung, die wiederum in starkem Maße die Aufheizgeschwindigkeit und die Kosten beeinflusst. Prinzipien zur Erwärmung von FG-Elementen sind in *Tabelle 2.4* beschrieben.

Aktivierung durch Umgebungsmedium

Den einfachsten Fall stellt der Einsatz eines Formgedächtniselementes in einem Medium dar, dessen Temperaturänderung die Umwandlung auslöst. Der Aktor bildet somit ein System aus Temperatursensor und Stellelement, das keine zusätzliche Energieversorgung benötigt. Bei solchen Anwendungen, z. B. als Thermostat, erhält das Formgedächtniselement die zur Stellbewegung notwendige Energie aus der Umgebung. Wegen des Entfalls der zusätzlichen Wärmeerzeugung arbeitet das Aktorelement kostengünstig und zuverlässig. Auch Aktorelemente mit größeren Querschnitten können mit diesem Verfahren thermisch aktiviert werden.

Aktivierung durch Eigenerwärmung

Bei Anwendungen, bei denen thermische Energie zur Aktivierung im System nicht vorhanden ist, muss eine zusätzliche Wärmequelle, in diesem Fall das FG-Element selber, verwendet werden. Weiterhin wird beispielsweise von Formgedächtnisaktoren in der Automatisierungstechnik eine von der Umgebungstemperatur unabhängige und gezielt durch ein Signal des Steuergerätes aktivierte Bewegung verlangt. Dies macht zudem den Einsatz einer separaten Wärmequelle notwendig. Bei Aktorelementen mit dünnen Querschnitten kann dabei die Joul'sche Wärme beim Stromdurchfluss durch das FG-Element zur Aktivierung des Formgedächtniseffektes genutzt werden. Ein Vorteil dieser Art der Erwärmung ist die Möglichkeit der Einstellung einer definierten Reaktionsgeschwindigkeit. Durch geringe Stromstärken lässt sich das Formgedächtniselement sehr langsam und durch starke Stromimpulse schlagartig aktivieren.

Aktivierung durch Fremdwärmequelle

Bei Anwendungen, bei denen die vorhergehende Art der Wärmeerzeugung aufgrund zu dicker Querschnitte und der damit verbundenen hohen Stromstärken oder aufgrund konstruktiver Aspekte nicht zu realisieren ist, kommen hauptsächlich Induktionsheizungen oder Kontaktheizungen mit Widerstandsheizdrähten zum Einsatz. Bei diesen Aufheizmechanismen wirken sich der höhere Platzbedarf und bei den Widerstandsheizungen das langsamere Ansprechverhalten nachteilig aus. Vorteilhaft ist bei der Verwendung eines Widerstandsheizelementes jedoch, dass durch ein integriertes Thermoelement eine Temperaturregelung des FG-Elementes erfolgen kann.

Tabelle 2.4*: Möglichkeiten zur thermischen Aktivierung von Formgedächtnislegierungen*

Variante	Ursache	Wärmequelle	Regelung	Bemerkung
Erwärmung durch umgebendes Medium	Wärmestrahlung/ Wärmeleitung	System-wärmequelle	System-regelung	+ einfacher Aufbau + zuverlässige Funktion + bauformunabhängig – kaum flexibel
Eigen-erwärmung	elektrischer Widerstand			+ flexibel + einfacher Aufbau – Kontaktierungsaufwand – nur dünne Querschnitte
Erwärmung durch Heizelement	Wärmestrahlung/ Wärmeleitung	Fremd-wärmequelle	Fremd-regelung	+ flexibel + querschnittsunabhängig – komplexer Aufbau – lange Schaltzyklen
induktive Erwärmung	elektro-magnetische Induktion			+ flexibel + querschnittsunabhängig – komplexer Aufbau – aufwendige Technologie

2.2.4 Anwendungsbeispiele für FG-Aktoren

Multifunktionale Aktoren

Ein generelles Beispiel stellt ein multifunktional einsetzbarer und funktionsintegrierter Stellaktor dar [13]. Dieser Aktor steht damit im Gegensatz zum Aktorsystem aus [14], welches seine Funktionalität aus seiner komplexen Bauweise generiert. Der im Rahmen dieser Arbeit entwickelte Stellaktor ist in **Bild 2.11** dargestellt und besteht lediglich aus drei Komponenten, dem funktionsintegrierten Kunststoffträger, dem FG-Element und dem Heizelement. Der Kunststoffträger übernimmt dabei sowohl die Aufgabe einer Träger- bzw. Basisstruktur, die Aufgabe der Wegumformung als auch die Aufgabe der Rückstellung des FG-Elementes, indem er durch seine Festkörpergelenke eine definierte Rückstellkraft bereitstellt. Eine wesentliche Problemstellung bei dieser Entwicklung stellte die Verbindungstechnik zwischen FG-Draht und

Trägerstruktur dar, die die Defizite beim Stand der Technik besonders in Bezug auf großserientaugliche Verfahren offenbarte. Einsatzgebiete für diesen Aktor sind z.B. Ventilantriebe und Antriebe im Lüftungs- und Klimabereich.

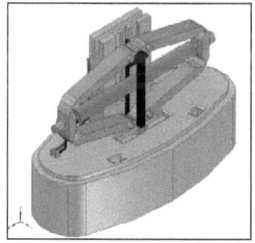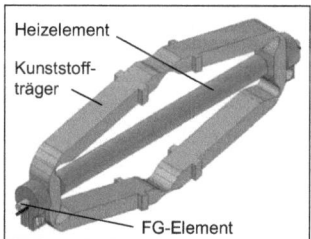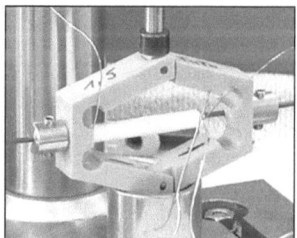

Bild 2.11: Stellaktor für die Heizungstechnik [13]

Ventilantriebe

Die Firma Eberspächer ist eine der wenigen deutschen Unternehmen, die bereits ein Produkt auf der Basis von FG-Stellelementen auf dem Markt anbietet. Hierbei handelt es sich um ein Thermostat-Ventil (*Bild 2.12a*), welches in den Kühlwasserkreislauf eines Fahrzeugs eingebunden ist. Auf kostengünstige Weise wurde dabei mittels eines FG-Elementes eine Thermostatfunktion in das dazugehörige Schaltelement (*Bild 2.12b*) integriert.

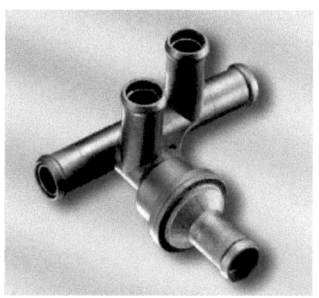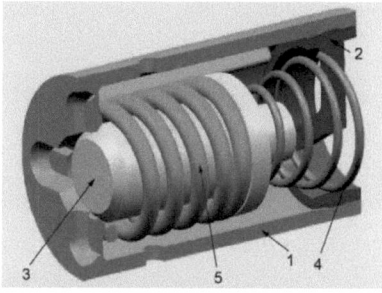

Bild 2.12: a) Thermostat-Ventil   *b) Integriertes Schaltelement [15]*

Die Funktion des Thermo-Kombiventils beruht auf dem Prinzip der thermischen Aktivierung. Das Fahrzeugkühlmittel wird hierbei im Heizungskreislauf aufgeheizt und erwärmt das FG-Element (5). Ist die Phasenumwandlungstemperatur A_S erreicht, beginnt das FG-Element seine Form zu verändern und den Kolben (3) relativ zum Gehäuse (1) gegen die Feder aus Edelstahl (4) zu verschieben. Das Ventil ist nun geöffnet. Sobald das Heizmedium wieder abgekühlt wird, erfolgt die Rückstellung des Kolbens in Folge der Rückstellkraft der Stahlfeder und das Ventil schließt sich wieder [15].

Ver- und Entriegelungsmechanismen

Einen weiteren Anwendungsbereich stellen Verriegelungsmechanismen dar. Als exemplarisches Beispiel dafür ist in *Bild 2.13* ein Sicherheitsverschluss dargestellt.

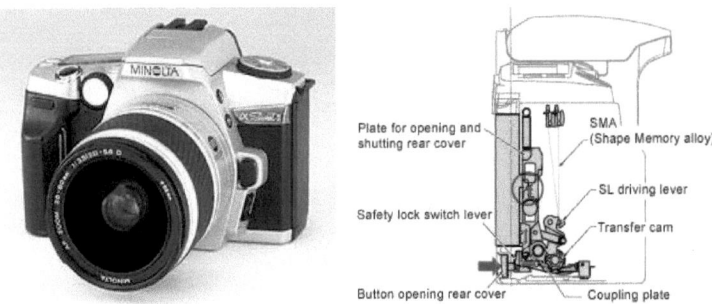

Bild 2.13: Sicherheitsverriegelung für Fotoapparate [www.fitec.co.jp]

Dieser Verschluss soll bei Fotoapparaten verhindern, dass bei eingelegtem Film die Rückwand geöffnet werden kann. Damit soll ein versehentliches Belichten des Filmes verhindert werden. Die einfache Stellbewegung ohne Haltemechanismen ermöglicht bei derartigen Anwendungen die Realisierung von einfach aufgebauten und zuverlässigen Systemen, die sich besonders für die Implementierung von FG-Stellelementen eignen. Anwendungsfelder für Entriegelungsmechanismen sind beispielsweise auch in Kraftfahrzeugen (Entriegelung von Türen, Heckklappen, Tankklappe, Handschuhfach oder Sitzlehnen) denkbar.

Muskeläquivalente Antriebe

Einen weiteren wichtigen Anwendungsbereich werden in Zukunft die Robotik und die Prothetik darstellen, da hier einfache Antriebe, ähnlich eines Muskels, benötigt werden. So ein Muskelelement stellt beispielsweise ein FG-Draht oder eine FG-Feder dar. Diese Aktorelemente können benutzt werden, um die Finger einer Roboterhand (*Bild 2.14*), künstliche Gliedmaßen oder Greifer zu bewegen. Auch die von Muskeln bekannte Agonist-Antagonist Arbeitsweise lässt sich sehr gut mit FG-Elementen realisieren.

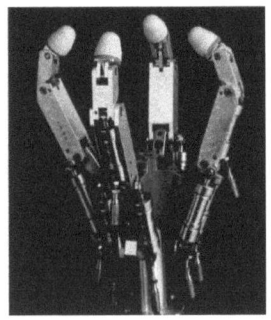
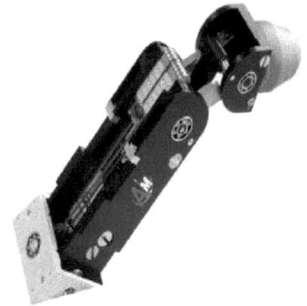

Bild 2.14: Roboterhand, -finger gesteuert mit FG-Drähten [www.amm.mw.tu-muenchen.de]

2.3 FG-Aktoren aus der Sicht der Mechatronik

2.3.1 Grundlagen

Das Wort Mechatronik ist ein Kunstwort, das aus den drei Bezeichnungen der beteiligten Fachdisziplinen der Mechanik, Elektronik und Informatik abgeleitet werden kann. [16] beschreibt, dass in einem mechatronischen System die Problemlösung sowohl durch mechanische, als auch durch digital-elektronische Komponenten realisiert wird. Ein mechatronisches System hat gegenüber konventionellen Systemen das Potential einer Funktionserweiterung oder die Realisierung völlig neuartiger Funktionen [17]. Die mechatronischen Systeme, die in der VDI-Richtlinie 2206 beschrieben werden, stellen den Ansatz der mechanischen Grundstruktur in den Vordergrund, die von Elektronik und Informationstechnik in synergetischer Art und Weise beeinflusst wird. Somit besitzen mechatronische Systeme ein Grundsystem, das über Energie-, Signal- oder Stoffflüsse über die Systemgrenzen hinweg mit seiner Umgebung in Beziehung steht. Dieses Grundsystem kann ein mechanisches, thermisches, optisches oder allgemein ein beliebiges System sein, dass durch Aktoren manipuliert und durch Sensoren erfasst werden kann.

Die Sensorik wird in der minimalsten Ausführung als Wandler ausgeführt. Dieser überführt eine nichtelektrische Messgröße in eine elektrische Größe. Die elektrische Größe wird nach eventueller Aufbereitung vom Analog/Digital-Wandler in ein Signal gewandelt, dass dann der Informationsverarbeitung zugeführt wird. Ein Umformer kann ggf. die Messgröße vor der Wandlung aufbereiten. Auch die Aktorik besteht mindestens aus einem Wandler, der eine elektrische Größe in eine nichtelektrische Größe wandelt. Entspricht die erforderliche Stellgröße nicht der Ausgangsgröße des Wandlers, so kann ein nachgeschalteter Umformer diese Größe aufbereiten. Ein in den Aktor integriertes Getriebe ist ein Beispiel für einen solchen Umformer. Im Steller erfolgt die Verstärkung des Signals, das vom Digital/Analog-Wandler geliefert wird. Die Kopplung der Aktorik und Sensorik erfolgt über eine Informationsverarbeitung. Diese überführt die vom Sensor erzeugten Messsignale in die für den Aktor benötigten Stellsignale. Die Rückführung der Messgrößen über die Informationsverarbeitung zu den Stellgrößen ist ein kennzeichnendes Merkmal mechatronischer Systeme [16]. *Bild 2.15* stellt schematisch das gesamte mechatronische Grundsystem dar.

Auch für Aktorsysteme auf der Basis von FGL bildet diese Systemstruktur die Grundlage. Zur Anwendung kommen derartige komplexe Systeme beispielsweise bei Bewegungsaufgaben mit geforderter proportionaler Wegregelung. Dazu kann der Stellweg des Aktors über Wegsensoren erfasst und in der Informationsverarbeitung auf die für die Aktivierung des Aktors notwendige Eingangsgröße umgerechnet werden. Als Wegsensoren können dabei optische, induktive, kapazitive Systeme zum Einsatz kommen.

Jedoch besteht auch die Möglichkeit, dass mechatronische Grundsystem durch andere Reglungsmechanismen oder Anforderungen zu vereinfachen. Nachfolgend werden diese vereinfachten Varianten beschrieben.

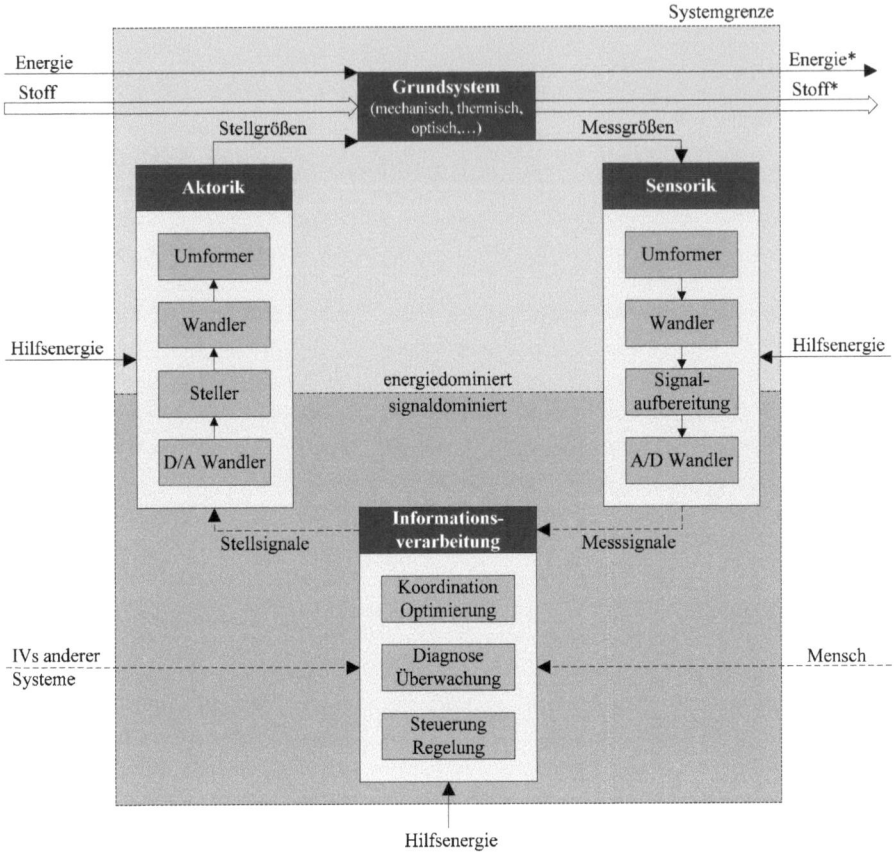

Bild 2.15: *Mechatronisches Grundsystem [11], [57]*

2.3.2 Wegfall der Sensorik und Informationsverarbeitung

Wenn ein FG-Aktor über ein Umgebungsmedium thermisch aktiviert werden kann, sind keine weiteren Kopplungen im mechatronischen Gesamtsystem mehr notwendig. Die sensorischen und informationstechnischen Bestandteile entfallen, da das FG-Material im mechatronischen Sinne bereits eine sensorische Funktion bereitstellt. Dieser Fall ist in **Bild 2.16** dargestellt. Die aus dem Grundsystem zurückgeführte thermische Energie aktiviert direkt den Aktor bei einer definierten Temperatur. Derartige Systeme sind einfach aufgebaut und nutzen das sensorische Potential von FGL. Einsatzbereiche sind dabei Antriebe von Thermostatventilen oder Sicherheitseinrichtungen.

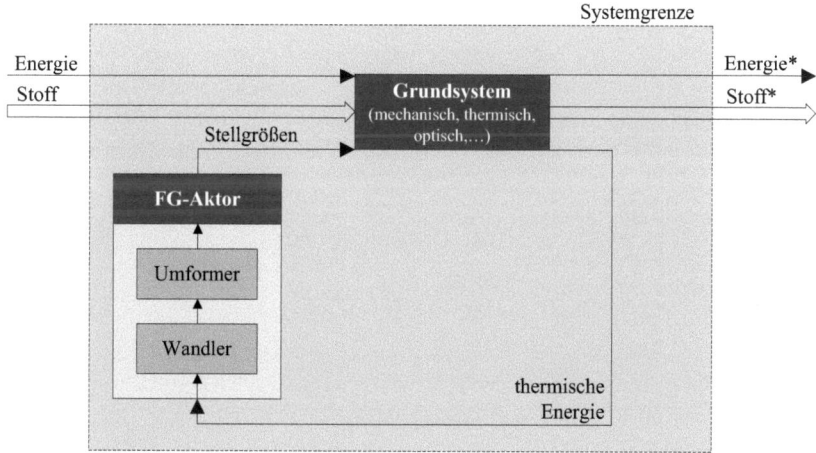

Bild 2.16: *Wegfall der Sensorik und der Informationsverarbeitung durch direkte Aktivierung über das Umgebungsmedium*

Ein ähnlich einfaches System entsteht, wenn der FG-Aktor durch eine elektrische Energie, die von einem Benutzer oder einem Timer geschaltet wird, aktiviert wird, ohne die Ist-Größen zu kennen bzw. zu verarbeiten. Ein derartiges System kommt wiederum ohne Sensorik und Informationsverarbeitung aus und ist schematisch in *Bild 2.17* dargestellt.

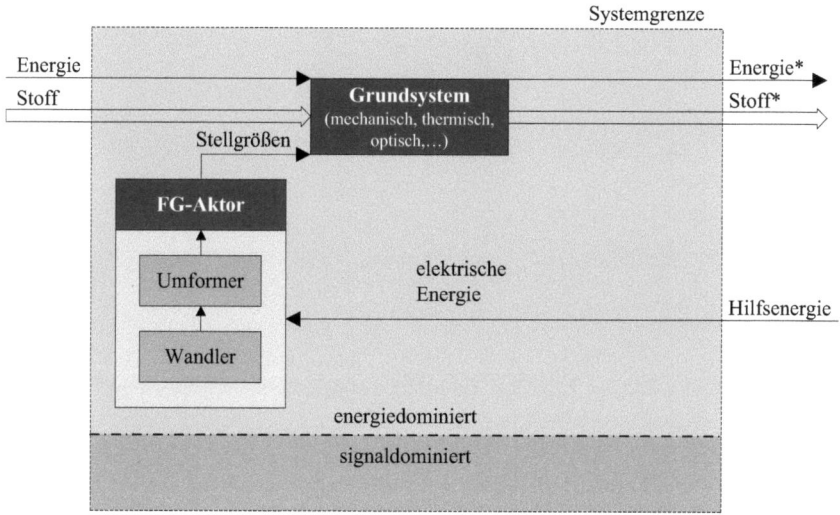

Bild 2.17: *Wegfall der Sensorik und der Informationsverarbeitung durch direkte elektrische Aktivierung*

2.3.3 Wegfall der Informationsverarbeitung

Dieser Systemaufbau kann durch eine Sensor-Aktor-Kopplung über die elektrische Energieversorgung realisiert werden. Dabei wird die Messgröße im Sensorelement direkt oder indirekt z.B. durch einen Transistor auf einen Stellstrom umgesetzt und damit auf die Informationsverarbeitung verzichtet. Der einfachste Fall einer derartigen Sensorik stellt einen Endschalter dar, der die Endposition erfasst und gleichzeitig die elektrische Energieversorgung beendet. Die informationstechnische Verarbeitung der Messsignale ist so nicht mehr notwendig, weil es einen analogen Signalfluss von der Sensorik zur Aktorik gibt. Dargestellt ist der Wegfall der Informationsverarbeitung schematisch in *Bild 2.18*.

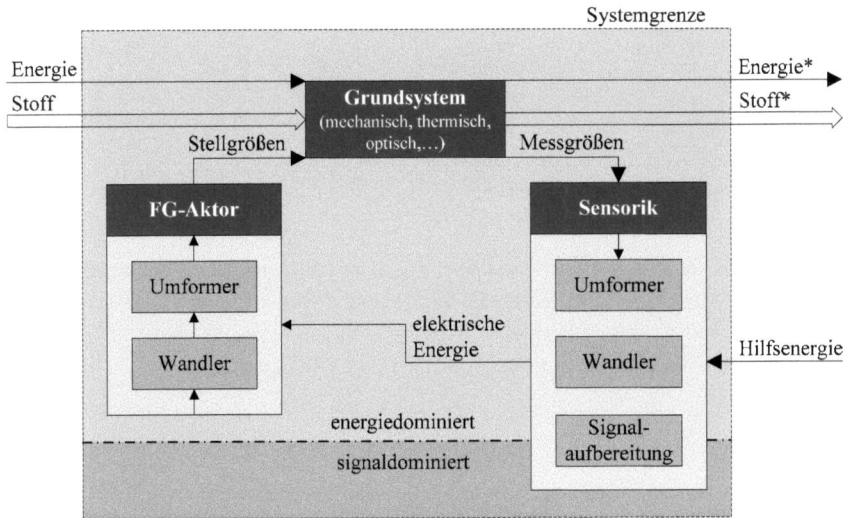

Bild 2.18: Wegfall der Informationsverarbeitung durch direkt die elektrische Energie schaltende Sensoren

2.3.4 Wegfall der Sensorik

Durch die Nutzung des sensorischen Potentials von FG-Bauteilen ergeben sich weitere Vereinfachungen des mechatronischen Systems. Da über den Eigenwiderstand des FG-Elements direkt Rückschlüsse auf den Stellweg möglich sind, ergibt sich die Möglichkeit, die Sensorikkomponente wegfallen zu lassen. Es bedarf lediglich einer Informationsverarbeitung, die den elektrischen Widerstand ausliest. In *Bild 2.19* ist diese Vereinfachung in der Grundstruktur dargestellt. Die Ausnutzung der Beziehung zwischen Aktivierungsdauer und Materialverformung über einen Timer führt demgegenüber zu keinem nutzbaren Ergebnis, da die Aktivierungsdauer sehr stark von der Umgebungstemperatur abhängt. Um diese zwecks Einbeziehung in die Berechnung der Aktivierungsdauer zu erfassen, wäre wiederum eine Sensorik notwendig.

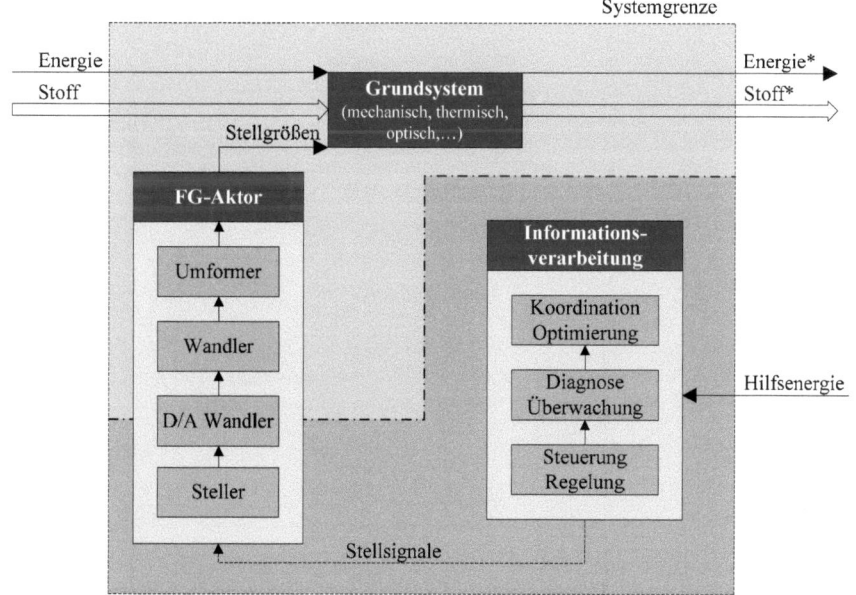

Bild 2.19: *Wegfall der Sensorik durch Regelung über den Eigenwiderstand*

2.4 Smarte Strukturen

Smarte Strukturen sind Verknüpfungen aus Funktions- und Strukturwerkstoffen mit einer regelnden Komponente. Funktionswerkstoffe können hierbei aufgrund ihrer besonderen physikalischen Eigenschaften Energie bzw. Signale wandeln [18]. Sie zeichnen sich durch elektrische, magnetische, akustische, optische oder biologisch-chemische Eigenschaften aus, die sich gezielt beeinflussen lassen, um die makroskopischen Eigenschaften eines Bauteils zu verändern [19]. Multifunktionswerkstoffe oder „Smart Materials" stellen eine Steigerung zu den Funktionswerkstoffen dar, indem sie mehrere nutzbare physikalische Eigenschaften besitzen. So können beispielsweise diese Werkstoffe sowohl sensorisch als Messwertaufnehmer, als auch aktorisch als Stellglied verwendet werden. FGL lassen sich aufgrund ihrer Sensor- und Aktoreigenschaften folglich zur Gruppe der Multifunktionswerkstoffe zuordnen. Zusammen mit der regelnden Komponente entstehen nun aus Funktions- bzw. Multifunktionswerkstoffen so genannte „Smarten Strukturen", die sich „intelligent" verhalten und sich den jeweiligen Anforderungen anpassen können [2]. Schematisch wird dieser Zusammenhang in ***Bild 2.20*** dargestellt.

In der Regel zeichnet sich eine smarte Struktur dadurch aus, dass sie in der Lage ist, auf einen äußeren Reiz (Signal) mit einer Veränderung bestimmter Eigenschaften zu reagieren. Das System kann z.B. kontrollierte Bewegungen ausführen. Mit Abklingen des Reizes (thermische, elektrische, mechanische Spannung) nimmt die Struktur wieder ihren Ausgangszustand ein.

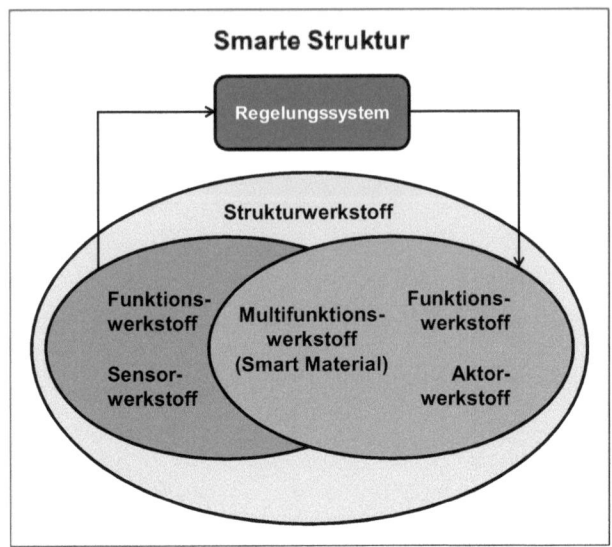

Bild 2.20: *Schematischer Aufbau einer Smarten Struktur (in Anlehnung an [10])*

2.5 Baukastensysteme

2.5.1 Integral- und Differentialbauweise

Die Bauweise technischer Produkte beschreibt überwiegend strukturelle Eigenschaften von Bauteilen. Die Bauweise hat dabei einen signifikanten Einfluss auf die Entwurfsphase. Gestaltungsprinzipien bilden daher sehr oft die Grundlage für die verwendeten Bauweisen [20]. In Hinblick auf FG-Systeme soll kurz auf die Differential- bzw. Integralbauweise und deren Umsetzung in Baukastensystemen eingegangen, sowie die entsprechenden Definitionen, Eigenschaften und Randbedingungen aufgezeigt werden.

Allgemein ist unter Integral- und Differenzialbauweise das Entwickeln alternativer Gestaltvarianten durch Erhöhen oder Reduzieren der Bauteilzahl einer Baugruppe zu verstehen, ohne dass sich deren Funktion verändert [21]. Formgedächtnislegierungen bieten aufgrund ihrer physikalischen Besonderheiten ein besonders hohes Potential für die Integralbauweise [22]. Die Vor- und Nachteile der unterschiedlichen Bauweisen bezüglich der Produkt- bzw. Prozesseigenschaften werden in **Tabelle 2.5** beschrieben.

Nach [1] kann die übliche Integralbauweise auf Varianten der Geometrie zurückgeführt werden, d.h. sie kann als geometriebasierte Integralbauweise aufgefasst werden. Davon zu unterscheiden ist eine werkstoff- und effektbasierte Integralbauweise, wie sie bei Formgedächtnislegierungen realisiert werden kann. Grundlage der effektbasierten Integralbauweise ist die Nutzung unterschiedlicher Merkmale des FG-Effektes. Mit Hilfe der effektbasierten Integralbauweise realisiert man nicht nur die Integration von Bauteilen, sondern die Integration von Funktionen.

Tabelle 2.5: Vor-/ Nachteile der Differential (DBW)- und Integralbauweise (IBW) [23]

	Produkt- bzw. Prozesseigenschaften	DBW	IBW
Konstruktion	Erstellung komplexerer Bauteile	-	+
	Verwendung von Wiederhol- und Gleichteilen	+	-
	Materialausnutzung	-	+
	Investitionskosten	+	-
	Belastbarkeit Verbindungstechnik	-	+
	Spannungsoptimierung	-	+
	Auslegung kleiner und kostengünstigerer Bauteile	-	+
	Einfache Auslegungsberechnung	+	-
	Teilereduktion	-	+
Fertigung	Verwendung von Halbzeugen	+	-
	Ausschussgefahr	+	-
	Fertigungskosten	+	-
	Werkzeug- und Änderungskosten	+	-
	Paralleler Fertigungsdurchlauf	+	-
Montage	Einfache Montage/Demontage	+	-
	Recyclinggerechtheit	-	+
	Montageaufwand	-	+
	Montagekosten	-	+
Sonstiges	Instandsetzung	+	-
	Wartung	-	+
	Qualitätssicherung/ Ausschussquote	+	-
	Anpassung an Kundenwünsche	+	-

2.5.2 Definition von Baukastensystemen

Industrieprodukte werden zum Zwecke der Standardisierung als Baukastensysteme geplant und gebaut. Dies reduziert die Produktvielfalt und minimiert die Kosten. Nach [17] definiert sich das Baukastensystem wie folgt:
„Unter einem Baukasten versteht man Maschinen, Baugruppen und Einzelteile, die als Bausteine mit oft unterschiedlichen Lösungen durch Kombination verschiedene Gesamtfunktionen erfüllen."
Sowohl die Differential- und die Integralbauweise unterstützen die Baukastenbauweise dahingehend, indem sie mit den anderen technischen Bauweisen zusammen die Grundlage für die

Bausteinentstehung bilden. Entscheidendes Merkmal eines Baukastensystems ist die mehrfache Verwendung der Bausteine mit dem Ziel, möglichst viele unterschiedliche Funktionen realisieren zu können. Das Ziel der Baukastensysteme besteht darin, durch die zahlreichen Kombinationsmöglichkeiten der Bausteine ein breites Produktprogramm etablieren zu können und gleichzeitig die Variantenvielfalt zu verringern bzw. eine Variantenbildung zu vermeiden, um die Voraussetzungen für eine Rationalisierung in verschiedenen betrieblichen Bereichen zu schaffen. Des Weiteren können positive Ergebnisse durch die Bereitstellung der gesamten vorhandenen Varianten einer Produktpalette gegenüber einer grundsätzlich auftragsbezogenen Produktabwicklung erzielt werden. Hierzu zählen hauptsächlich die Minimierung des Konstruktions- und Dokumentationsaufwandes, ebenso wie die Senkung der variablen Herstellkosten durch Verwendung von Wiederholteilen.

Neben der Reduzierung der Variantenvielfalt kann auch das Entwicklungsrisiko für einzelne Applikationen wirksam reduziert werden. Gerade im Bereich der FGL kann dies zu einer weiteren Verbreitung dieses Werkstoffs führen. Bisherige „Berührungsängste" von Ingenieuren und Technikern ließen sich so reduzieren.

2.5.3 FGL-basierte Baukastensysteme

Betrachtet man FGL und Baukastensysteme unter dem Aspekt der Differential- und Integralbauweisen, so ergeben sich mögliche Synergien:

- einfache Aktorbausteine auf der Basis von FG-Stellelementen,
- FG-Feder-, Gelenk- oder Dämpfungselemente als Komponenten in Bausteinen,
- FG-Verbindungselemente als Hilfselemente in Baukastensystemen
  → Unterstützung der Differentialbauweise,
- hoch integrierte Bausteine (Kombination der möglichen FG-Effekte)
  → Unterstützung der Integralbauweise.

Ein richtungsweisender Ansatz eines modularen auf FG-Antrieben basierenden Systems wird beispielsweise in [24] oder in [1] beschrieben. Der Grund für die Entwicklung derartiger Aktorsysteme basiert auf der Feststellung, dass die bislang existierenden Aktorsysteme auf der Basis von FGL sich vor allem durch die Ausrichtung auf spezielle Anwendungsfälle auszeichnen. Eine Übertragbarkeit der Lösungen auf andere Applikationen ist nur in wenigen Fällen möglich. Zudem erfordert die Entwicklung FGL-basierter Systeme aufgrund fehlender Berechnungs- und Simulationswerkzeuge einen erhöhten Aufwand und birgt ein gewisses Risiko. Diese beiden Aspekte sind mit verantwortlich, dass sich FGL heutzutage nicht in der Industrie durchsetzen können. Mit Hilfe eines standardisierten Baukastensystems wird eine Lösungsmöglichkeit für diese Probleme angeboten.

Das von [1] entwickelte modulare Aktorsystem (siehe *Bild 2.21*) besteht dabei aus verschiedenen Funktionsmodulen, die zusammengeschaltet verschiedene Aufgaben erfüllen können. Dabei wird das Ziel verfolgt, ein flexibel konfigurierbares Stellantriebsystem mit FG-Antriebselementen zu realisieren, dass die Funktionsklassen „bewegen", „schalten" und „positionieren" umfasst. Die Funktionsklasse „bewegen" enthält Antriebe, die ein Stellsignal proportional in eine Bewegung umsetzen, ohne dass eine Rückkopplung der tatsächlichen Position am Abtrieb erfolgt. Der Funktionsklasse „schalten" werden Antriebe zugeordnet, die ein Wechseln zwischen zwei oder mehreren diskreten Positionen beinhalten. Bei Antrieben der Funktionsklasse „positionieren" wird zur Regelung der Abtriebsposition die Abweichung der tatsächlichen Position von der Sollposition genutzt, um beliebige Positionen anfahren zu können. Bei der Entwicklung des modularen Aktorsystems erfolgte eine Fokussierung auf Antriebe mit rotatorischer Abtriebsbewegung. Ausschlaggebend hierfür sind die in der Regel mit rotatorisch gelagerten Mechanismen erzielbaren geringeren Reibungsverluste. Die Hauptfunktionen werden abhängig von den Funktionsklassen (bewegen, schalten, positionieren) mit verschiedenen Modulen realisiert. Das modulare Aktorsystem basiert dabei auf den folgenden 9 Modulen: Elektronikmodul, Aktormodul, Adaptionsmodul (Seilscheiben- bzw. Kurbelmodul), Rückstellmodul, Bremsmodul, Kupplungsmodul, Sensormodul (Grey-Code- bzw. Endschalter-Modul).

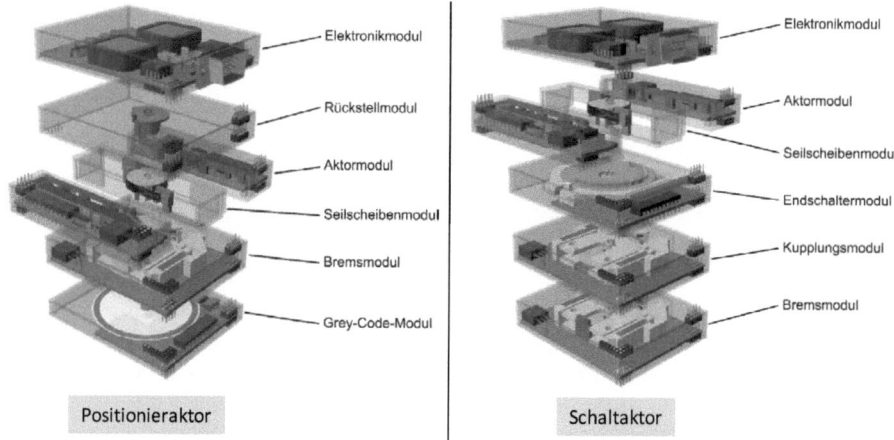

Bild 2.21: Modulares Aktorsystem nach [1]

3 Strategie der lokalen Konfiguration

3.1 Grundlagen

Mit der lokalen Konfiguration eröffnet sich eine neue Sichtweise, nämlich die der hochgradigen Integralbauweise, um ein multifunktionales bzw. variables Aktorelement zu realisieren. Unter der lokalen Konfiguration wird dabei die Veränderung der Materialeigenschaften bzw. des Gefüges oder der Struktur in bestimmten Bereichen eines FG-Bauelementes verstanden. Die Veränderung der Materialeigenschaften bewirkt direkt eine Veränderung der FG-Eigenschaften. Die lokale Kristallisation von gesputterten Dünnschichtaktoren stellt eine Möglichkeit der lokalen Konfiguration dar und wurde bereits erfolgreich durch [6;25] an Mikrostrukturen durchgeführt. Durch die lokale Konfiguration wird eine FG-Komponente für den vorgesehenen Einsatzzweck funktional „programmiert". Diese Programmierung kann in Anbetracht der verschiedenen werkstofftechnischen Konfigurationsmöglichkeiten reversibel sein, d.h. die Mikrostruktur des Materials lässt sich mehrfach verändern, bzw. nicht reversibel sein. Weiterhin besteht die Möglichkeit, durch verschiedene lokale Konfigurationen in Form von lokalen Wärmebehandlungen mit unterschiedlichen Parametern, den thermischen und den mechanischen FG-Effekt in einem Bauteil zu vereinen oder durch verschiedene thermische Effekte eine mehrstufige Umwandlung zu erzeugen. D.h., bestimmte Bereiche der FG-Komponente wandeln früher um als andere. Auch die R-Phasen-Umwandlung, wie bei [26] beschrieben, kann zur Realisierung einer mehrstufigen Bewegungskinetik des Aktorbauteils lokal generiert werden.

Das gesamte Bauteil kann demnach im Betrieb gleichmäßig erwärmt werden, um die Gesamtfunktion zu realisieren. Je nach Position und Anzahl der wärmebehandelten Bereiche stellt sich eine bestimmte Bewegung oder Verformung der FG-Struktur ein. Zudem kann durch eine nachträglich durchgeführte gezielte Veränderung der aktiven Bereiche eine Feinjustierung der Bewegung bzw. Verformung vorgenommen werden [27]. Zusammenfassend ergeben sich damit folgende Funktionsvarianten:

- Aktorfunktionen (Zweiwegeffekt) mit verschiedenen Umwandlungstemperaturen (Stufenaktor),
- Kopplungs- oder Verbindungsfunktionen (Einwegeffekt) mit verschiedenen Umwandlungstemperaturen,
- Dämpfungsfunktionen (Pseudoelastizität/ Einwegeffekt) mit verschiedenen Dämpfungskonstanten,
- Gelenkfunktionen (Pseudoelastizität) mit verschiedenen Steifigkeiten,
- Feder-/ Rückstellfunktionen (Pseudoelastizität) mit verschiedenen Federkonstanten bzw. Rückstellspannungen,
- Strukturfunktionen (Pseudoelastizität/ effektlos) mit verschiedenen elastischen Kennwerten.

Aktorfunktion
Die Stellelement- oder Aktorfunktion wird dadurch realisiert, dass lokal der thermische Formgedächtniseffekt eingeprägt wird. Für die Realisierung einer wiederholten Stellbewegung bieten sich generell zwei Möglichkeiten an. Zum einen wird bei entsprechender thermomechanischer Behandlung (Training) dem Aktorbereich ein intrinsischen Zweiwegeffekt einprägt. Wegen des geringen Arbeitsvermögens wird für Stellelemente jedoch vorzugsweise der extrinsische Zweiwegeffekt benutzt. Dieser kann integrativ erstens durch eine Beschichtung unter Ausnutzung des Bimetallprinzips oder zweitens durch einen pseudoelastischen Rückstellbereich oder drittens durch einen weiteren Aktorbereich unter Verwendung des Agonist-Antagonist-Prinzips in einer FG-Komponente konfiguriert werden.

Kopplungs- oder Verbindungsfunktion
Die Funktion der Kopplung oder Verbindung wird, wie bei den Stellelementen, durch die lokale Generierung des thermischen FG-Effektes erzeugt. Im Unterschied zu den Stellelementen entfallen hierbei jedoch die Wiederholbarkeit und damit auch die Notwendigkeit von Rückstellmechanismen. Damit stellt sich die Realisierung der Kopplungs- oder Verbindungsfunktion einfacher als die Aktorfunktion dar.

Dämpfungsfunktion
Die Dämpfungsfunktion lässt sich dadurch realisieren, dass lokal der Effekt der Pseudoelastizität eingestellt wird. Dies kann beispielsweise durch eine Wärmebehandlung realisiert werden. Durch die Veränderung der Parameter der Wärmebehandlung und der damit einhergehenden Verschiebung des Austenitplateaus kann das Dämpfungsverhalten der Komponente variiert werden. Durch Beschichtung mit weiteren Werkstoffen, z.B. Polymeren, oder durch eine Veränderung der lokalen Legierungszusammensetzung, z.B. durch örtliches Zulegieren dritter Legierungselemente kann eine weitere Variation des Dämpfungsverhaltens erfolgen. Eine Möglichkeit zur Dämpfungseinstellung bietet darüber hinaus die Variation des Aktorquerschnitts durch eine lokale Strukturierung.

Gelenk-, Feder- oder Rückstellfunktion
Die Gelenk-, Feder- oder Rückstellfunktion wird äquivalent zur Dämpfungsfunktion über die pseudoelastischen Eigenschaften variiert. Zum Tragen kommen hier ebenfalls die verschiedenen Möglichkeiten der lokalen Konfiguration, welche die pseudoelastische Plateauspannung bzw. –kraft verändern. Ein Beispiel ist hierfür die Generation von Festkörpergelenken durch die Erzeugung lokaler Querschnittsveränderungen innerhalb der FG-Komponente mittels Strukturierungverfahren.

3.2 Arten der lokalen Konfiguration

Es existieren generell fünf verschiedene Arten der lokalen Konfiguration, die bereits in den vorherigen Abschnitten erwähnt wurden und die sich folgendermaßen gliedern lassen:

1. lokale Konfiguration durch *Wärmebehandlung,*
2. lokale Konfiguration durch *Beschichtung,*
3. lokale Konfiguration durch *Strukturierung,*

4. lokale Konfiguration durch *Legierungszusammensetzung*,
5. lokale Konfiguration durch *Ionenimplantation*.

In **Tabelle 3.1** werden die Arten der lokalen Konfiguration jeweils einer exemplarischen Mikro- bzw. Makrobauweise zugeordnet. Zudem wird eine Einteilung in Bezug darauf vorgenommen, ob die Programmierung des Bauteils vom Anwender oder vom Hersteller durchgeführt wird. Die lokal konfigurierten Bereiche sind dunkel dargestellt.

Tabelle 3.1: *Übersicht der Arten der lokalen Konfiguration anhand exemplarischer Mikro- und Makrobauweisen*

Konfigurationsart		Mikro-Bauteil (Dünnschicht-Struktur)	Makro-Bauteil (Stabwerk-Struktur)	Programmierung	Bauweise
Lokale Konfiguration durch	Wärmebehandlung			Anwender/ Hersteller	Integral
	Beschichtung			Hersteller	Integral
	Strukturierung			Anwender/ Hersteller	Integral
	Legierungszusammensetzung			Hersteller	Integral

Die Erzeugung von Defekten in der Mikrostruktur durch Ionenimplantation, wie sie in [25] durchgeführt wurde, kann zwar zur lokalen Veränderung von FG-Effekten herangezogen werden, die Eindringtiefe der Ionen ist allerdings nicht sehr groß, d.h. es werden nur oberflächennahe Bereiche unterdrückt, so dass dieses Verfahren hier nicht ausführlicher behandelt wird.

3.2.1 Lokale Konfiguration durch Wärmebehandlung

Die lokale Konfiguration von FG-Effekten mittels einer Wärmebehandlung ist ein Verfahren, das die Stoffeigenschaften auf kristalliner Ebene ändert. Dies ermöglicht die Realisierung aller zuvor genannten Funktionen durch eine Veränderung der Mikrostruktur. Ausgangspunkt für dieses Verfahren ist die Unterdrückung bzw. Beeinflussung der FG-Effekte im jeweiligen Komponentenbereich oder im gesamten Bauteil. Folgende Lösungsansätze bieten sich für die Unterdrückung bzw. Beeinflussung der FG-Effekte an:

- *Kaltwalzen* von Blechen zur Erzeugung einer hohen Versetzungsdichte,
- *Amorphe Schichtabscheidung* beim Sputtern bzw. amorphe Materialerstarrung durch den „Meltspinning"-Prozess (Schmelzspinnen),
- Veränderung der Konzentration von Ni_4Ti_3-*Ausscheidungsteilchen* in nickelreichen NiTi-Formgedächtnislegierungen.

Kaltwalzen

Die Unterdrückung des FG-Effektes bei kaltgewalzten Blechen (z.B. für Plattenstrukturen und gestanzte Stabstrukturen einsetzbar) resultiert aus der hohen Versetzungsdichte, die durch den Walzvorgang erzeugt wird. Die Versetzungsdichte stabilisiert die Martensit-Phase und verhindert somit die austenitische Umwandlung. Durch eine lokale Anlassbehandlung kann jedoch der FG-Effekt lokal wieder eingestellt werden. Gezeigt wurde dieses Phänomen bereits in [28].

Amorphe Schichtabscheidung

Die amorphe Materialabscheidung von Dünnschichten (für Dünnschichtstrukturen einsetzbar), die mittels Sputterverfahren hergestellt werden, stellt einen zweiten Ansatz dar, den Formgedächtniseffekt bei NiTi-Legierungen zu unterbinden. Die amorphe FG-Schicht besitzt dabei von sich aus keine FG-Eigenschaften. Erst eine Kristallisation schafft die notwendigen Voraussetzungen für das Auftreten von FG-Effekten [29]. Gleiches gilt für die amorphe Materialerstarrung beim „Meltspinning"-Prozess, wie er in [30] durchgeführt wurde.

Konzentration von Ausscheidungsteilchen

Eine weitere Möglichkeit zur lokalen Veränderung des FG-Effektes stellt bei nickelreichen NiTi-FGL die Veränderung der Konzentration von Ni_4Ti_3-Ausscheidungsteilchen dar (für alle Strukturformen einsetzbar). Hierdurch wird einerseits die pseudoelastische Plateauspannung bis zur vollkommenen Verhinderung der spannungsinduzierten Martensitbildung verändert [31] und [32], zum anderen besteht die Möglichkeit, bei nur geringfügig nickelreichen Legierungen durch die sich einstellende Nickel-Verarmung der Matrix bei der Bildung von Ni_4Ti_3-Ausscheidungsteilchen die Umwandlungstemperaturen zu erhöhen, um damit lokal ein Einwegverhalten einstellen zu können [5]. Somit können zwei verschiedene FG-Effekte (Pseudoelastizität, thermischer Effekt) in einem Bauteil parallel zueinander existieren.

Die drei genannten Lösungsansätze zur Unterdrückung bzw. Störung der FG-Effekte werden zusammenfassend in *Tabelle 3.2* beschrieben.

Strategie der lokalen Konfiguration

Tabelle 3.2: Lokale Konfiguration durch Wärmebehandlung

	Kaltumformung	**Amorphe Schichtabscheidung**	**Ausscheidungsfähige Legierung**
Prinzip	Einbringung von Versetzungen → Rekristallisation	Abscheidung von amorphen Schichten → Kristallisation des amorphen Gefüges	Verwendung einer ausscheidungsfähigen Legierung → Erzeugung von Ni_4Ti_3-Ausscheidungen
Grundlage	Kaltwalzen Kaltziehen	Sputtern Schmelzspinnen	Verwendung einer ausscheidungsfähigen (nickelreichen) Legierung
Mögliche Effekte	thermischer Effekt und/oder mechanischer Effekt	thermischer Effekt und/oder mechanischer Effekt	thermischer Effekt und/oder mechanischer Effekt
Wärmebehandlung		Laser elektromagnetische Induktion elektrischer Eigenwiderstand Widerstandsheizelement	
Vor-/Nachteile	+ einfache Halbzeugherstellung + begrenzt rekonfigurierbar + Mikro- und Makroaktorik geeignet + mechanische Eigenschaften einstellbar - Reproduzierbarkeit schwierig - nur für flächige oder zylindrische Strukturen geeignet	+ sicher Funktionsweise + Legierungszusammensetzung zusätzlich einstellbar + keine Rückstellvorrichtung notwendig (Schichtverbund) + mechanische Eigenschaften einstellbar - aufwändiges Verfahren, evt. Masken notwendig - zur Zeit nur für Mikroaktorik anwendbar - Strukturgestalt durch Sputterverfahren begrenzt	+ einfache Halbzeugherstellung + rekonfigurierbar + Mikro-/Makroaktorik geeignet + mechanische Eigenschaften einstellbar - Reproduzierbarkeit schwierig - nur bei Ni-reichen Legierungen möglich

Zur Generierung der gewünschten FG-Effekte bzw. Effektvarianten müssen die FG-Komponenten im Anschluss an die Effektunterdrückung lokal wärmebehandelt werden. Hierfür bieten sich folgende Verfahren an:

- Erwärmung mittels eines *Lasers*,
- Erwärmung mittels *elektromagnetischer Induktion*,
- Erwärmung aufgrund des *elektrischen Eigenwiderstandes*,
- Erwärmung mittels eines *Widerstandsheizelementes*.

Die Konfiguration der Bauteile muss dabei nicht zwingend mit der Herstellung erfolgen, sie kann (zumindest bei den beiden letzten Verfahren) auch bei der Inbetriebnahme oder während des Betriebes geschehen.

Laser

Der für die lokale Wärmebehandlung erforderliche Wärmeeintrag mit einem Laser stellt aufgrund der schwierigen Parametereinstellungen, gekennzeichnet durch die Problematik einer zu kleinen als auch einer heterogenen Wärmeeinflusszone, ein Problem dar. Einen weiteren Nachteil stellen die Kosten für eine derartige Anlage dar. Von Vorteil sind die Genauigkeit, Steuerbarkeit und Zugänglichkeit des Verfahrens. Aufgrund der heterogenen Wärmeeinflusszone im Querschnitt lässt sich dieses Verfahren überhaupt nur für die Konfiguration von Dünnschichtelementen einsetzen.

Induktion

Induktionserwärmung bringt vor allem kompliziert geformte Werkstücke in bestimmten Bereichen auf die erforderliche Temperatur. Die Induktion entsteht infolge von Wechselwirkungen zwischen elektrischen und magnetischen Feldern. Die Erwärmungstiefe hängt dabei von der Eindringtiefe des Stroms ab, der seinerseits durch die Frequenz bestimmt wird: Je höher die Frequenz, desto geringer die Stromeindringtiefe. Das Verfahren der Induktionserwärmung kommt vor allem beim Induktionshärten zur Anwendung, d.h. diese Technologie ist sehr verbreitet und damit industriell verfügbar. Die Kosten einer Induktionsanlage sind wiederum als Nachteil anzusehen.

Eigenwiderstand

Bei ausreichend großer Stromzufuhr können sich die zu konfigurierenden Bauteilzonen aufgrund ihres elektrischen Eigenwiderstands selbst erwärmen. Gerade bei kleinen Querschnitten bietet sich dieses Glühverfahren an, da es einfach zu realisieren und zudem preiswert ist. In Verbindung mit der partiellen Aktivierung (siehe Kapitel 4) ist zudem die notwendige Kontaktierung schon vorgegeben. Nachteilig ist die Bestimmung bzw. Regelung der Glühtemperatur in der jeweiligen Werkstückzone.

Heizelemente

Mit Hilfe von Widerstandsheizelementen kann eine relativ homogene Wärmeeinflusszone erzeugt werden. Durch die hohe Verfügbarkeit und die niedrigen Kosten bieten sie ein großes Potential für zukünftige Anwendungen. Eine Steuerung der Glühtemperatur ist bei diesem Verfahren durch die Integration von Temperatursensoren in das Heizelement von Hause aus gegeben.

3.2.2 Lokale Konfiguration durch Beschichtung

Der thermische oder mechanische Effekt lässt sich bei Dünnschichtverbund-Bauteilen neben der lokalen Kristallisation der amorph abgeschiedenen FG-Schicht auch durch eine nur lokal durchgeführte Beschichtung örtlich begrenzt realisieren. Das zentrale Verfahren, das zur Herstellung von FG-Schichten verwendet wird, ist das schon erwähnte Sputterverfahren (auch Kathodenzerstäubung genannt). Das Sputterverfahren zählt zur Gruppe der PVD-Verfahren (Physical Vapor Deposition). Beim Sputterverfahren wird zwischen den zu beschichtenden Substraten und der Sputterkathode aus der zu zerstäubenden Legierung ein Plasma gezündet. Die für das Plasma verantwortliche elektrische Spannung beschleunigt die Ionen in Richtung der

Sputterkathode (Target aus einer FGL) und schlägt dort Atome heraus, die sich auf dem gegenüberliegenden Substrat abscheiden. Zur Herstellung der Formgedächtnisschichten eignet sich besonders das Verfahren des sogenannten Magnetronsputterns. Im Gegensatz zu anderen Verfahren, wie dem Ionenstrahlsputtern oder dem ECR-Sputtern, sorgt hier das Magnetfeld eines Permanentmagneten hinter der Kathode für eine Vergrößerung der Laufbahnen der beschleunigten Elektronen im Plasma. Dadurch erhöht sich die Anzahl der Stöße und damit wiederum die Anzahl ionisierter Atome im Arbeitsgas. Aufgrund der hohen Innendichte ist die erzielte Abscheiderate im Vergleich zu den anderen Kathoden-zerstäubungsverfahren deutlich höher und damit die Herstellungszeit kürzer [29].

Weitere Möglichkeiten der Beschichtungstechnik sind neben der Galvanik und den CVD-Verfahren (Chemical Vapor Deposition) die gängigen Verfahren nach DIN 8580. Diese Verfahren sind jedoch nicht oder nur mit sehr großem Aufwand zu realisieren und spielen deshalb nur eine untergeordnete Rolle, weshalb sie hier nicht genauer beschrieben werden.

3.2.3 Lokale Konfiguration durch Strukturierung

Die lokale Konfiguration durch Strukturierung bezeichnet das örtliche Aufheben des Zusammenhalts von Strukturelementen und bedient sich größtenteils trennender Verfahren. Dieser Vorgang ist nicht reversibel und beeinflusst zudem nicht direkt den FG-Effekt. Durch das Trennen von Elementen lassen sich aber Freiheitsgrade einstellen bzw. Translations- oder Rotationsbewegungen vorgeben. Einige der Verfahren haben zudem den Vorteil, dass sie sehr leicht, d.h. ohne großen technischen Aufwand vom Anwender durchgeführt werden können. Unter Berücksichtigung der technischen Relevanz werden nachfolgend mögliche trennende Fertigungsverfahren beschrieben.

Scheren / Stanzen

Liegt das NiTi-Bauteil als Blech oder Draht vor, kann Scheren bzw. Stanzen als Trennverfahren eingesetzt werden. Mit geeignetem Werkzeug, d.h. gehärteter Stahl- oder Hartmetallschneide, lassen sich Legierungen mit einer Dicke von etwa 0,5mm trennen. Die Gratbildung ist dabei minimal [33].

Wasserstrahlschneiden

Für das Trennen von großen Halbzeugen, wie Platten oder Stangen, ist das Wasserstrahlschneiden sehr gut geeignet. Der mit abrasiven Partikeln versetzte Hochdruck-Wasserstrahl schneidet NiTi-Legierungen mit Dicken bis zu 100mm bei relativ hohen Schnittgeschwindigkeiten ohne die Oberfläche des Materials thermisch zu beschädigen. Toleranzen unter 1mm sind zwar nur schwer erzielbar, das Verfahren ist dafür sehr kostengünstig [33].

Spanen mit geometrisch bestimmter Schneide

Bei der Fertigung von Produkten aus NiTi-Legierungen ist eine spanende Bearbeitung zur Herstellung komplexer Bauteilgeometrien häufig unumgänglich. Werkstoffe auf NiTi-Basis besitzen jedoch eine hohe Duktilität und eine starke Neigung zur Kaltverfestigung bei plastischer Verformung. Ein weiteres Problem ist die spannungsinduzierte martensitische Phasenumwandlung im Bereich der Schneide bei austenitischen Werkstücken. Aufgrund dieser Eigenschaften zählen

NiTi-Legierungen zu den schwer zerspanbaren Werkstoffen. Wegen des übermäßigen Werkzeugverschleißes kommt der Einsatz von Schneidkeramiken und hochharten Schneidstoffen, wie kubisches Bornitrid (CBN), polykristalliner Diamant (PKD) und CVD-Diamant-Dickschichten, nicht in Frage. Technologisch sinnvoller ist der Einsatz von Hartmetallwerkzeugen mit positivem Spanwinkel und einer Verschleißschutzschicht aus TiN und TiN/TiAlN. Als Substrat erweisen sich Feinstkornhartmetalle als günstig [34].

Schleifen

NiTi-Legierungen lassen sich recht gut mit abrasiven Verfahren bearbeiten. Bandschleifer und Sandstrahler sind sehr effektiv; am häufigsten wird jedoch das spitzenlose Schleifen verwendet. Der Schnittdruck hat dabei einen größeren Einfluss auf die Zerspanbarkeit als die Schnittgeschwindigkeit der Scheibe. Der Einsatz von SiC/Al_2O_3-Trennscheiben weist dabei ein besseres Einsatzverhalten als Diamant-Scheiben auf. Ein großer Nachteil des Schleifens ist die Beeinträchtigung der äußersten Materialschicht. Die dabei entstandene dünne Lage des verfestigten NiTi kann einerseits den FG-Effekt der Legierung beeinträchtigen, andererseits Mikrorisse initiieren, die letztendlich zum Bauteilversagen führen können. Für bestimmte Anwendungen ist es dementsprechend notwendig, die gehärtete Oberfläche durch Ätzen oder Erwärmen zu behandeln [34].

Sägen

Standardsägen, z.B. Sägen mit gezahntem Blatt, sind für die Bearbeitung von NiTi nicht geeignet. Abrasive Werkzeuge, wie z.B. mit Siliziumkarbid behaftete Sägeblätter, die sich während der Bearbeitung abnutzen und somit selbst nachschärfen, können dagegen von kleinsten Rohren bis zu großen Ingots NiTi-Legierungen zertrennen [33].

Ätzen

NiTi wird durch die meisten Säuren nicht angegriffen, da die sich an der Oberfläche bildende TiO_2-Schicht einen wirksamen Schutz bildet. Eine Kombination aus Flusssäure (HF) und Salpetersäure (HNO_3) auf Wasserbasis kann diese äußerste Lage jedoch entfernen. Allgemein gilt, dass die Einwirkzeit möglichst kurz gehalten werden sollte, um die Aufnahme von Wasserstoff aus den Säuren zu minimieren. Neuere Ätzverfahren mit schwächeren Säuren, wie z.B. Sulfaminsäure, erlauben dagegen Einwirkzeiten von mehreren Stunden. Mit dem Ätzen kann zudem die Bildung spannungsinduzierten Martensits verhindert werden, das bei mechanischer Oberflächenbearbeitung entsteht [33]. Mit dem photochemischen Ätzen lassen sich NiTi-Bauteile aus Blechen begrenzter Dicke herstellen. Mit entsprechender Praxis sind komplizierte Geometrien mit einer Genauigkeit von 0,05 mm herstellbar. Ein weiterer Vorteil ist die Möglichkeit der kostengünstigen Massenfertigung [33].

Lasertrennen

Lasertrennen wird hauptsächlich zur Herstellung von Stents aus Rohren eingesetzt oder anstelle des photochemischen Ätzens verwendet. Die Schnitte sind dabei bis zu 0,025mm schmal, die produzierbaren Toleranzen liegen in der gleichen Größenordnung. Der Grad der unvermeidbaren Oberflächenbeschädigung lässt sich durch geeignete Auswahl des Lasertyps und des Trägergases minimieren. Die entstehende Wärmeeinflusszone sollte zusammen mit weiteren Ablagerungen in einem nachgeschalteten Ätzprozess entfernt werden [33].

Erodieren

Neben der Lasertechnik ist auch das Verfahren der Funkenerosion oder auch EDM (Electro-Discharge-Machining) für die Einzelfertigung zur Strukturierung von NiTi geeignet. Hierbei wird der Materialabtrag durch viele kurz nacheinander folgende elektrische Entladungen realisiert. Der Abtrag findet jedoch nicht nur am Bauteil statt, es wird auch an der strukturierenden Elektrode Material abgetragen. Durch Funkenerosion kann jeder elektrisch leitende Werkstoff unabhängig von seiner Härte und Spanbarkeit strukturiert werden. Dementsprechend können NiTi-Legierungen sehr gut mit EDM bearbeitet werden. Auch komplizierte Geometrien sind realisierbar. Das Verfahren ist allerdings relativ zeit- und kostenintensiv. Auch hier wird die äußerste Werkstückschicht beeinträchtigt, so dass die schon erwähnte Nachbearbeitung empfehlenswert ist [33;35].

3.2.4 Lokale Konfiguration durch Legierungszusammensetzung

Durch unterschiedliche Legierungszusammensetzungen von NiTi lassen sich nicht nur die FG-Eigenschaften einstellen, auch mechanische Größen können durch die Veränderung der Legierungszusammensetzung variiert werden.

Eine Möglichkeit ist hierbei die lokale Änderung der Legierungszusammensetzung mit Hilfe der Pulvermetallurgie. Für NiTi-Legierungen bietet das Sintern zudem die Möglichkeit, Probleme des Gießprozesses (Kornwachstum, Lunkerbildung, Reinheitsgrad etc.) und der spanenden Bearbeitung (hoher Werkzeugverschleiß) zu umgehen. Praktische Bedeutung als Implantatwerkstoff haben NiTi-Legierungen mit einer nur beim Sintern erreichbaren Porosität von 30 bis 90% erreicht [36]. Die Porosität verbessert dabei die Biokompatibilität und erleichtert die Gewebeverträglichkeit [37]. Konventionelles Sintern kommt wegen der teuren Presswerkzeuge nur für große Serien und wegen des im Vergleich zum Gießen schlechten Formfüllungsvermögens sowie des Problems einer gleichmäßigen Verdichtung und schließlich auch der geringen Festigkeit im ungesinterten Zustand bevorzugt für kleinere Teile in Betracht. Nachteilig sind die komplizierten Verhältnisse der Volumenänderung beim Pressen und Sintern (bei Vollkörpern bis zu 20% lineare Schwindung während des Sinterns), die verhältnismäßig begrenzte Gestaltungsmöglichkeit und die gegenüber gegossenen Teilen im Allgemeinen geringere Festigkeit und Zähigkeit. Vorteilhaft sind die hohe Maßgenauigkeit (nach Kalibrierung) und Oberflächengüte sowie besonders auch die verschiedenen nur durch die Pulvermetallurgie gegebenen Möglichkeiten der Formgebung. Eine alternative ist das selektive Lasersintern, das stark dem Verfahren der Stereolithografie ähnelt. Beide Verfahren werden im Folgenden kurz erläutert.

Sintern

In Muffel-, Hauben- und vielfach auch Durchlauföfen werden die gepressten Rohlinge unter Schutzgas sowie im Vakuum durch Diffusion fest verbunden. Die Temperaturen liegen bei diesem Verfahren, dem Vakuumsintern, aufgrund der schlechten Sinteraktivität der NiTi-Pulver nahe dem Legierungsschmelzpunkt; der Vorgang dauert mehrere Stunden. Bei Sintertemperaturen von 600 bis 1050°C und Sinterzeiten bis zu 20 Stunden werden sehr inhomogene Gefüge gebildet, beim Flüssigphasensintern im Bereich von 1100°C bis 1200°C wird der Fremdphasenanteil reduziert. Eine zweite Methode, das Reaktionssintern nutzt die lokale Mischungswärme während der exothermen Reaktion des Sinterns. Es werden dünne Schichten von Ni und Ti als Grünling verpresst und anschließend oberhalb 1100°C gesintert. Die lokale Reaktion führt zur Erwärmung über den Schmelzpunkt, so dass die Schichten praktisch aufschäumen. Mit zunehmender Starttemperatur für diesen Sinterprozess wird der Anteil an der Ti_2Ni-Phase reduziert. Das entstehende Halbzeug ist homogen, aber so porös (Porengröße von 60 bis 100µm), dass eine Nachverdichtung durch HIP erfolgen muss. Das Rektionssintern unter hohem Druck liefert sehr dichtes Material und erlaubt auch die Bildung von homogenen Mischkristallen, welche schmelzmetallurgisch nicht herstellbar sind [38].

Selektives Lasersintern

Selektives Lasersintern (SLS) ist ein Verfahren, das es ermöglicht, räumliche Strukturen durch Sintern aus einem pulverförmigen Ausgangsstoff herzustellen. Es ähnelt dabei sehr der Technologie des Rapid-Prototyping. Durch den hohen maschinellen Aufwand und insbesondere die vom generierten Volumen abhängenden Prozesszeiten (die im Bereich von Stunden, bei großen Teilen mit hohen Genauigkeitsanforderungen auch von Tagen liegen können) werden die Verfahren besonders zum Fertigen von komplizierten Bauteilen als Prototypen oder in geringen Stückzahlen verwendet. Aus den vorliegenden CAD-Daten des Bauteils werden durch sogenanntes *Slicen* zahlreiche Schichten erzeugt. Der pulverförmige Werkstoff wird auf eine Bauplattform mit Hilfe einer Rakel oder Walze vollflächig in einer Dicke von 0,001 bis 0,2mm aufgebracht. Die Schichten werden durch eine Ansteuerung des Laserstrahles entsprechend der geslicten Kontur des Bauteils schrittweise in das Pulverbett gesintert oder eingeschmolzen. Die Bauplattform wird nun geringfügig abgesenkt und eine neue Schicht aufgezogen. Die Bearbeitung erfolgt Schicht für Schicht in vertikaler Richtung, wodurch es möglich ist, auch hinterschnittene Konturen zu erzeugen. Die Auflösung des Verfahrens ist höher als 30µm [39].

Möglich ist auch die direkte Verwendung metallischer Pulver ohne Zusatz eines Binders. Die Metallpulver werden dabei vollständig aufgeschmolzen. Diese Verfahrensvariante wird auch als selektives Lasermelting (SLM) bezeichnet [39].

Die verschiedenen Ausprägungen der FG-Effekte lassen sich bei NiTi-Legierungen durch den Nickelanteil, durch Beimischung ternärer Elemente oder durch eine Kombination von beidem realisieren. Zusätzlich lassen sich über die Teilchengröße der Pulver Dichte und Härte der Legierung variieren. Entscheidend sind also zusammengefasst:

- die Pulverform,
- der Nickelgehalt,
- ternäre Legierungselemente.

Einfluss der Pulverform

Beim Sintern sind die Präzision der Massenanteile und die Reinheit der Ausgangsmaterialien entscheidend für die Qualität des Sinterteils. Mit Elementpulvern lassen sich beliebige Stöchiometrien einstellen, sie sind generell preiswerter, allerdings relativ inhomogen. Ein anderes Problem ist die Affinität des Titanpulvers zu Sauerstoff, die eine Herstellung, Lagerung und Verarbeitung des Pulvers in einer hochreinen Schutzgasatmosphäre erfordert (eine andere Möglichkeit ist die Verwendung von TiH_2-Pulver). Vorlegierte Pulver müssen aus NiTi-Legierungen gewonnen werden, die wiederum einen schmelztechnischen Prozess voraussetzen und einen definierten Nickelgehalt haben. Allgemein sollten die Pulverteilchen eine annähernd sphärische Form aufweisen. Durch die größere Oberfläche kann das Bauteil zudem schneller sintern. Dementsprechend eignen sich feinere Pulver besser. Mit abnehmender Teilchengröße der Pulver nehmen Dichte und Härte der Legierung zu. Gleichzeitig steigt aber aufgrund des höheren Oberfläche-Volumen-Verhältnisses auch der Sauerstoffanteil, u.a. in Form der unerwünschten Ti_4Ni_2O-Oxide [38].

Einfluss des Nickelgehaltes

Die Phasenumwandlungstemperatur (PUT) wird extrem vom Verhältnis der Legierungszusammensetzung bestimmt. Eine Änderung um 0,1% des Verhältnisses Nickel zu Titan bewirkt bereits eine Verschiebung der A_s-Temperatur um fast 10°C (siehe *Bild 3.1*). Der graue Bereich steht hierbei für binäre, pseudoelastische Nickel-Titan-Legierungen. Da die meisten technischen Anwendungen die Ansteuerung der PUT mit einer maximalen Abweichung von ± 5 °C fordern, bedeutet das, dass die Legierungszusammensetzung auf ± 0,05 % genau eingestellt werden muss [40].

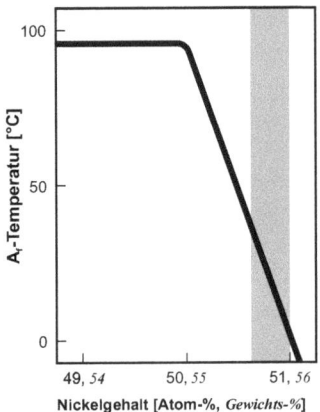

Bild 3.1: Einfluss des Nickelgehaltes auf die A_f-Temperatur [40]

Einfluss ternärer Elemente

Mit der Beimischung anderer Elemente zu NiTi-Legierungen lassen sich einerseits FG-Effektausprägungen, wie die Phasenumwandlungstemperatur, andererseits mechanische Eigenschaften, wie Festigkeit und Sprödigkeit, beeinflussen. Für ternäre Legierungen, d.h. NiTi-Legierungen mit Beimischung eines anderen Elements, eignet sich vor allem Kupfer. NiTiCu-Legierungen besitzen ein sehr ausgeglichenes Eigenschaftsprofil mit ausgeprägtem Effekt, geringer Hysterese und einer unter Aspekten der Steuerung und Regelung interessanten Widerstandskennlinie. Ab Cu-Gehalten oberhalb von 10 at-% tritt eine merkliche Zähigkeitsabnahme ein. Der Effekt ist über eine hohe Zyklenzahl stabil. Allerdings sind die Umwandlungstemperaturen nicht sehr hoch, so dass ein Einsatz z.B. in der Automobiltechnik bislang nicht erreicht wurde. Dennoch können sich NiTiCu-Legierungen mit Cu-Gehalten zwischen 5 und 10 at-% aufgrund ihres akzeptablen Preises und ihres homogenen Eigenschaftsprofils für Anwendungen bei Raumtemperatur als Standard-Aktorlegierung etablieren [29;41]. *Tabelle 3.3* zeigt qualitativ den Einfluss weiterer Legierungselemente auf NiTi-Legierungen.

Tabelle 3.3: *Einfluss von Legierungselementen auf NiTi-Legierungen*

Merkmal	C	O	N	H	Cu	Cr	Co	Fe	V	Nb
PUT	↓	↓	↓	↓	→	↓	↓	↓	↓	→
Festigkeit	↑	↑	↑	↑	↘	↑	↑	↑	↑	↑
Sprödigkeit	↓	↓	↓	↓	→	↓	↓	↑	↓	→

Einen abschließenden Vergleich der drei Konfigurationsarten Beschichtung, Strukturierung und Legierungszusammensetzung liefert *Tabelle 3.4*.

Tabelle 3.4: *Weitere Möglichkeiten der lokalen Konfiguration*

	Beschichtung	Strukturierung	Legierungs-zusammensetzung
Prinzip	Aufbringen einer fest haftenden Schicht	Formänderung durch örtliches Aufheben des Zusammenhalts	Stoffeigenschaften ändern
Verfahren	PVD (CVD, Galvanik Aufdampfen)	Scheren/Stanzen Lasertrennen EDM, Ätzen u.a.	Sintern selektives Lasersintern selektives Laserschmelzen
Mögliche Effekte	thermischer Effekt **und/ oder** mechanischer Effekt	thermischer Effekt **oder** mechanischer Effekt	thermischer Effekt **und/oder** mechanischer Effekt
Vor-/Nachteile	+ sicher Funktionsweise + Legierungszusammensetz. zusätzlich einstellbar + keine Rückstellvorrichtung notwendig + mechanische Eigenschaften einstellbar - aufwändiges Verfahren, evt. Masken notwendig - zur Zeit nur für Mikroaktorik anwendbar - Strukturgestalt durch Sputterverfahren begrenzt	+ sichere Funktionsweise + Mikro-/Makroaktorik geeignet + einfache Halbzeugherstellung + einfache Konfiguration + Freiheitsgrade einstellbar - FG-Effekte nicht kombinierbar - nicht rekonfigurierbar - mech. Eigenschaften nicht einstellbar	+ Legierungszusammensetz. zusätzlich einstellbar + endkonturnahe Herstellung + Mikro-/Makroaktorik geeignet + große Gestaltungsfreiheit + mechanische Eigenschaften einstellbar - aufwändiges Verfahren - Einfluss der Porosität auf die mech. Eigenschaften - anfällig für Verunreinigungen

3.3 Beispiele für lokal konfigurierte FG-Aktoren

In den folgenden Beispielen werden zwei verschiedene Verfahren zur lokalen Wärmebehandlung vorgestellt. Zum einen die sogenannte Joul'sche Erwärmung über den elektrischen Eigenwiderstand an einem Linearaktor und zum anderen das Laserglühen an einem Mikrogreifer. Beide Beispiele basieren auf dem Prinzip des monolithischen Bauteildesigns, was bedeutet, dass das gesamte Bauteil zunächst aus demselben Material gefertigt wird. In diesem Fall aus NiTiCu. Im nächsten Schritt werden einzelne Bereiche des Bauteils lokal konfiguriert, bzw. unkonfiguriert belassen. Die geglühten Bereiche weisen dann einen FG-Effekt auf. Bei der späteren Verwendung dient der geglühte Bereich als Aktoreinheit und der nicht geglühte als Rückstellfeder.

3.3.1 Linearaktor mit lokal konfigurierter FG-Feder

Das lokale Glühen durch elektrischen Strom kommt bei [6] in einem Linearaktor (siehe *Bild 3.2*) zum Einsatz. Dabei wird die linke Feder von einem elektrischen Strom (600mA) geglüht (ca. 500°C) und danach wieder abgekühlt. Die rechte Feder wird nicht bearbeitet. Zur Generierung einer Stellbewegung wird nun die linke, geglühte Feder durch einen niedrigeren Strom auf A_f (ca. 60°C) erwärmt. Durch die Umwandlung in Austenit wird dabei die zu bewegende Einheit nach links verschoben. Durch die anschließende Abkühlung wirkt das rechte Element wie eine Rückstellfeder und stellt den mittleren Teil wieder in die Ausgangsposition zurück.

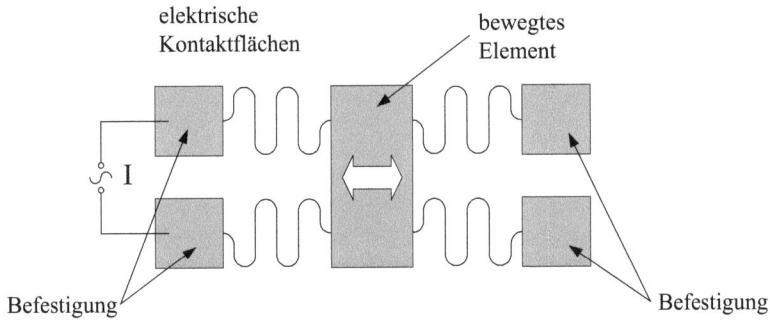

Bild 3.2: Linearaktor mit lokal konfiguriertem FG-Steller und Rückstellfeder[6]

Vorteile dieses Linearaktors sind der einfache Aufbau und die monolithische Bauweise. Es sind keine peripheren Elemente, wie beispielsweise Rückstellfedern, notwendig. Ein Nachteil dieser Methode ist allerdings die Notwendigkeit der elektrischen Kontaktierung, sowie die Problematik der Regelbarkeit der elektrischen Eigenerwärmung. Ein genereller Nachteil dieser Glühtechnik ist weiterhin, dass sie nicht auf jede Bauteilgeometrie anwendbar ist, da die Temperaturverteilung beim Glühen und beim Erwärmen vom elektrischen Widerstand und demzufolge von der Bauteilgeometrie abhängig ist. Zudem werden bei großen Querschnitten die elektrischen Leistungen bzw. Stromstärken zu hoch und bei bestimmten Bauteilgeometrien können Verlustströme durch nicht für die Wärmebehandlung vorgesehene Bereiche fließen.

3.3.2 Lokal konfigurierter Mikrogreifer

Das zweite Verfahren, das Glühen durch einen Laser, wird von [6] zur lokalen Konfiguration eines Mikrogreifers (***Bild 3.3***) verwendet. Greiferstrukturen auf der Basis von FGL wurden bereits in [42] und [43] analysiert.

Der unbehandelte Greifer aus ***Bild 3.3*** wird aus einem 10µm starken FG-Blech ausgestanzt und anschließend der Aktorbereich mit einem Yd:Yag-Laser geglüht. Der darunter gelegene, nicht geglühte Bereich fungiert aufgrund seiner Elastizität wieder als Rückstellfeder. Nun kann der konfigurierte Bereich erwärmt werden, wodurch eine Biegebewegung entsteht und der Greifer sich schließt. Wird der aktivierte Bereich wieder abgekühlt, bewirkt die Rückstellfeder eine Öffnung des Greifers.

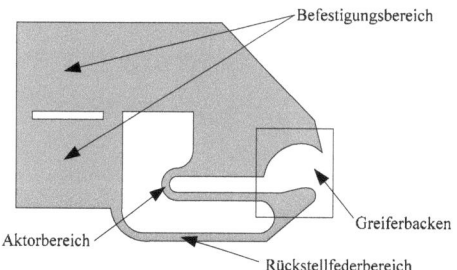 

Bild 3.3: *Lokal konfigurierter NiTi-Mikrogreifer [6]*

Die Vorteile dieses Wärmebehandlungsverfahrens liegen in der Berührungslosigkeit. Des Weiteren gibt es weit weniger Gestaltbeschränkungen als bei der Joul'sche Wärmebehandlung. Intention ist es hier, das Integrationspotential von FG-Strukturen zu nutzen, um die besonders bei Mikrostrukturen aufwendige Montage zu vermeiden. Außerdem ist durch die Laserkonfiguration die Möglichkeit zur Miniaturisierung gegeben, da durch den geringen Fokus des Lasers feiner gearbeitet werden kann und das Bauteil so mit mehreren, auch nah beieinander liegenden Aktorbereichen ausgestattet werden kann [6]. Nachteilig bei der Laserkonfiguration sind die ungewollte Wärmeeinflusszone und die Beschränkung auf Mikrostrukturen, da bei Makrostrukturen eine über dem Querschnitt gleichbleibende Wärmebehandlung nicht realisierbar ist.

3.3.3 Mikrogreifer

Eine andere Möglichkeit der lokalen Konfiguration stellt die lokale Strukturierung dar. Der hierfür als Beispiel vorgestellte monolithische Mikrogreifer (***Bild 3.4***) mit integrierter Lagerung wurde am Forschungszentrum Karlsruhe (FZKA) entwickelt. Er hat die Abmessungen von 2,1 x 5,8mm und wird auf ein Kunststoffsubstrat geklebt. Mit einem Yd:YAG-Laser wird zuvor aus einem kalt gewalzten NiTi-Blech mit einer Stärke von 100µm bzw. 230µm (zwei Varianten) die Greiferstruktur ausgeschnitten. Das beschriebene Greifersystem arbeitet mit zwei parallel angeordneten FG-Aktoren, die das Schließen des Greifers übernehmen. Das Öffnen wird über zwei thermisch aktivierbare FG-Festkörpergelenke realisiert. Die Bauweise sorgt dafür, dass die

Festkörpergelenke keine Umwandlung vollziehen, wenn der Linearaktor beheizt wird. Das System ist in der Lage, relativ schnell zu greifen (50ms), aber die lange Abkühlzeit von 300ms verlangsamt die Wiederholfrequenz der Struktur [44].

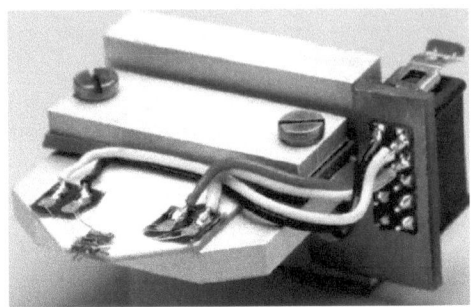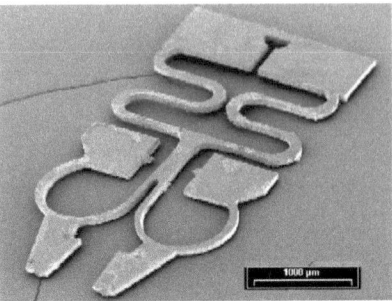

Bild 3.4: Mikrogreifer; links: montiert auf Grundträger, rechts: REM-Aufnahme [44]

3.3.4 Dünnschichtaktor

Eine weitere Möglichkeit der lokalen Konfiguration von FG-Bauteilen stellt die lokale Beschichtung von FG-Dünnschichtaktoren dar. In *Bild 3.5* ist ein lokal beschichteter Dünnschichtaktor dargestellt.

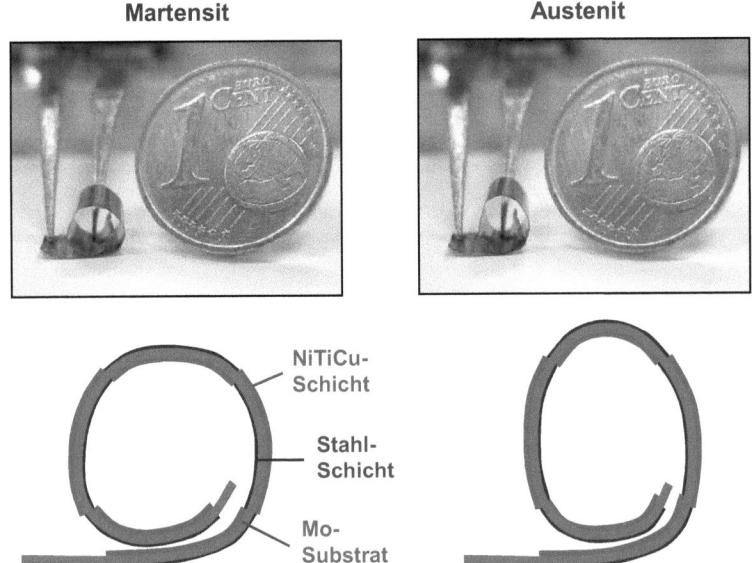

Bild 3.5: Lokal beschichtete Dünnschichtstruktur in martensitischer und austenitischer Form

Der FG-Schichtverbund-Aktor besteht aus einem Substrat, das jeweils auf der Vorder- und Rückseite beschichtet wurde. Als Substrat wurde eine 15μm dicke Molybdänfolie verwendet. Dieser Mo-Streifen wurde mit Hilfe von Masken auf jeder Seite abwechselnd mit NiTiCu und mit Stahl beschichtet. Die Dicke der FG-Schicht lag dabei bei 6μm, die der Stahlschicht bei 1μm. Die Schichten wurden mit Hilfe des Sputterverfahrens auf dem Substrat abgeschieden. Die endgültige martensitische Form erhielt der Aktorstreifen durch einen Glühprozess im aufgewickelten Zustand [45].

Der Grund für die Verwendung eines Molybdän-Substrates lag zum einen in der guten Haftung der NiTi-Schicht und zum zweiten an der Diffusionsträgheit von Molybdän. Die gute Haftung, die auch beim Knicken des Aktors nicht zum Abplatzen der Schicht führt, resultiert vermutlich aus den ähnlichen Gitterkonstanten von Mo und NiTi sowie aus einer starken Bindung der beiden Metall-Oxide an der Grenzfläche. Die zweite wichtige Eigenschaft der Diffusionsträgheit ist für den Glühvorgang wichtig und resultiert bei Molybdän aus der hohen Gittersteifigkeit bzw. aus dem starken Zusammenhalt des Atomverbundes, was sich auch in einer hohen Schmelztemperatur niederschlägt. Bei der Aktorschicht aus FG-Material handelt es sich um eine TiNiCu-Schicht. Zusätzlich zur geringeren Hysterese besitzen Cu-haltige Legierungen auch eine bessere Haftung [12]. Das Kristallisationsglühen nach der Abscheidung der FG-Schicht führt dazu, dass der Spannungszustand im Verbund und damit dessen Auslenkung aufgrund der unterschiedlichen Ausdehnungskoeffizienten nicht Null ist. Bei feststehender Kristallisationstemperatur kann dieser unerwünschte Auslenkungszustand nur durch eine zusätzliche Schicht ohne FG-Effekt erreicht werden. Für die untersuchten Dünnschichtstrukturen wurde aus diesem Grund eine Stahlschicht vorgesehen. Die mit dem Lasertriangulationsverfahren gemessene maximale Auslenkung der runden Dünnschichtstruktur (Durchmesser von 4mm) betrug 1,04mm. Dabei konnte eine Kraft von 0,1N ermittelt werden. Bei einer Auslenkung von 0,5mm betrug die Kraft 0,2N. Die gemessenen Werte zeigen, dass diese lokal beschichteten Dünnschichtelemente für den Einsatz in vielen technischen Anwendungen geeignet sind. Darüber hinaus verdeutlicht diese Beispielstruktur den Vorteil der lokalen Beschichtung zur Erzeugung von für den Mikrobereich hohen Kräften und Stellwegen bei einem geringen Bauraum im Vergleich zu einfach beschichteten Dünnschichtstrukturen.

3.4 Versuche an Halbzeugen

3.4.1 Einleitung

Das Ziel dieser Versuche ist die Untersuchung der Eigenschaften von verschieden konfigurierten Drahtproben zur Erfassung des Konfigurationspotentials und der entsprechenden Parameter von NiTi-FGL. Zur Untersuchung der Eigenschaften der Proben werden Experimente, bestehend aus Grundlagen-, lokalen Konfigurations- und Stufenaktor-versuchen, durchgeführt. Die Grundlagenversuche umfassen Versuche mit vollständig, bei verschiedenen Temperaturen, im Ofen wärmebehandelten Drahtproben. Die zweite Versuchsreihe enthält Versuche mit lokal geglühten Proben. Die Wärmebehandlung erfolgt hierbei mit Hilfe eines Rohrheizkörpers. Die Stufenaktorversuche beinhalten Versuche mit Proben, die an verschiedenen Stellen mit unterschiedlichen Parametern lokal auf Basis der Heizelementversuche konfiguriert wurden. Zweck dieser Versuche ist die Realisierung einer stufenförmigen Arbeitsweise der FG-Elemente. Ein möglichst großer Abstand zwischen den A_S-Temperaturen der Phasenumwandlung ist bei dem Versuch der Herstellung eines Stufenaktors von größter Bedeutung, da sich die beiden Umwandlungsbereiche nicht überlagern sollten.

Für die Versuche stehen um 30% kaltgezogene NiTi-Drähte der superelastischen Legierung S (55,9 wt% Ni) und der Aktorlegierung H (54,8 wt% Ni) der Firma Memory-Metalle GmbH zur Verfügung. Unterschieden werden die Legierungstypen funktional anhand der A_F-Temperatur, die bei dem Legierungstyp H bei ca. 90°C und beim Legierungstyp S bei ca. 0°C liegt. Die Versuchsplanung sieht folgende Versuchsreihen mit entsprechenden Vorbereitungs- und Arbeitsschritten vor:

Versuchsreihe 1: Grundlagenversuche
1. Konfigurieren der Proben im Ofen
2. Zugversuche der Proben an Zugmaschine
3. Aktivierungsversuche der Proben in speziellem Versuchsstand
4. DSC-Untersuchung der Proben
5. Temperaturstandfestigkeitsversuche der Proben in speziellem Versuchsstand

Versuchsreihe 2: lokale Konfigurationsversuche
1. Konfigurieren der Proben mittels Rohrheizelement
2. Zugversuche der Proben an Zugmaschine
3. Aktivierungsversuche der Proben in speziellem Versuchsstand

Versuchsreihe 3: Stufenaktorversuche Drahtproben
1. Konfigurieren der Proben mittels Rohrheizelement
2. Zugversuche der Proben an Zugmaschine
3. Aktivierungsversuche der Proben in speziellem Versuchsstand

Die Proben werden nach folgendem Schema benannt:
- „H" bzw. „S" steht für die Legierung,
- „O" bzw. „HE" steht für die Art der Vorbehandlung (Ofen oder Heizelement),
- 300 bis 700 steht für die Glühtemperatur in Grad Celsius,
- 5 bzw. 20 steht für die Glühdauer in Minuten,
- „Ausgang" bedeutet, dass das Material nicht thermisch vorbehandelt wurde.

3.4.2 Verwendete Versuchsanlagen und Methoden

Zugversuch

Der Zugversuch der FG-Drähte entspricht vom Prinzip her einem Zugversuch, wie er z.B. von der Werkstoffprüfung bekannt ist. Dabei werden allerdings die FG-Drahtproben zumeist nicht bis zum Bruch, sondern bis zu einem bestimmten Dehnungsbetrag gezogen. Der Grund dafür ist der Einwegeffekt, welcher durch anschließendes Aktivieren der Drahtprobe auf einem anderen Versuchsstand gemessen und damit nachgewiesen werden soll. Bei den Zugversuchen werden die

Kraft, die der Draht der Bewegung der Traverse der Prüfmaschine entgegensetzt und der Stellweg des Drahtes gemessen. Anschließend werden diese Größen in Spannung, bezogen auf den Drahtquerschnitt, und Dehnung, bezogen auf die Ausgangslänge der Drahtprobe, umgerechnet. **Bild 3.6** stellt die Zugmaschine und ein typisches Spannungs-Dehnungs-Diagramm einer FG-Drahtprobe dar. Die eingerichtete Prüfroutine beinhaltet die folgenden Parameter:

- Anfahren einer Vorspannung von $10N/mm^2$,
- Dehnen der Probe bis auf 6% mit einer Geschwindigkeit von 20mm/min,
- Entlastung der Probe mit einer Geschwindigkeit von 10mm/min,
- Messtaktung für die Weg- und Kraftdaten entspricht einer Messung pro 0,02mm Verfahrweg der Traverse.

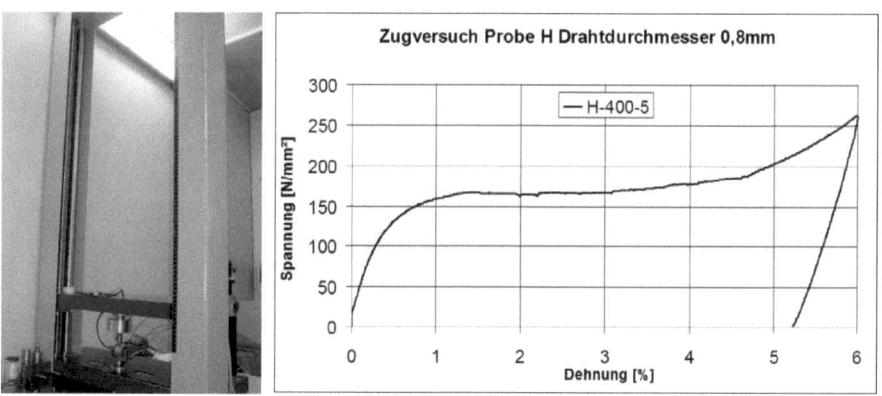

Bild 3.6: *Prüfmaschine „Zwick" und Spannungs-Dehnungs-Diagramm einer FG-Drahtprobe*

Aktivierung

Die Aktivierung der Drahtproben erfolgt in dem speziell für diesen Zweck entwickelten FGL-Prüfstand (**Bild 3.7**). Entscheidend ist, dass der konfigurierte und gedehnte FG-Draht in einer Heizröhre solange erwärmt wird, bis der Draht die austenitische Phasenumwandlung vollzieht. Während der Phasenumwandlung werden stets die aktuellen Werte der Temperatur und die Dehnung des Drahtes aufgenommen und für die spätere Auswertung gespeichert.

Ein weiterer Punkt, der im Vorfeld der Versuche geklärt werden muss, ist die Einspannung der lokal wärmebehandelten Proben bei den Zugversuchen und bei den anschließenden Aktivierungsversuchen. Bei den Aktivierungsversuchen auf dem Versuchsstand ist eine Einspannung der Drahtproben nur außerhalb der 250mm langen Heizröhre möglich. Diesbezüglich muss untersucht werden, ob die lokal konfigurierten Bereiche im Vergleich zu den unbehandelten Bereichen so leicht verformbar sind, dass der Draht lediglich an den beiden äußeren Enden eingespannt werden kann und die Dehnung durch die Zugmaschine nur die behandelten Bereiche beeinflusst, oder ob man den konfigurierten Bereich separat dehnen muss. Die unbehandelten Bereiche können aufgrund der im Vergleich zu den behandelten Bereichen höheren Steifigkeit als nahezu unverformbar bei diesen Dehnungsparametern angesehen werden. Als Nachweis dient das in *Bild 3.9* abgebildete Diagramm. Beide darin untersuchten Proben wurden mit den gleichen Konfigurationsparametern behandelt und mit der im Verhältnis zu der behandelten Länge gleichen Dehnung beaufschlagt. Einziger Unterschied war die Position der angebrachten Quetschhülsen (siehe *Bild 3.8*) und damit der Krafteinleitungspunkte bei der Dehnung. Man erkennt deutlich, dass die Position der Hülsen bei der Dehnung keine relevanten Auswirkungen auf die Ergebnisse hat.

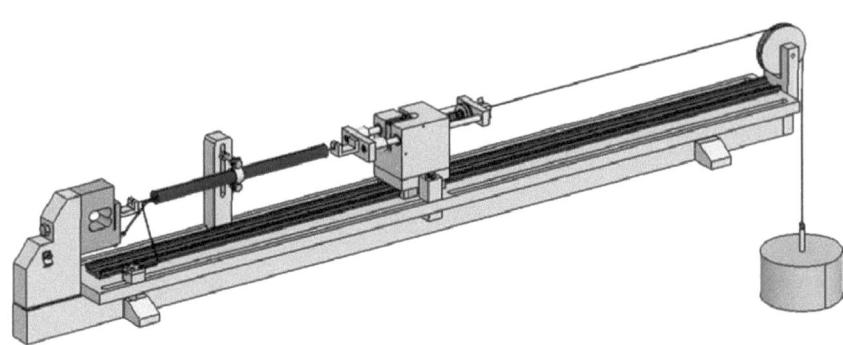

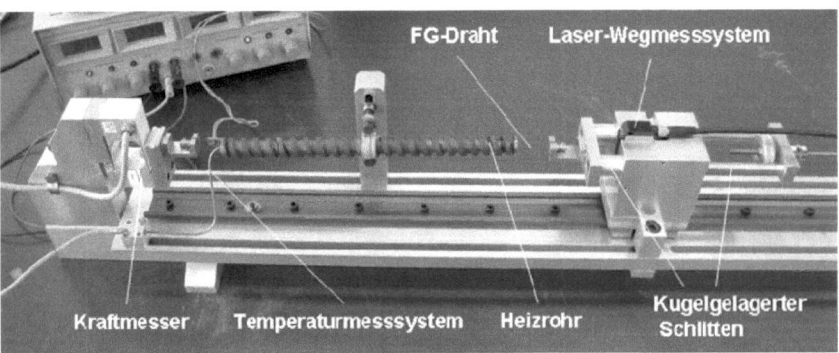

Bild 3.7: *Versuchstand zur thermischen Aktivierung der lokal konfigurierten Drähte*

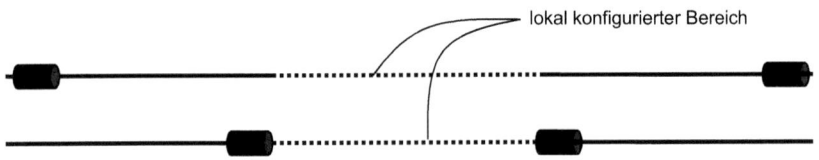

Bild 3.8: *Außen (oben) oder innen (unten) aufgequetschte Hülsen*

Strategie der lokalen Konfiguration

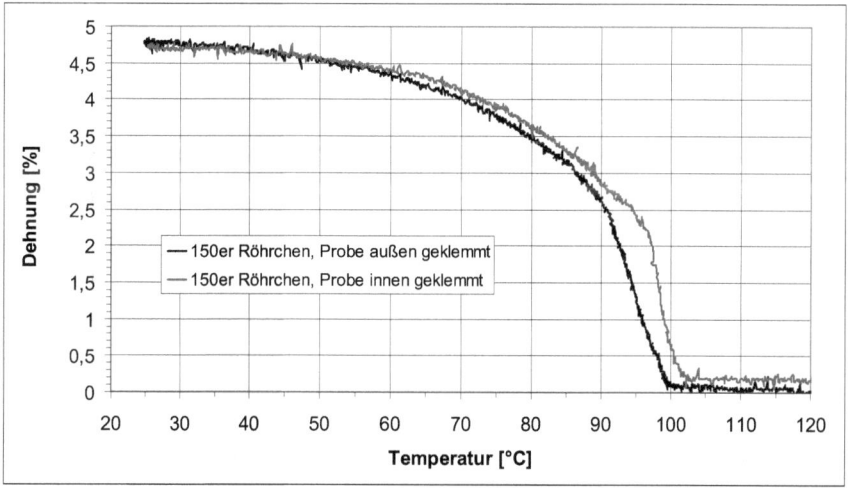

Bild 3.9: Vergleich des Einflusses unterschiedlicher Positionen der Klemmhülsen (H-HE-400-20 Proben, innen und außen mit Hülsen bestückt

DSC-Untersuchung

Dieser Teil der Versuche beschäftigt sich mit der Auswertung der durch die Konfiguration eingestellten Phasenumwandlungstemperaturen. Die Dynamische Differenzkalorimetrie (DSC) ist eine der wichtigsten Routinemethoden der thermischen Analyse und dient zur Ermittlung charakteristischer Temperaturen, wie z.B. der Phasenumwandlungstemperaturen von FG-Legierungen.

Die DSC-Versuche werden auf einem Differenz-Kalorimeter durchgeführt. Die einzelnen Proben bestehen jeweils aus mehreren Drahtstücken mit der Länge von ca. 4mm, was durch die Geometrie der Aluminiummesspfännchen vorgeschrieben ist, und haben ein Gewicht zwischen 20 und 100mg. Die Proben wurden zur Vorbeugung von Messfehlern durch anhaftende Verunreinigungen vor den Versuchen im Ultraschallbad gereinigt.

Konfiguration im Ofen

Der Vorgang des Konfigurierens beschreibt bei diesen Versuchen die Wärmebehandlung der Drahtproben im Ofen, mit dem Ziel, dadurch Einfluss auf den FG-Effekt bzw. auf die Eigenschaften der Proben zu nehmen. Das bedeutet, durch die Variation der Temperatur und der Dauer der Wärmebehandlung kann neben der Verschiebung der zur Phasenumwandlung erforderlichen Temperatur auch die Ausprägung des FG-Effektes beeinflusst werden. Weitere von der Vorbehandlung beeinflusste Parameter sind die Änderungen der Ausprägung des Spannungsplateaus, die Änderungen der Höhe der Plateauspannung, die Änderungen des Betrags des FG-Effekts, die Leistungsfähigkeit und die Temperaturstandfestigkeit des FG-Effektes. Zur Einprägung einer gestreckten Form wurden bei den Drahtproben der Probenlänge entsprechende temperaturbeständige Edelstahlröhrchen verwendet, in denen die Proben geglüht wurden.

Konfiguration mit Heizröhren

Die Drahtproben sollen mit Hilfe von Heizröhren lokal wärmebehandelt werden. Zunächst erfolgt dies nur an einer Stelle mit einer Temperatur und Zeit, mit denen auch die Ofenproben behandelt wurden, um die Vergleichbarkeit der verschiedenen Behandlungsarten zu überprüfen. Für diese Vorbehandlung wurden 150mm lange Röhrenheizelemente mit integriertem Temperatursensor und externer Regeleinheit verwendet. *Bild 3.10* stellt eine Konfigurationsanordnung mit Heizröhren dar.

Bild 3.10: Konfiguration von Drähten in einem Heizrohr

Mit Hilfe dieser Heizelemente wird nun die Drahtprobe lokal, mit den in den Ofenversuchen ermittelten optimalen Parametern, wärmebehandelt. Da bei dieser Methode die auftretenden Temperaturgradienten über die Heizelementlänge nicht im Voraus abzuschätzen sind, wurde die Temperaturverteilung experimentell untersucht. Diesbezüglich wurden an mehreren Stellen des Drahtes (siehe *Bild 3.11*) DSC-Analysen durchgeführt, um spezifische Phasenumwandlungstemperaturen der jeweiligen Bereiche zu ermitteln.

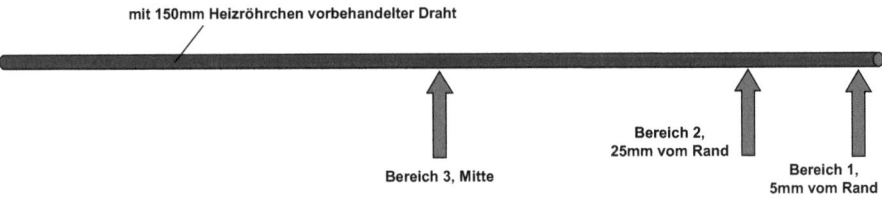

Bild 3.11: Bereiche der DSC-Analyse einer Heizelementprobe

Die Ergebnisse der DSC-Untersuchung der Temperaturverteilung in einer 150mm langen Heizröhre der Probe H-HE-400-20 sind im *Bild 3.12* dargestellt.
Anhand der Position der Tiefpunkte der drei getesteten Bereiche ist ersichtlich, dass die Temperatur mindestens in einem 100mm langen Bereich um die Mitte der Heizröhre annähernd gleich ist, da keine Verschiebung der Umwandlungstemperaturen zu erkennen ist. Erst ab den letzten 10-15mm bis zum Rand der Heizröhre fällt die Temperatur stärker ab. Dies zeigt der nach links verschobene Tiefpunkt der Messung des Bereichs 1. Eine Vergleichskurve der Probe H-300-20 lässt die

Annahme aufgrund ähnlicher Umwandlungstemperaturen zu, dass der Randbereich der Heizelementprobe einer Temperatur ausgesetzt war, die einer Glühtemperatur von 300°C entspricht. Die anderen mit der DSC-Analyse untersuchten Bereiche der Drahtprobe entsprechen von der Lage der Umwandlungstemperaturen den Ergebnissen einer mit 400°C im Ofen geglühten Probe.

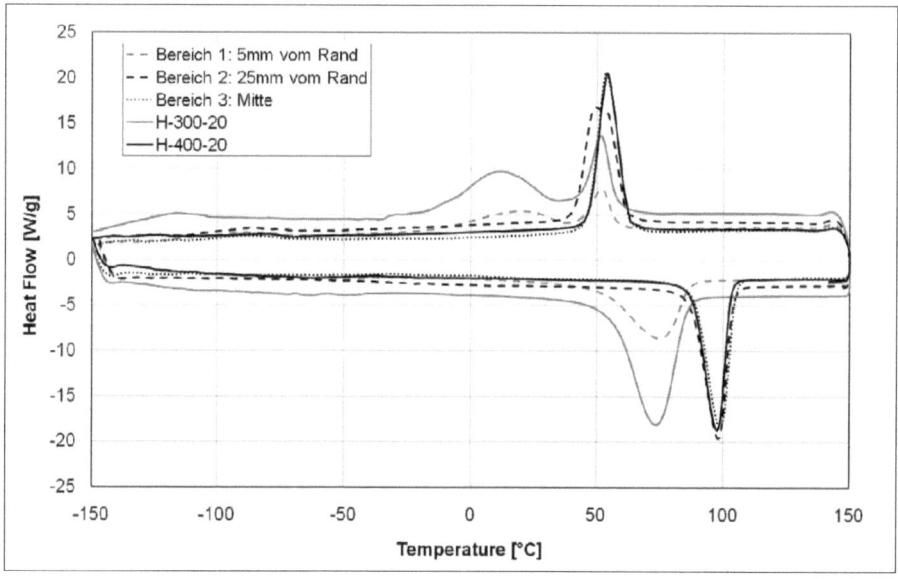

Bild 3.12: DSC-Kurven zur Ermittlung der Temperaturverteilung in einer 150mm langen Heizröhre anhand einer H-HE-400-20 Probe (zum Vergleich ist auch die Kurve einer H-HE-300-20 Probe dargestellt)

3.4.3 Versuchsvorbereitung

Für die Untersuchung der Drahtproben ist der Einsatz von Quetschhülsen zur Befestigung der Drähte in den Versuchsgeräten vorgesehen. Für die Versuche müssen diese Hülsen erst hergestellt, dann gereinigt und anschließend auf den Draht gequetscht werden.

Für die Herstellung der Hülsen wurden Aluminiumstangen mit 4mm Außendurchmesser verwendet, die auf eine Länge von 6mm zugeschnitten wurden. Nach dem Sägen wurden die Hülsen in eine Drehmaschine eingespannt und zumindest an einer Seite plangedreht. Anschließend wurden die Hülsen entsprechend des Drahtdurchmessers mit einer Bohrung versehen. Nach der Herstellung der Hülsen müssen diese und der Draht gereinigt werden, um Fremdpartikel, wie Fett oder Schmutz, zu entfernen und damit eine hohe Verbindungsgüte zu erreichen. Das Quetschen der Hülsen auf den Draht erfolgte mit einem speziell für diesen Arbeitsschritt angefertigten Werkzeug. Das Werkzeug besteht aus einem Stempel mit einer Aussparung für die fertige Hülse und einem Luftdruckzylinder, der den nötigen Druck von 50 bar bereitstellt und auf den Stempel einwirken lässt. **Bild 3.13** stellt den Vorgang des Quetschens noch einmal anschaulich dar.

Strategie der lokalen Konfiguration

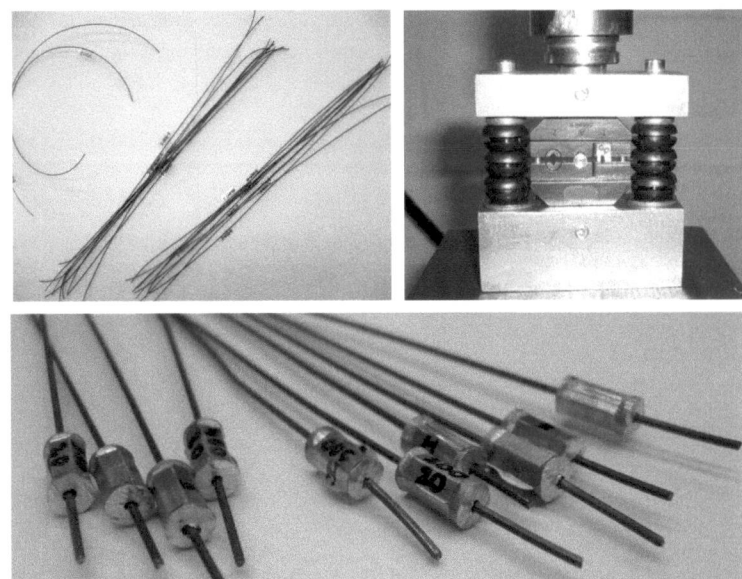

Bild 3.13: *V. l. n. r. Draht im Ausgangszustand, Stempel mit eingelegter Hülse, Draht mit gequetschten Aluminium-Hülsen*

Bild 3.14 zeigt zudem die angebrachten Quetschhülsen für einen Aktor mit drei verschieden konfigurierten Bereichen, die separat gedehnt werden müssen. Eine positive Nebenerscheinung war die Feststellung, dass sich derartige Quetschhülsen sehr gut als Verbindungselemente für industrielle Anwendungen eignen.

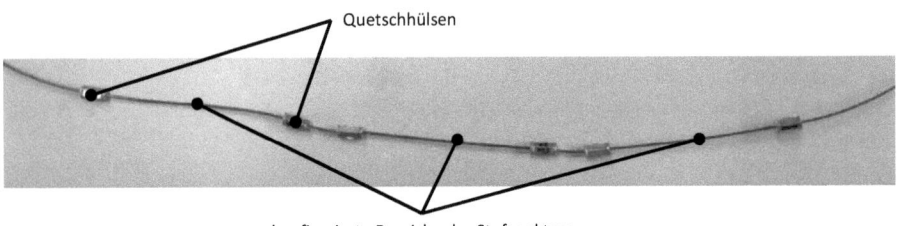

Bild 3.14: *Quetschhülsen an einem Dreistufenaktor*

3.4.4 Versuchsdurchführung

Bei den Grundlagenversuchen werden FG-Proben in Form von ca. 300mm langen Drähten mit einem Durchmesser von 0,8mm beider Legierungen (S und H) zunächst bei verschiedenen Temperaturen wärmebehandelt, dann gezogen und anschließend aktiviert.

Strategie der lokalen Konfiguration

Durchführung der Konfiguration

Zur Konfiguration wird für die Grundlagenversuche ein Glühofen benutzt, um die Proben über die gesamte Länge mit möglichst konstanter Temperatur zu behandeln. In Anlehnung an die Ergebnisse von [5] werden Glühtemperaturen zwischen 300°C und 700°C in 100°C Schritten und Glühzeiten von 5 und 20 Minuten für die Vorbehandlung beider Legierungen ausgewählt. Für die lokal wärmebehandelten Proben erfolgt die Konfiguration in äquivalenter Weise in den schon beschriebenen Heizröhren.

Durchführung der Zugversuche

Nachdem die FG-Drahtproben konfiguriert und für die Versuche entsprechend vorbereitet, d.h. gereinigt und mit Aluminiumhülsen versehen wurden, wird eine Zugmaschine eingesetzt, um die Proben um 6% (bezogen auf die konfigurierte Länge) zu dehnen. Der Dehnbetrag wurde aufgrund der Erkenntnis, dass man sich bei diesem Betrag noch im Bereich des Spannungsplateaus befindet, ausgewählt. Die Prüfmaschine wurde für die Versuche mit einer entsprechenden Kraftmessdose, die Kräfte bis 10kN misst, und einer Vorrichtung, um die Proben mit den Hülsen einzuspannen, ausgestattet. Die jeweiligen Messergebnisse wurden im Anschluss an die Messungen in einem Spannungs-Dehnungs-Diagramm aufbereitet. Aus diesem Diagramm lassen sich einige Kenngrößen des gedehnten FG-Drahtes, wie die Höhe des Spannungsplateaus, die Elastizitätsgrenze und die Restdehnung des Drahtes ablesen. Die Ergebnisse des Zugversuchs zeigen damit, ob und wenn ja welchen Einfluss die thermische Vorbehandlung auf die mechanischen Eigenschaften des FG-Materials hat.

Durchführung der Aktivierungsversuche

Die Aktivierung des gedehnten FGL-Drahtes erfolgt in dem in *Bild 3.10* dargestellten FGL-Prüfstand. Zunächst wird der Draht durch die Heizröhre geführt und dann mit beiden Seitenenden in die Drahtaufnahmen eingelegt. Die während des Versuchs aufgenommenen Messwerte sind die Vorspannkraft des Drahtes, die Temperatur in der Heizröhre während des Erwärmens des Drahtes und der Weg, den der Draht zurücklegt. Die Vorspannung bleibt während des Versuchs durch die Verwendung eines Gewichtes nahezu konstant und ist für die Auswertung des Versuchs unbedeutend. Die Temperatur und die Dehnung des Drahtes werden hingegen in einem Spannungs-Temperatur-Diagramm aufgetragen, um die Eigenschaften des untersuchten Drahts, wie die Umwandlungstemperatur und die Restverformung, nach dem Versuch auszuwerten.

Durchführung der Temperaturstandfestigkeits- und Leistungsversuche

Die Temperaturstandfestigkeits- und die Leistungsversuche erfolgen auf dem gleichen Versuchsstand wie die Aktivierungsversuche. Die Drahtproben werden dabei bei verschiedenen Dehnungen (2%, 4%, 6%) und verschiedenen Lasten (200N/mm^2, 400N/mm^2, 600N/mm^2) bis auf eine Temperatur von 650°C aufgeheizt. Während des Aufheizvorganges werden Temperatur, Spannung und Dehnung aufgezeichnet und anschließend ausgewertet. Ausgewertet wird dabei, welchen Einfluss die Dehnung und die Last auf die Funktionalität des FG-Drahtes haben und wie sich diese Funktionalität mit der Temperatur verändert.

Strategie der lokalen Konfiguration

Durchführung der DSC-Untersuchungen

Für die Durchführung der DSC-Analyse werden abgeschnittene Drahtstücke des Gewichts von ca. 30 bis 50 mg der im Ofen konfigurierten Drähte verwendet. Sie werden zunächst gereinigt und anschließend in den entsprechenden Messzellen platziert. Dann wird ein Heiz- und Abkühlzyklus mit folgenden Parametern durchlaufen:

1. Aufheizen der Probe mit 10°C pro Minute bis auf 150°C,
2. 3 Minuten Haltezeit bei 150°C,
3. Abkühlen der Probe mit 10°C pro Minute bis -150°C,
4. 3 Minuten Haltezeit bei -150°C,
5. erneutes Aufheizen mit 10°C pro Minute bis 150°C.

Als Ergebnis der DSC-Untersuchung erhält man ein Wärmestrom-Temperatur-Diagramm, anhand dessen man die Phasenumwandlungs- und Rückumwandlungstemperaturen sowie die dazugehörende freigesetzte oder aufgenommene Wärme ermitteln kann.

3.4.5 Versuchsauswertung

3.4.5.1. Grundlagenversuche

Dieser Abschnitt umfasst die Auswertung der Grundlagenuntersuchungen der Drahtproben der Legierung H und S. Die Grundlagenversuche beschäftigen sich im Detail mit Dehnungs-, Aktivierungs- und DSC-Versuchen der im Ofen behandelten Proben. Die Teiluntersuchungen werden mit einer vertiefenden Diskussion der Ergebnisse abgeschlossen.

Zugversuche Legierung H

Die Auswertung der Messergebnisse der Zugversuche erfolgt anhand der Spannungs-Dehnungs-Diagramme in *Bild 3.15*. Die Versuchsreihe der Proben der Legierung H wurde nach der Anlassdauer von 5 und 20 Minuten in zwei Bereiche aufgeteilt. Wie in den Legenden rechts zu sehen, sind alle konfigurierten Proben der Legierung H farblich gekennzeichnet und in Diagrammen mit der Spannung in N/mm² über der Dehnung in Prozent aufgetragen.
Generell lässt sich feststellen, dass alle Proben unabhängig von der Anlassdauer den Einwegeffekt aufweisen. Diese Beobachtung ist auf die Erholungs- und Rekristallisationsvorgänge in der Gitterstruktur der Proben dieser Legierung zurückzuführen. Durch die Variation der Glühtemperatur und der Glühdauer lässt sich die Ausprägung des Einwegeffekts steuern. Folgende Schlussfolgerungen können anhand der Messkurven getroffen werden:

- Im Bereich von 0-0,5% Dehnung verhält sich die Spannung im Draht entsprechend dem Hook'schen Gesetz und steigt linear an.
- Der Bereich zwischen 0,5% und 1% ist der Übergangsbereich von der werkstoffspezifischen Steifigkeit in das Spannungsplateau. Nur die 300er Proben weisen hier ein anderes Verhalten auf, indem sie ein minimales Zwischenplateau aufweisen. Dieses Plateau ist, wie spätere DSC-Untersuchungen zeigen, ein R-Phasenplateau. Aufgrund der bei den 300er Proben noch vorhanden hohen Versetzungsdichte liegen bei Raumtemperatur noch hohe R-Phasenanteile im Material vor. Erst eine Erhöhung der Spannung bewirkt die

Umwandlung in Martensit und dessen Verformung.
- Ab ca. 1% Dehnung sollte das Spannungsplateau je nach Konfiguration in unterschiedlichen Ausprägungen beginnen. Bei den 300er Proben ist das Plateau nicht so stark ausgeprägt und zeigt keine eindeutige Ebene, sondern steigt mit zunehmender Dehnung immer stärker an.

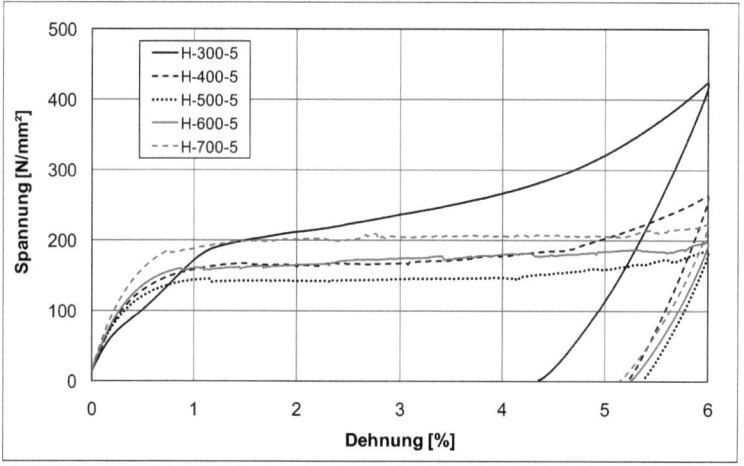

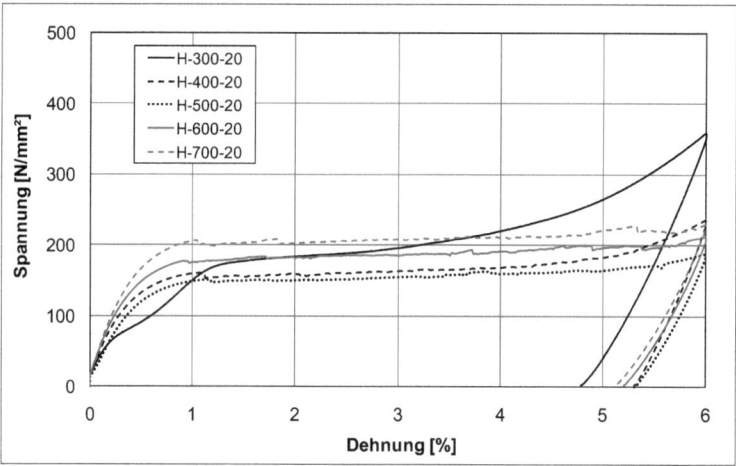

Bild 3.15: *Zugversuch Proben H-O, oben: Anlassdauer 5 min, unten: Anlassdauer 20 min*

Ist die maximale Dehnung von 6% erreicht fährt die Zugmaschine mit verlangsamter Geschwindigkeit wieder zurück und entspannt somit die Probe. Die verbleibende Restdehnung, welche als Grundlage für die Aktivierungsversuche dient, kann nun bestimmt werden. Alle markanten Werte der Zugversuche mit den konfigurierten FG-Proben sind in **Tabelle 3.5** aufgeführt.

Tabelle 3.5: *Spezifische Werte der H-O Proben*

Probe	Beginn des Plateaus [%]	Ende des Plateaus [%]	Plateauform	Spannung zum Beginn des Plateaus [N/mm²]	Spannung zum Ende des Plateaus [N/mm²]	Spannung des Plateaus bei 2% [N/mm²]	Spannung des Plateaus bei 4% [N/mm²]	Spannung des Plateaus bei 6% [N/mm²]	Maximale Spannung [N/mm²]	Restverformung [%]
H-Ausgang	-	-	kein Plateau	-	-	-	-	-	1350	4
H-300-5	1,4	4,6	stark ansteigend	190	295	212	265	425	425	4,3
H-300-20	1,3	3	ansteigend	175	195	184	220	360	360	4,75
H-400-5	1,3	4,7	leicht ansteigend	165	180	164	177	265	265	5,25
H-400-20	1,1	5,2	leicht ansteigend	160	185	159	168	233	233	5,3
H-500-5	1,2	4,1	eben	142	148	142	147	185	185	5,35
H-500-20	1,15	5,6	leicht ansteigend	150	170	149	159	185	185	5,3
H-600-5	0,9	5,6	leicht ansteigend	160	180	166	180	195	195	5,25
H-600-20	0,9	5,7	leicht ansteigend	175	200	182	190	215	215	5,2
H-700-5	0,75	6	leicht ansteigend	180	220	201	207	222	225	5,15
H-700-20	1,1	6	leicht ansteigend	205	225	202	212	230	230	5,15

Anhand dieser Tabelle lassen sich zusätzlich folgende Trends feststellen:
- Die Plateauhöhe bei 2% Dehnung fällt mit steigender Anlasstemperatur von ca. 215N/mm² bei H-300-5 bis auf ca. 142N/mm² bei H-500-5 und steigt danach wieder bis auf 205N/mm² bei H-700-20 an. Der Grund für das Absinken liegt in der Reduzierung der Versetzungsdichte. Der Grund für das wieder Ansteigen könnten kleinere Korndurchmesser nach der Rekristallisation und die damit verbundene Erhöhung des Verformungswiderstandes durch die höhere Korngrenzendichte sein (Feinkornhärtung).
- Bei der Maximalspannung (6% Dehnung) setzt sich dieser Trend fort. Das bedeutet die Spannung fällt von 425N/mm² bei H-300-5 bis auf 185N/mm² bei beiden H-500er Proben und steigt danach konstant wieder bis auf 230N/mm² bei H-700-20 an.
- Die Ausprägung des Plateaus nimmt mit steigenden Anlasstemperaturen zu. D.h., während bei den Proben mit einer Anlasstemperatur von 300°C noch kein aus-geprägtes Plateau zu erkennen ist, sieht man bei den 400er Proben bereits ein ebenes Plateau bis ca. 4,5%. Mit steigenden Anlasstemperaturen wird das Spannungsplateau weiter ausgedehnt, bis es sich ab 600°C bis zu der Enddehnung erstreckt.
- Bei Betrachtung der verbleibenden Restdehnungen der Proben, fällt auf, dass es eine Kurvenschar mit Restdehnungen im Bereich zwischen 5,15 und 5,4% gibt, in dem alle bis auf die 300er Proben liegen. Die mit 300°C angelassenen Proben weisen Restdehnung von 4,3% (H-300-5) und 4,75% (H-300-20) auf. Beim genaueren Hinschauen wird allerdings eine Abhängigkeit zwischen der Plateauspannung und der Restdehnung sichtbar. Je höher die Plateauspannung desto weniger Restdehnung bzw. pseudoplastische Verformung bleibt erhalten. Verdeutlicht wird diese Aussage noch einmal durch die Diagramme in *Bild 3.16* und *Bild 3.17*.

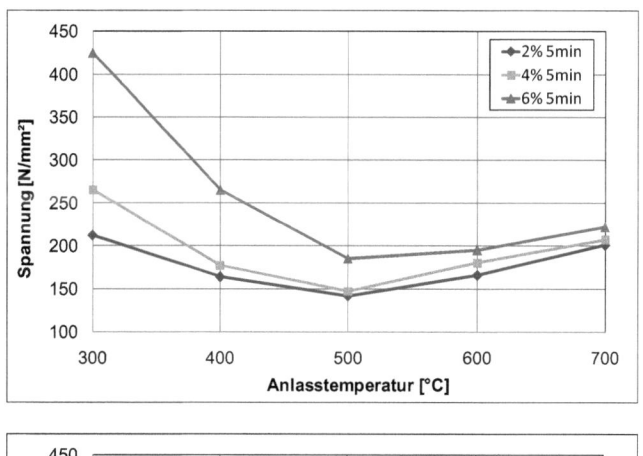

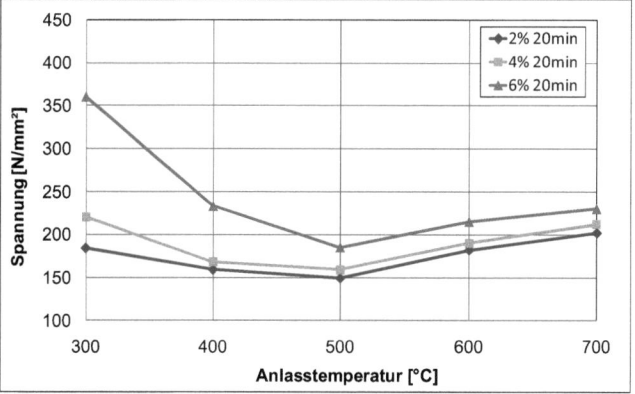

Bild 3.16: *Zugversuch Proben H-O, oben: Anlassdauer 5 min, unten: Anlassdauer 20 min*

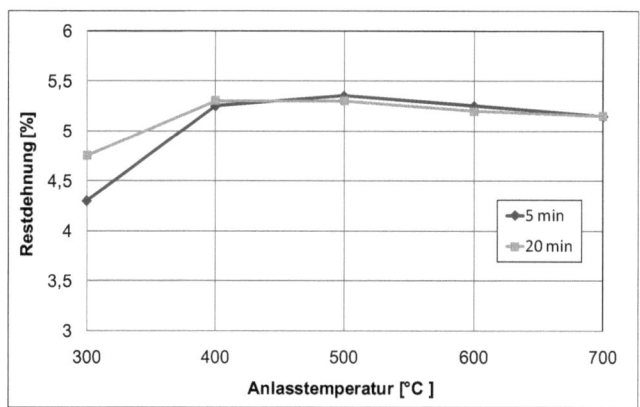

Bild 3.17: *Restdehnung nach Zugversuch Proben H-O*

Zugversuche Legierung S

Bild 3.18 stellt die Ergebnisse des Dehnungsversuchs der Proben der Legierung S dar. Nur durch diese nickelreiche Legierung besteht die Möglichkeit, den thermischen und den mechanischen Effekt in Koexistenz zu bringen. Erreicht wird dies durch eine Verschiebung der austenitischen Umwandlungstemperaturen von normalerweise 0°C auf 30 bis 40°C. Ursache für die Verschiebung der Umwandlungstemperaturen ist die Nickelverarmung der Matrix durch die Entstehung von nickelreichen Ni_4Ti_3 Ausscheidungsteilchen [5]. Die Dehnungskurven sind in diesen Diagrammen wiederum nach der Anlassdauer von 5 bzw. 20 Minuten unterteilt.

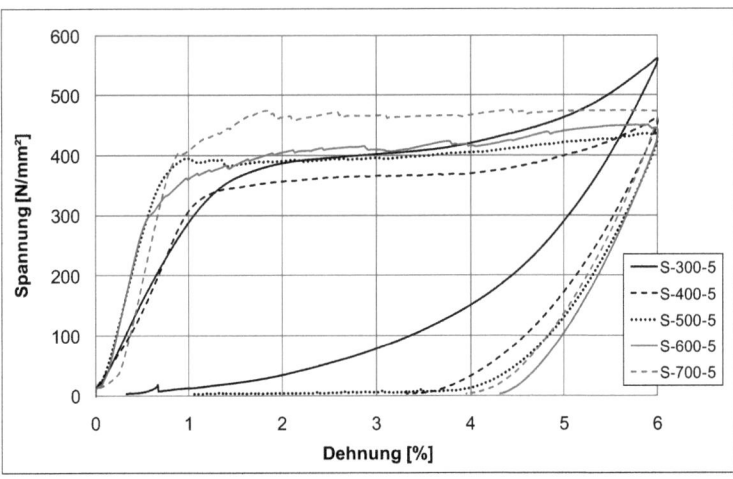

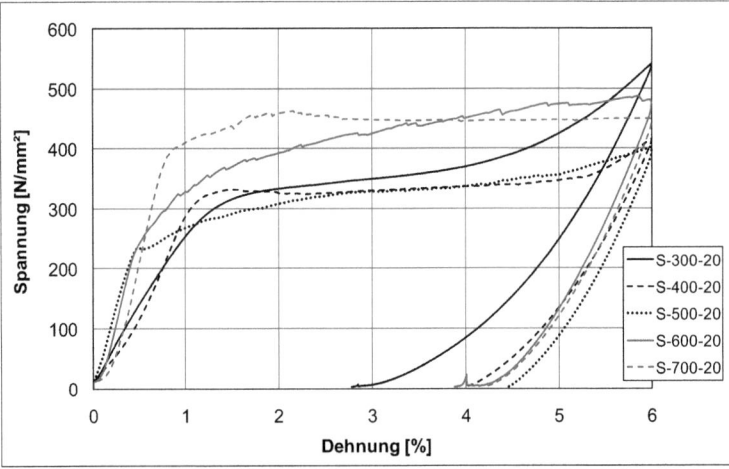

Bild 3.18: *Zugversuch, Proben S-O, oben: Anlassdauer 5 min, unten: Anlassdauer 20 min*

Die Proben der Legierung S, die zwischen 300°C und 700°C für 5 Minuten geglüht wurden, weisen abhängig von der Anlasstemperatur pseudoelastisches Verhalten (300°C) oder den Einwegeffekt (400, 600 und 700°C) auf. Die Einstellung verschiedener FG-Effekte durch eine Anlassbehandlung ist laut [5] auf die Ausbildung von Ausscheidungsteilchen unterschiedlicher Größen im Gefüge des Materials, infolge von Ausscheidungsreaktionen, und dessen Einfluss auf die Legierungszusammensetzung und den inneren Spannungszustand zurückzuführen. Folgende Erkenntnisse können aus den Diagrammen abgeleitet werden:

- Alle Proben erreichen während der Dehnung nach einem elastischen Bereich (bis ca. 1% Dehnung) das für FGL typische Spannungsplateau. Dieses Plateau liegt bei einer Dehnung zwischen 2 und 4% in einem Bereich zwischen 370N/mm² (H-O-400-5) und 470N/mm² (H-O-700-5). Der Grund für die Behinderung der martensitischen Umwandlung und der martensitischen Verformung bei 700°C Glühtemperatur könnte die Härtungswirkung von Ausscheidungsteilchen und feinen Kornstrukturen sein.
- Bis auf die 700er Probe, die ein konstantes Spannungsplateau aufweist, verlaufen die Spannungsplateaus ab einer Dehnung von 4% hin zu höheren Verformungen leicht ansteigend. Der Anstieg des Plateaus deutet auf noch vorhandene Gitterdefekte oder eine kritische Ausscheidungsteilchendichte hin.
- Der Entspannungsteil aller Kurven weist immer pseudoelastische Anteile auf. Aus diesem Grund verringert sich die Restverformung nach der Dehnung bei den S-Proben mit thermischem Effekt deutlicher als bei den Proben mit rein thermischem Effekt (H-Proben). Die Restverformung liegt bei den S-Proben mit thermischen Effektanteilen zwischen 3,6 und 4,3% und bei den pseudoelastischen Proben bei ca. 0%. Der Verlauf der 500-5er Kurve weist ein ungewöhnliches Verhalten auf, da diese Probe beim Entspannen erst nach Erreichen des Null-Punktes mit der Rückumwandlung beginnt. Dieses Verhalten erklärt sich aus der niedrigen Lage der M_F-Temperatur, die hier wahrscheinlich knapp unter der Raumtemperatur liegt, so dass erst nach der Rücknahme der mechanischen Spannung und der damit verbundenen Absenkung der Umwandlungstemperatur die austenitische Phasenumwandlung und damit die Rückverformung beginnt.

Die Verläufe der 20min-Kurven weisen folgende Unterschiede zu den Kurven, die 5 Minuten lang geglüht wurden, auf:

- Die 300-20er Kurve verfügt nach dem Dehnen über eine Rückverformung von ca. 2,75%. Diese Verformung war bei der Probe, die 5 Minuten lang geglüht wurde, nicht zu beobachten.
- Die restlichen 20min-Kurven haben nach dem Dehnen eine Restverformung zwischen 4 und 4,4%. Im Vergleich zu den 5 Minuten lang geglühten Proben sind diese Werte deutlich höher. Die höhere Restverformung lässt sich mit einer Beobachtung von [5] begründen. Demnach reicht eine Anlassdauer von 5 Minuten nicht aus, um vollständige Ausscheidungsreaktionen durchzuführen, was zu einem weniger ausgeprägten thermischen FG-Effekt führt.
- Etwas ungewöhnlich sind die Verläufe der 500-20er und 600-20er Proben. Diese Proben weisen, nicht wie gewohnt, in einem bestimmten Bereich (meistens zwischen 1,5 und 4,5% Dehnung) ein flaches, sondern ein ansteigendes Spannungsplateau auf. Zudem verläuft das

Plateau der 600er Probe mit einigen Schwankungen. Grund hierfür könnte eine Mischung aus pseudoplastischer und pseudoelastischer Dehnung sein.
- Die Spannungsplateaus verhalten sich qualitativ wie die Plateaus der 5min-Proben. Zwei Unterschiede sind jedoch zu beobachten. Zum einen liegen die Plateaus der 300er bis 500er Kurven bei 20min Glühdauer auf einem niedrigeren Spannungsplateau. Diese Beobachtung könnte in einer niedrigeren Versetzungsdichte nach dem Glühen begründet sein. Zum zweiten weist die 600er Probe ein anderes Verhalten auf. Die längere Glühdauer bewirkt hierbei eine Härtesteigerung äquivalent zu den 700er Proben.

Zur vertiefenden Analyse werden in *Bild 3.19* die 300er Proben noch einmal genauer betrachtet.

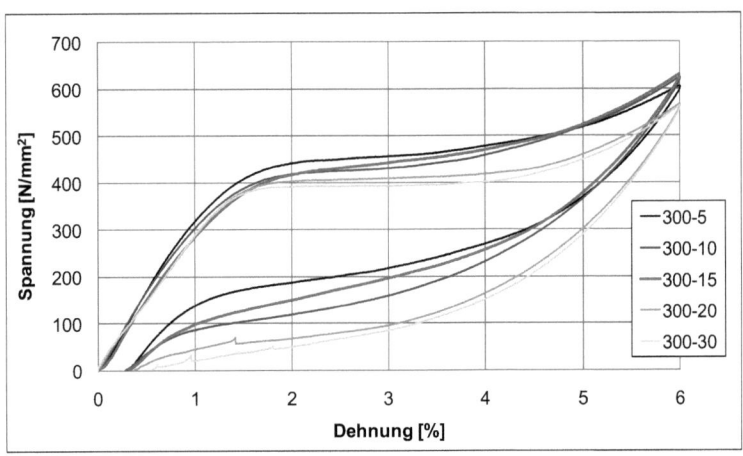

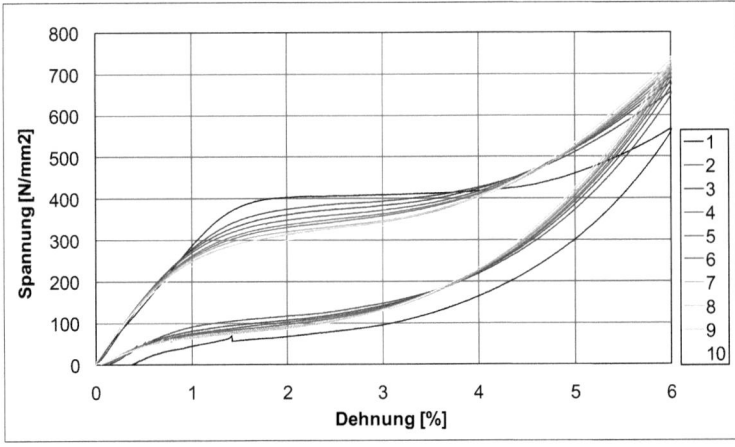

Bild 3.19: *Zugversuch Proben S-O, oben: Variation der Glühdauer, unten: Variation der Zyklenzahl*

Zum einen wurde der Einfluss der Glühdauer untersucht. Hierzu wurde die Glühdauer von 5 bis 30min in 5 Minuten-Schritten variiert. Wie zu erwarten, sank das Spannungsplateau mit steigender Glühdauer ab. Ab einer Glühdauer von 20min tritt keine sichtbare Änderung des Kurvenverlaufes mehr auf. Zum anderen wurde die 300-20er Probe mit 10 Zyklen belastet, um die Veränderung der Hysterese zu verdeutlichen. Zu erkennen ist hierbei, dass schon ab dem 2. Zyklus annähernd gleichbleibende Graphen auftreten. Deutlich zu erkennen ist die Abnahme der Plateauspannung und der Anstieg der maximalen Spannung mit steigender Zyklenzahl.

Tabelle 3.6 stellt im Anschluss die Eigenschaften der Proben der Legierung S, die sich nach dem Zugversuch ergeben, zusammen. In dieser Tabelle sind die Merkmale der Dehnungskurve im Bereich der Spannungsplateaus und die Restverformungen der Proben aufgeführt.

Tabelle 3.6: *Eigenschaften der S-O-Proben*

Probe	Beginn des Plateaus [%]	Ende des Plateaus [%]	Plateauform	Spannung zum Beginn des Plateaus [N/mm²]	Spannung zum Ende des Plateaus [N/mm²]	Spannung des Plateaus bei 2% [N/mm²]	Spannung des Plateaus bei 4% [N/mm²]	Spannung des Plateaus bei 6% [N/mm²]	Maximale Spannung [N/mm²]	Restverformung [%]
S-Ausgang	-	-	kein Plateau	-	-	-	-	-	1220	1,2
S-300-5	2	3,75	leicht ansteigend	387	414	385	419	560	560	0,25
S-300-20	1,75	3,75	ansteigend	327	363	332	369	539	539	2,75
S-400-5	1,25	4,75	leicht ansteigend	339	382	356	369	461	465	3,25
S-400-20	1,25	5,25	ausgeglichen	325	351	327	337	409	409	4
S-500-5	1	4	leicht ansteigend	391	404	390	404	435	435	1
S-500-20	0,5	5	ansteigend	240	356	308	337	400	400	4,3
S-600-5	1	4	ansteigend	365	416	404	416	450	450	4,3
S-600-20	0,8	-	ansteigend	300	-	393	450	483	483	4
S-700-5	0,9	6	nahezu konstant	402	473	464	467	473	473	3,9
S-700-20	0,96	6	nahezu konstant	406	450	457	445	450	463	4,2

Zusammenfassend werden die Versuchsergebnisse durch die Diagramme in *Bild 3.20* und *Bild 3.21* erläutert. *Bild 3.21* zeigt dabei deutlich, dass ein pseudoelastisches Verhalten nur bei der 300-5er und der 500-5er Probe vorliegt.

Strategie der lokalen Konfiguration

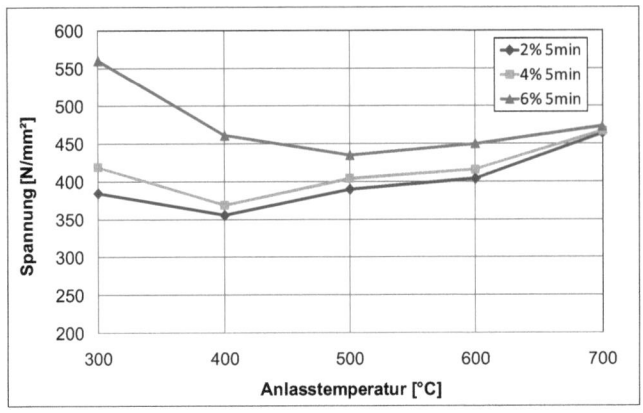

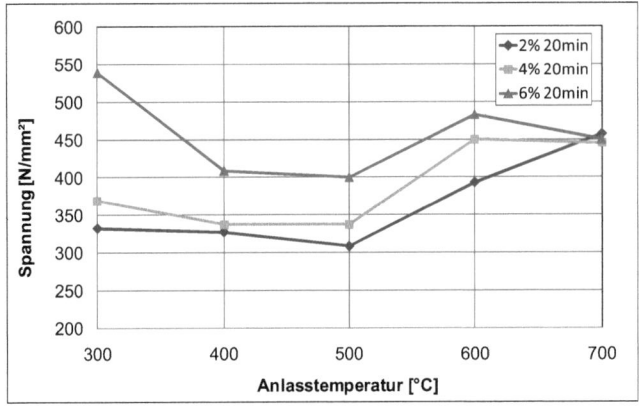

Bild 3.20: *Zugversuch Proben S-O, oben: Anlassdauer 5 min, unten: Anlassdauer 20 min*

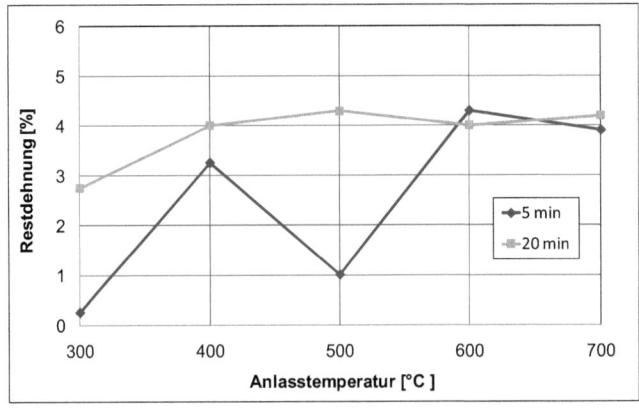

Bild 3.21: *Restdehnung nach Zugversuch Proben S-O*

Aktivierungsversuche Legierung H

Die Auswertung der Messergebnisse der Aktivierungsversuche der Proben der Legierung H erfolgt anhand der Dehnungs-Temperatur-Diagramme in **Bild 3.22**. Die farbliche Markierung der Graphen entspricht der Farbgebung in der Auswertung der Zugversuche.

Folgende Schlussfolgerungen können anhand der Versuchsergebnisse getroffen werden:

- Bei allen Graphen wird während eines bestimmten Temperaturbereichs eine deutliche Abnahme der Dehnung der Probe sichtbar.
- Die Graphen beginnen mit einer Restdehnung von ca. 4,5% bis 5,5%, was in etwa der verbleibenden Dehnung aus dem Zugversuch entspricht.
- Die austenitische Umwandlung besitzt in Abhängigkeit der Glühparameter unterschiedliche Temperaturen. Bei den 300er Proben beginnt die Umwandlung bei ca. 42°C (H-300-5) bzw. 50°C (H-300-20). Dies ist sehr ungewöhnlich, da die Legierung H im lösungsgeglühten Zustand laut Herstellerangaben eine A_s-Temperatur von 90°C besitzt. Die 400er Proben besitzen bereits eine Umwandlungstemperatur von 90 bzw. 110°C. Ab den 500er Proben unterscheiden sich die Versuchskurven nur noch geringfügig. Der Umwandlungsbeginn liegt für alle Proben dann unverändert bei 120°C. Mit steigender Anlasstemperatur und Anlassdauer und der damit verbundenen sinkenden Versetzungsdichte steigt also die Starttemperatur der Austenitumwandlung. Analog dazu verhält sich die Finishtemperatur, welche bei ca. 80°C (H-300-5) beginnt und bei der Probe mit der höchsten Anlasstemperatur und Anlassdauer (H-700-20) mit 135°C endet. Der Grund für die steigenden austenitischen Umwandlungstemperaturen liegt vermutlich in der Reduzierung der durch die Versetzungen gespeicherten elastischen Energie [5].
- In Bezug auf die Restverformung lässt sich feststellen, dass mit zunehmenden Umwandlungstemperaturen und -zeiten die nach der Aktivierung verbleibende irreversible Verformung ansteigt und damit der Effektbetrag abnimmt. Während die Probe H-300-20 noch ein Effektbetrag von fast 4,5% aufweist, schafft eine mit 700°C und 20 Minuten konfigurierte Probe nur noch 1,75%. Es fällt auf, dass die bei 300°C und 5 Minuten vorbehandelte Probe diesem Trend nicht folgt. Der Effektbetrag beläuft sich hier auf 3,65%. Dies resultiert aber aus der schon nach dem Zugversuch geringeren Restverformung.
- Weiterhin lässt sich feststellen, dass das Umwandlungsintervall mit steigenden Anlasstemperaturen und -zeiten kontinuierlich kleiner wird. Es beginnt mit 42,5K (H-300-5) und verkleinert sich bis auf 12,5K (H-700-5 und H-700-20). Die 300er Proben besitzen somit das längste Umwandlungsintervall, was in der Ausbildung von Zwischenphasen, wie der R-Phase, begründet sein kann.
- Ab den 500er Proben ist kein Unterschied mehr zwischen den 5min und den 20min-Proben zu erkennen, d.h. bei diesen Temperaturen kann auch bei 5min in ausreichendem Maße Erholung und Rekristallisation erfolgen.

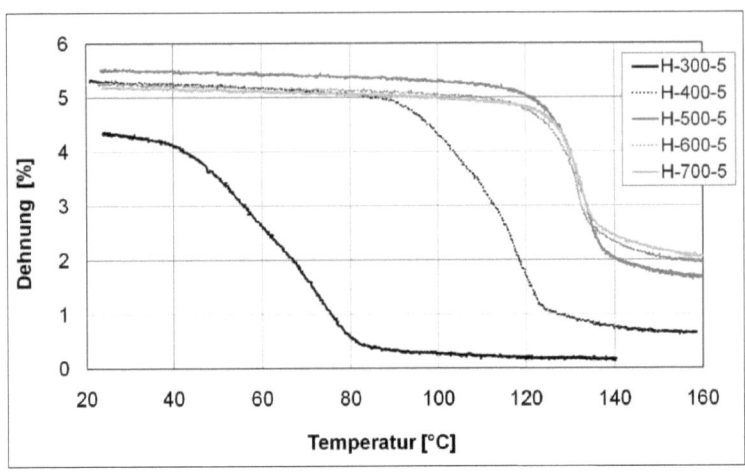

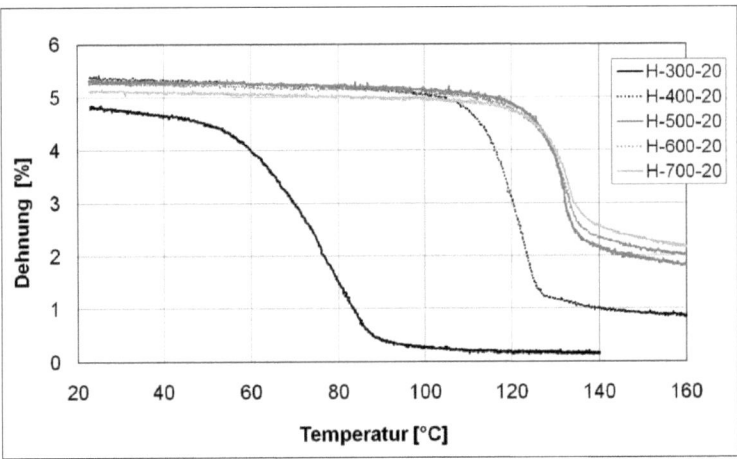

Bild 3.22: Aktivierung, Proben H-O, links: 5 min Glühdauer, rechts: 20 min Glühdauer

Zusammenfassend werden alle Versuchsergebnisse in **Fehler! Ungültiger Eigenverweis auf Textmarke.** aufgelistet. In dieser Tabelle sind die Merkmale der Aktivierungskurven und die Restverformungen bzw. Effektbeträge der Proben aufgeführt.

Tabelle 3.7: Eigenschaften der H-O-Proben

Probe	Rest-verformung nach dem Dehnen [%]	Rest-verformung vor dem Aktivieren [%]	Rest-verformung nach dem Aktivieren [%]	Effektbetrag [%]	AS-Temperatur [°C]	AF-Temperatur [°C]	Um-wandlungs-bereich [°C]	DSC Analyse AS-Temperatur [°C]	AF-Temperatur [°C]	MS-Temperatur [°C]	MF-Temperatur [°C]
H-Ausgang	-	-	-	-	-	-	-	-	-	-	-
H-300-5	4,3	4,35	0,7	3,65	40	82,5	42,5	52,4	85,5	59	-28
H-300-20	4,75	4,8	0,8	4	50	87,5	37,5	55,3	85,9	58,3	-15,6
H-400-5	5,25	5,3	1,35	3,95	87,5	125	37,5	83,2	97,8	58,6	37,1
H-400-20	5,3	5,35	1,6	3,75	105	127,5	22,5	87,7	103,1	62,4	47,4
H-500-5	5,35	5,5	2,75	2,75	120	137,5	17,5	92,3	112,1	67,1	52,8
H-500-20	5,3	5,3	2,85	2,45	120	135	15	85,2	111,1	67,4	42
H-600-5	5,25	5,25	3,1	2,15	120	135	15	91,2	111,8	71,7	53,3
H-600-20	5,2	5,25	3,15	2,1	120	135	15	91,4	111,4	70,7	54
H-700-5	5,15	5,2	3,25	1,95	122,5	135	12,5	89,8	113,8	75,5	55,3
H-700-20	5,15	5,15	3,4	1,75	122,5	135	12,5	90,1	113,7	76,1	54,4

Eine zusammenfassende grafische Auswertung der Änderung der Umwandlungstemperaturen erfolgt in **Bild 3.23** und der Restdehnung in **Bild 3.24**.

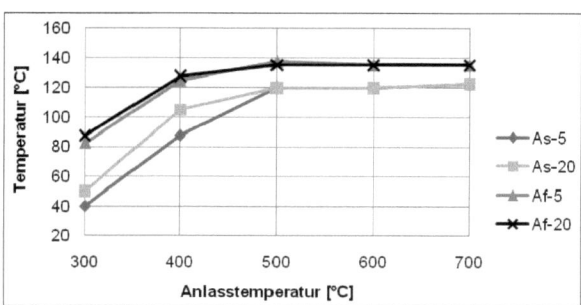

Bild 3.23: *Vergleich der Umwandlungstemperaturen bei der thermischen Aktivierung der Proben der Legierung H*

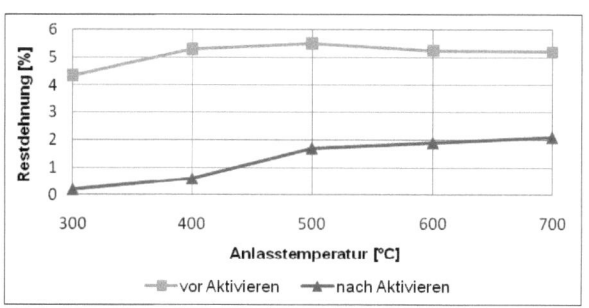

Strategie der lokalen Konfiguration

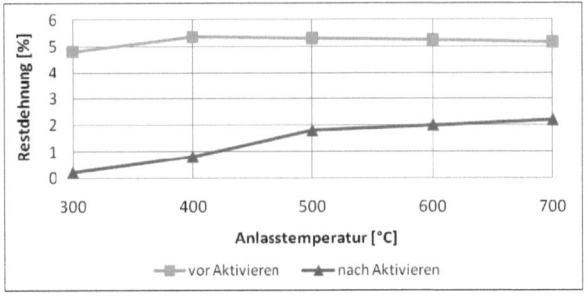

Bild 3.24: *Vergleich der Restverformungen bei der thermischen Aktivierung, oben: Anlassdauer 5 min, unten: Anlassdauer 20 min*

Aktivierungsversuche Legierung S

Bild 3.25 zeigt die Ergebnisse des Aktivierungsversuchs der Ofenproben der Legierung S. Die Proben S300-5 und S500-5 fehlen in diesem Vergleich, da diese Probe vor dem Aktivierungsversuch eine zu geringe bzw. keine Restdehnung aufwiesen. Generell lässt es sich bei den Proben der Legierung S folgendes feststellen:

- Einige Proben weisen eine geringere Restdehnung vor dem Aktivieren als nach dem Dehnen auf (siehe **Tabelle 3.8**). Diese Feststellung lässt sich damit begründen, dass die Proben bereits bei Raumtemperatur aufgrund ihrer niedrigen A_S-Temperaturen Teile der austenitischen Phasenumwandlung durchlaufen und somit die Dehnung des Drahtes aus dem Zugversuch reduziert haben.

- Von allen untersuchten Proben zeigten die 400-20er und die 500-20er Probe das beste Einwegverhalten mit einer hohen Restdehnung vor dem Aktivieren von ca. 4% und einer Restdehnung nach dem Aktivieren, die gegen Null geht. Grund hierfür ist die Nickelverarmung der Matrix aufgrund der Volumenzunahme der Ni_4Ti_3-Ausscheidungsteilchen und der damit verbundenen Nickelverarmung der Matrix. Der Temperaturbereich der austenitischen Phasenumwandlung weist jedoch bei der 500-20er Probe mit ca. 30K einen viel höheren Wert auf. Wie DSC-Untersuchungen zeigen, ist dies auf eine zweistufige Umwandlung auf Basis der R-Phasenumwandlung zurückzuführen.

- Ab 600°C Glühtemperatur reduziert sich der Effektbetrag mit der Temperaturzunahme deutlich. Weiterhin nimmt die Breite des Phasenumwandlungsbereiches zu. Die 700er Proben zeigen dabei aufgrund der sehr geringen Verkürzung von lediglich 1% (700-20) neben den beiden nicht aufgeführten Drähten das schlechteste Einwegverhalten der Proben der Legierung S. Begründet werden kann dies mit dem Überaltern bzw. Auflösen der Ausscheidungsteilchen ab 600 °C, was sich in einer Absenkung der Umwandungstemperaturen ausdrückt. Die Proben ab 600°C Glühtemperatur besitzen wahrscheinlich schon vor der Versuchsdurchführung erhebliche martensitische Phasenanteile.

- Die Länge der Anlassbehandlung führt bis zu den 500er Proben mit steigender Dauer zu besserem Einwegverhalten. Mikrostrukturell lässt sich dieses Verhalten nach [5] mit der höheren Güte der Ausbildung von Ausscheidungsteilchen im Gefüge begründen. Ab 600°C

Glühtemperatur verhält sich dieser Zusammenhang umgekehrt. Hier weisen die 5min-Proben den besseren thermischen Effekt auf. Begründet werden kann dies mit Einfluss der Glühdauer auf das Überaltern bzw. Auflösen der Ausscheidungsteilchen ab 600 °C.

- Eine Verlängerung der Anlassbehandlung bei den 600er Proben von 5 auf 20 Minuten bewirkt zudem eine Verbreiterung des Phasenumwandlungsintervalls von 28 bis 50°C bei 5 Minuten Anlassdauer auf 30 bis 66°C bei 20 Minuten Anlassdauer.

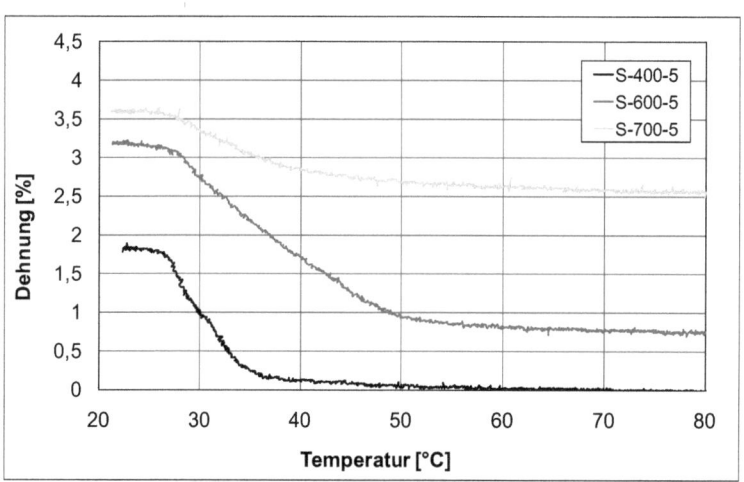

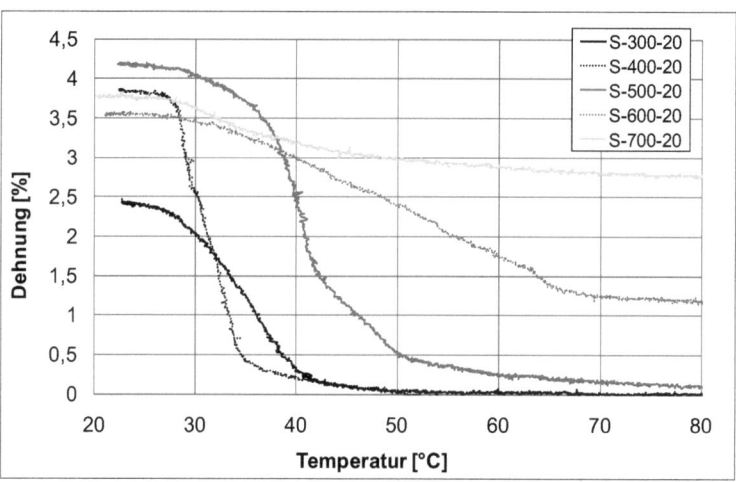

Bild 3.25: Aktivierung der Proben S-O, oben: Anlassdauer 5 min, unten: Anlassdauer 20 min

Tabelle 3.8 stellt die Eigenschaften der Ofen-Proben der Legierung S, die sich nach dem Aktivierungsversuch erkennen lassen, zusammen. In dieser Tabelle sind die Merkmale der Dehnungs- und Aktivierungskurven in Bezug auf die Phasenumwandlungstemperaturen und Verformungen der Drähte zusammengefasst.

Tabelle 3.8: Eigenschaften der S-O-Proben bezüglich der thermischen Aktivierung

Probe	Restverformung nach dem Dehnen [%]	Restverformung vor dem Aktivieren [%]	Restverformung nach dem Aktivieren [%]	Effekbetrag [%]	AS-Temperatur [°C]	AF-Temperatur [°C]	Umwandlungsbereich [°C]	DSC Analyse			
								AS-Temperatur [°C]	AF-Temperatur [°C]	MS-Temperatur [°C]	MF-Temperatur [°C]
S-Ausgang	1,2	-	-	-	-	-	-	-	-	-	-
S-300-5	0,25	0,2	0,15	0,05	-	-	-	8	42	50	-65
S-300-20	2,75	2,45	0	2,45	27	41	14	8	54	49	-67
S-400-5	3,25	1,85	0	1,85	26	36	10	9	40	36	-68
S-400-20	4	3,85	0	3,85	27,5	35	7,5	6	38	32	-74
S-500-5	1	0	0	-	-	-	-	-1	30	12	-49
S-500-20	4,3	4,2	0,2	4	28	60	32	6	40	8	-35
S-600-5	4,3	3,15	0,75	2,4	28	50	22	-15	20	-10	-40
S-600-20	4	3,6	1,2	2,4	30	66	36	-8	9	-20	-38
S-700-5	3,9	3,1	2,6	0,5	27	70	43	-29	11	-20	-48
S-700-20	4,2	3,8	3,3	0,5	27	70	43	-13	-1	-26	-46

Eine grafische Zusammenfassung erfolgt in *Bild 3.26* und *Bild 3.27*. Aufgrund der nahe an der Raumtemperatur gelegenen Umwandlungstemperaturen wurden in *Bild 3.27* auch die Restdehnungen nach den Zugversuchen dargestellt. Deutlich erkennbar ist besonders bei den 5min-Proben eine Abweichung zu den Dehnungen vor der Aktivierung, die auf Umwandlungsprozesse zwischen den beiden Versuchen zurückzuführen sind.

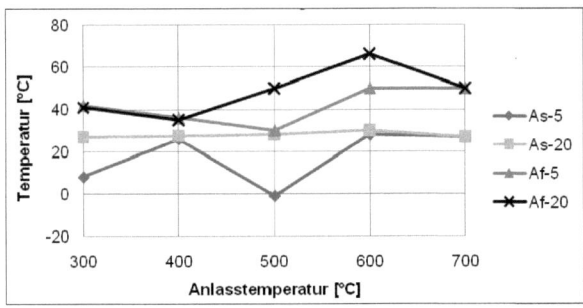

Bild 3.26: Vergleich der Umwandlungstemperaturen bei der thermischen Aktivierung (Anlassdauer von 5 min und von 20 min)

Strategie der lokalen Konfiguration

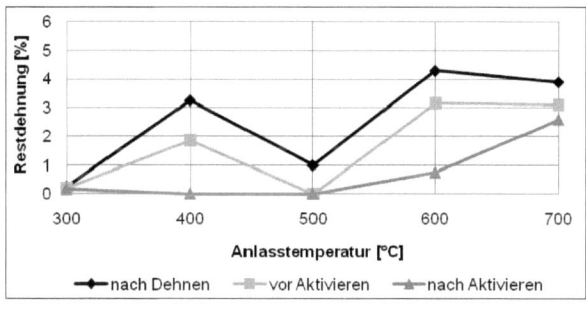

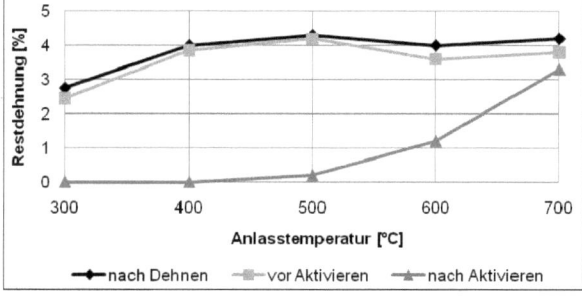

Bild 3.27: *Vergleich der Restverformungen bei der thermischen Aktivierung, oben: Anlassdauer 5 min, unten: Anlassdauer 20 min*

DSC-Versuche Legierung H

Die Auswertung der Messergebnisse der DSC-Versuche erfolgt anhand von Aufzeichnungen des Wärmestroms (engl. Heat Flow) über der Temperatur (in °C). Dargestellt sind die Wärmestrom-Diagramme in **Bild 3.28** und **Bild 3.29**. Die Proben sind nach der Anlassdauer aufgeteilt.
Zur Ermittlung der Start- und Finishtemperaturen wurde das bei der Auswertung von DSC-Versuchen übliche Tangentenschnittverfahren verwendet. Der Betrag des Wärmestroms variiert mit der Masse der jeweils untersuchten Probe, die charakteristischen Temperaturen bleiben auch bei Massenunterschieden der Proben gleich. Folgende Merkmale lassen sich aus den DSC-Kurven ablesen:

- Bei allen Graphen ist während des Aufheizens mindestens ein negativer Peak, welcher aus der endothermen Phasenumwandlung von der Tieftemperaturphase Martensit in die Hochtemperaturphase Austenit resultiert, erkennbar. Bei der kontrollierten Abkühlung der Probe entsteht mindestens ein positiver Peak, welcher aus der exothermen Phasenumwandlung vom Austenit in die Martensitphase resultiert.
- Bei der Entstehung von zwei oder mehreren Peaks sowohl beim Aufheizen als auch beim Abkühlen handelt es sich um sogenannte „Zwischenphasen", wie beispielsweise die R-Phase [26]. Dies bedeutet, dass die Umwandlung von der Austenitphase in die Martensitphase nicht direkt vollzogen wird, sondern erst eine Umwandlung von Austenit in die „R-Phase" und dann bei tieferen Temperaturen die vollständige Umwandlung von der

Strategie der lokalen Konfiguration

„R-Phase" in die Martensitphase erfolgt. Die gesamte Phasenumwandlung ist erst bei der Finishtemperatur des jeweils letzten Peaks abgeschlossen.

- Auf den ersten Blick fällt bei den 300er Proben ein flacher Peak beim Abkühlzyklus auf, welcher erst bei ca. -16°C (bei H-300-20) bzw. -28°C (bei H-300-5), also unter 0°C endet. Dies macht eine Anwendung als Aktorelement bei Raumtemperatur unmöglich, da die Umwandlung bei Raumtemperatur noch nicht vollständig abgeschlossen ist. Ursache hierfür ist eine ausgedehnte R-Phasenumwandlung. Nach [26] sind hierbei die Versetzungsdichte und die damit verbundenen Schubspannungsfelder ausschlaggebend für die Ausbildung der R-Phasen.
- Auch die 400-5er und die 500-20er Proben weisen während der Abkühlung eine R-Phasenumwandlung auf. Im Gegensatz zu den 300er Proben ist das Temperaturintervall der Umwandlung jedoch viel kleiner. Auch die Finish-Temperaturen liegen bei höheren Werten.
- Während des Aufheizprozesses besitzt lediglich die 500-20er Probe einen R-Phasenbereich. Damit wäre nur diese thermomechanische Vorbehandlung für die Realisierung von reinen R-Phasenaktoren geeignet.
- Die Austenitstarttemperaturen steigen während des Aufheizzyklus, wie auch bei den Aktivierungsversuchen zu sehen, mit steigenden Vorbehandlungstemperaturen von ca. 52,5°C (H-300-5) bis auf ca. 92,3°C (H-500-5) an. Alle übrigen Proben mit höheren Vorbehandlungstemperaturen liegen mit ihren Starttemperaturen bei 90°C ±2°C. Einzige Ausnahme ist die H-500-20er Probe.
- Die Austenitfinishtemperaturen der Proben steigen analog dazu von ca. 85,5°C (H-300-5) bis auf ca. 113,7°C (H-700-20) an.
- Die M_S-Temperatur steigt mit steigenden Konfigurationstemperaturen und -zeiten von ca. 59°C (H-300-5) bis auf ca. 76,1°C (H-700-20). Begründet ist dies durch die Behinderung der martensitischen Umwandlung infolge der hohen Versetzungsdichte bei den 300er Proben und durch die Abnahme der Versetzungsdichte mit höheren Glühtemperaturen und -zeiten.
- Bei den M_F-Temperaturen ist der gleiche Trend zu erkennen. Die Finishtemperaturen steigen von ca. -28°C (H-300-5) bis auf ca. 63,7°C (H-700-5).
- Betrachtet man abschließend die Spalte des Temperaturspannenbereichs der Phasenumwandlung, zeigt sich, dass eine breite Temperaturspanne der Phasenumwandlung abhängig von der Ausbildung einer Zwischenphase ist. Generell lassen sich bei der Martensit-Austenit-Umwandlung drei Gruppen identifizieren. Die 300er Proben haben einen Umwandlungsbereich von ca. 30°C, bei den mit 400°C vorbehandelten Proben liegt der Bereich bei ca. 15°C. Bei den Proben mit höheren Konfigurationstemperaturen vollzieht sich die Umwandlung in einem Bereich zwischen 19 und ca. 26°C. Den breitesten Bereich zeigt die H-500-20er Probe. Bei der Austenit-Martensit-Umwandlung zeigt sich ein ähnliches Bild. Bei Ausbildung einer R-Phase verbreitert sich der Temperaturbereich im Extremfall hier bis auf fast 90°C (H-300-5). Vernachlässigt man die Proben mit Zwischenphase, wird der Bereich bei steigenden Konfigurationstemperaturen kontinuierlich breiter, von ca. 15°C (H-400-20) bis auf ca. 21,7°C (H-700-20).

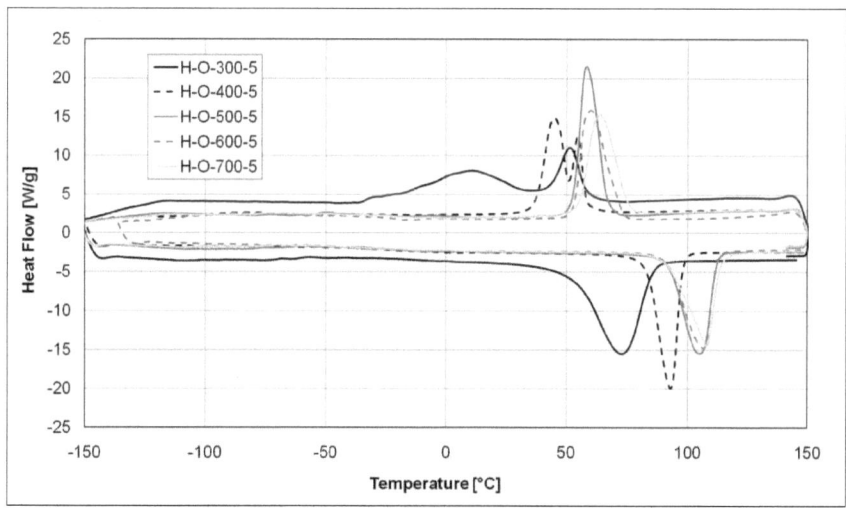

Bild 3.28: *DSC-Analyse der H-O Proben, Anlassdauer 5 Minuten*

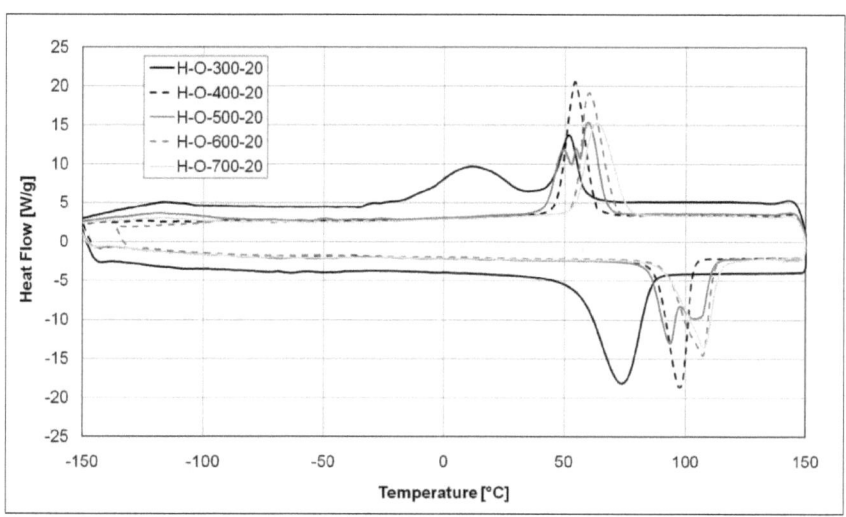

Bild 3.29: *DSC-Analyse der H-O Proben, Anlassdauer 5 Minuten*

Alle markanten Werte der DSC-Versuche mit den konfigurierten FG-Proben sind zudem in **Tabelle 3.9** aufgeführt. Zusätzlich wird das Vorhandensein oder das Fehlen einer R-Phase in den Bereichen der austenitischen oder martensitischen Phasenumwandlung notiert.

Tabelle 3.9: DSC-Analyse der Probe H

Probe	A_S-Temp. [°C]	A_F-Temp. [°C]	austenitisches Umwandlungs- intervall [°C]	R-Phase bei der austenitischen Phasen- umwandlung	M_S-Temp. [°C]	M_F-Temp. [°C]	martensitisches Umwandlungs- intervall [°C]	R-Phase bei der martensitischen Phasen- umwandlung	Hystereseebreite [°C]
H-300-5	52,4	85,5	33,1	nicht vorhanden	59,0	-28,0	59,0	vorhanden	53,5
H-300-20	55,3	85,9	30,6	nicht vorhanden	58,3	-15,6	58,3	vorhanden	49,3
H-400-5	83,2	97,8	14,6	nicht vorhanden	58,6	37,1	58,6	vorhanden	42,7
H-400-20	87,7	103,1	15,4	nicht vorhanden	62,4	47,4	62,4	nicht vorhanden	40,5
H-500-5	92,3	112,1	19,8	nicht vorhanden	67,1	52,8	67,1	nicht vorhanden	42,3
H-500-20	85,2	111,1	25,9	vorhanden	67,4	42,0	67,4	vorhanden	43,5
H-600-5	91,2	111,8	20,6	nicht vorhanden	71,7	53,3	71,7	nicht vorhanden	39,0
H-600-20	91,4	111,4	20,0	nicht vorhanden	70,7	54,0	70,7	nicht vorhanden	39,1
H-700-5	89,8	113,8	24,0	nicht vorhanden	75,5	55,3	75,5	nicht vorhanden	36,4
H-700-20	90,1	113,7	23,6	nicht vorhanden	76,1	54,4	76,1	nicht vorhanden	36,7

In **Bild 3.30** werden zusammenfassend die charakteristischen Größen der DSC-Untersuchung grafisch ausgewertet.

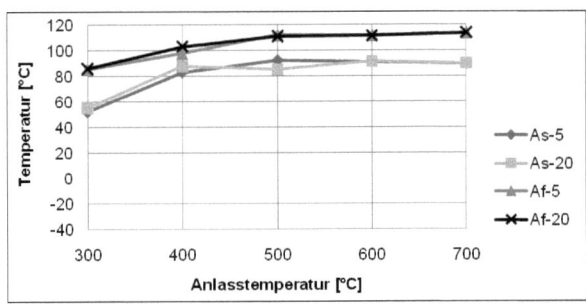

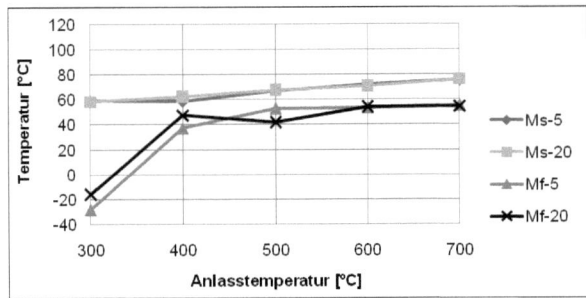

Bild 3.30: Verlauf der charakteristischen Umwandlungstemperaturen (Legierung H)

Bild 3.31 vergleicht die DSC-Größen mit den ermittelten Phasenumwandlungstemperaturen aus den zuvor beschrieben Aktivierungsversuchen. Da die Umwandlungstemperaturen der DSC-Analyse mit dem Tangentenschnittverfahren ermittelt werden, geben die ermittelten Temperaturen nicht immer die tatsächliche Start oder Finishtemperatur der Phasenumwandlung an, so dass Toleranzen von einigen °C berücksichtigt werden müssen. Diese Tatsache stellt einen Grund für die Verschiebung der Umwandlungstemperaturen im Vergleich mit den Aktivierungsversuchen dar. Ein weiterer Grund für die Verschiebung liegt in der bei den Aktivierungsversuchen verwendeten Vorspannkraft, welche eine Verlagerung der Austenitstarttemperatur zu höheren Temperaturen bewirkt.

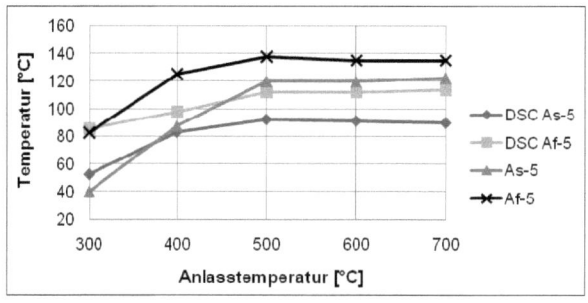

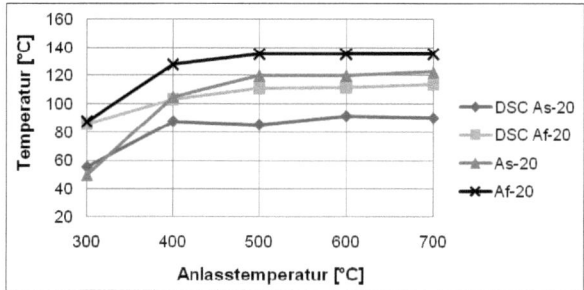

Bild 3.31: *Vergleich der Ergebnisse der DSC-Analyse mit denen der Aktivierungsversuche (Legierung H), oben: Anlassdauer 5 min, unten: Anlassdauer 20 min*

DSC-Versuche Legierung S

Die **Bild 3.32** und **Bild 3.33** stellen Äquivalent zum vorherigen Abschnitt die Ergebnisse der DSC-Analyse der Ofen-Proben der Legierung S dar.

Die Randbedingungen entsprechen denen der Versuche mit der Legierung H. Folgende Merkmale lassen sich aus diesen DSC-Kurven ablesen:

- Die Glühbehandlung bewirkt eine Verschiebung der Lagen des austenitischen Phasenumwandlungsbereichs der Proben. Mit steigender Behandlungstemperatur verlagern sich kontinuierlich die A_S- und A_F-Temperaturen (A_S von 8 auf -29°C, A_F: von 55 auf 11°C bei den 5min geglühten Proben und A_S von 8 auf -13°C, A_F von 54 auf -1°C bei den 20min geglühten Proben) in Richtung eines niedrigeren Temperaturniveaus. Dies deutet auf den

Einfluss der Ausscheidungsteilchen und der damit verbundenen Nickelverarmung der Matrix hin. Ab 600°C altern die Ausscheidungen oder lösen sich auf, so dass die Nickelverarmung wieder verschwindet. Die Ausbildung einer Zwischenphase, der R-Phase, bei der austenitischen Phasenumwandlung ist ansatzweise bei der 300-20er Probe zu beobachten.

- Auch bei der martensitischen Phasenumwandlung lässt sich wie bei der austenitischen Phasenumwandlung feststellen, dass die Anlassbehandlung eine Verschiebung der Umwandlungstemperaturen, speziell der M_S-Temperatur, bewirkt. Die M_S-Temperatur verschiebt sich mit steigender Anlasstemperatur kontinuierlich von ca. 50 auf -20°C (5 min) bzw. von ca. 48°C auf -18°C (20 min). Auch bei der martensitischen Umwandlung ist der Grund für den Kurvenlauf in der Nickelverarmung der Matrix zu suchen. Erwartete Behinderungen der Martensitumwandlung durch Versetzungen und Ausscheidungsteilchen werden dabei durch die Nickelverarmung überkompensiert.
- Die martensitische Phasenumwandlung findet meistens in einem sehr breiten Temperaturumwandlungsbereich statt. Die Breite des Umwandlungsbereichs (maximal 115°C) ist durch die Ausbildung einer R-Phase bei den 300er und 400er Proben und bei der 500-5er Probe gekennzeichnet. Die 600er und 700er Proben weisen hingegen keine R-Phase auf. Ihre Umwandlungsbereiche sind mit ca. 30°C auch wesentlich kleiner.
- Die Kurve der Ausgangsprobe weist weder beim Erwärmen noch beim Abkühlen Peaks auf und besitzt deshalb keinen FG-Effekt. Der FG-Effekt wird durch die Kaltumformung der Proben beim Herstellen somit vollständig unterdrückt.

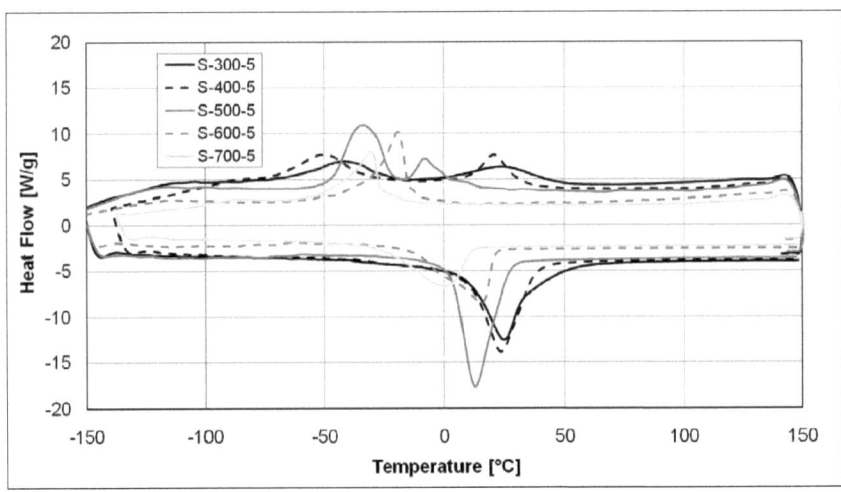

Bild 3.32: DSC-Analyse der Proben S-O, Anlassdauer 5 Minuten

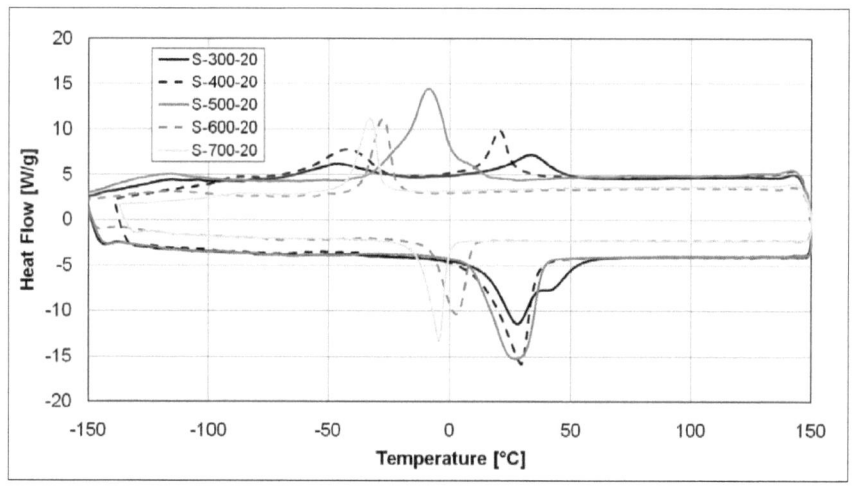

Bild 3.33: *DSC-Analyse der Proben S-O, Anlassdauer 20 Minuten*

Tabelle 3.10 sowie ***Bild 3.34*** und ***Bild 3.35*** stellen die wichtigsten Eigenschaften der Proben der Legierung S in gleicher wie bei der Legierung H zusammen.

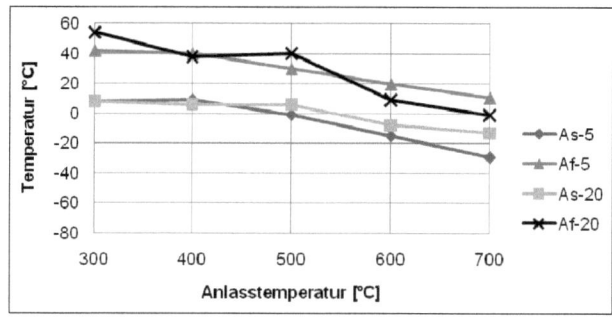

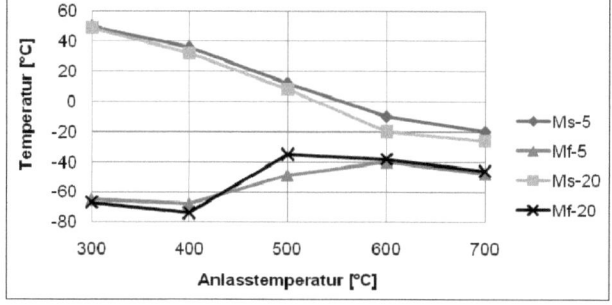

Bild 3.34: *Verlauf der charakteristischen Umwandlungstemperaturen (Legierung S)*

Die Abweichung der DSC-Kurven zu den Aktivierungsversuchen fallen hierbei jedoch noch deutlicher aus. Besonders wird dies bei hohen Glühtemperaturen ersichtlich. Die Abweichung der A_S-Temperatur bzw. die waagerechte Ausprägung der A_S-Temperaturlinien liegt in dem Vorhandensein von Restmartensit in den Proben beim Start der Aktivierungsversuche.

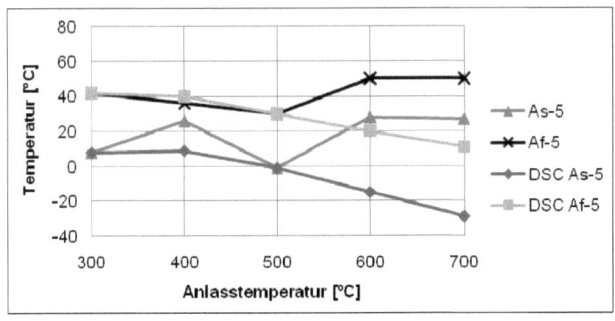

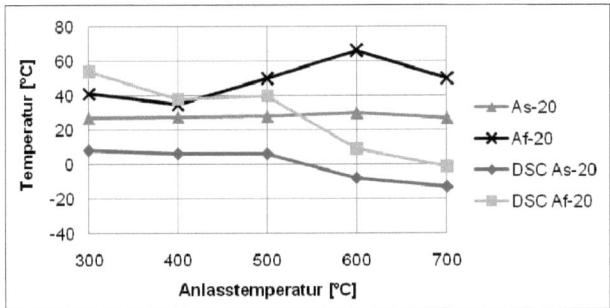

Bild 3.35: *Vergleich der Ergebnisse der DSC-Analyse mit denen der Aktivierungsversuche (Legierung H), oben: Anlassdauer 5 min, unten: Anlassdauer 20 min*

Tabelle 3.10: *DSC-Analyse der Probe S*

Probe	A_S-Temp. [°C]	A_F-Temp. [°C]	austenitisches Umwandlungs-intervall [°C]	R-Phase bei der austenitischen Phasen-umwandlung	M_S-Temp. [°C]	M_F-Temp. [°C]	martensitisches Umwandlungs-intervall [°C]	R-Phase bei der martensitischen Phasen umwandlung	Hysteresebreite [°C]
S-300-5	8,0	42,0	34,0	nicht vorhanden	50,0	-65,0	115,0	vorhanden	32,5
S-300-20	8,0	54,0	46,0	vorhanden	49,0	-67,0	116,0	vorhanden	40,0
S-400-5	9,0	40,0	31,0	nicht vorhanden	36,0	-68,0	104,0	vorhanden	40,5
S-400-20	6,0	38,0	32,0	nicht vorhanden	32,0	-74,0	106,0	vorhanden	43,0
S-500-5	-1,0	30,0	31,0	nicht vorhanden	12,0	-49,0	61,0	vorhanden	33,0
S-500-20	6,0	40,0	34,0	nicht vorhanden	8,0	-35,0	43,0	nicht vorhanden	36,5
S-600-5	-15,0	20,0	35,0	nicht vorhanden	-10,0	-40,0	30,0	nicht vorhanden	27,5
S-600-20	-8,0	9,0	17,0	nicht vorhanden	-20,0	-38,0	18,0	nicht vorhanden	29,5
S-700-5	-29,0	11,0	40,0	nicht vorhanden	-20,0	-48,0	28,0	nicht vorhanden	25,0
S-700-20	-13,0	-1,0	12,0	nicht vorhanden	-26,0	-46,0	20,0	nicht vorhanden	29,0

3.4.5.2. Versuche zur Leistungsfähigkeit und Temperaturstandfestigkeit

Dieser Abschnitt umfasst die Auswertung der Leistungsfähigkeits- und Temperaturstandfestigkeitsversuche von im Ofen konfigurierten Drahtproben der Legierungen H und S. Mit der Leistungsfähigkeit ist die Eigenschaft der Drahtaktorelemente gemeint, mechanische Arbeit zu leisten. Wie sich bei den Untersuchungen gezeigt hat, besitzt die thermomechanische Vorbehandlung einen wesentlichen Einfluss auf die Kräfte bzw. Spannungen, die ein FG-Element aufbringen kann. Die Temperaturstandfestigkeit spiegelt sich in der Grenztemperatur wieder, ab der das Drahtelement unter Last seine FG-Eigenschaften verliert und sich wieder längt. Die Versuchsauswertung beschäftigt sich dabei mit Aktivierungsversuchen unter verschiedenen Lasten. Für die Versuche wurden je Legierung zwei Glühparameter ausgewählt, die bei den zuvor beschriebenen Untersuchungen einen akzeptablen thermischen Effekt aufwiesen. Bei der Legierung H waren das die Proben mit 300°C und mit 500°C Glühtemperatur, bei der Legierung S die Proben mit 400°C und mit 500°C Glühtemperatur. Die Leistungs- und Temperaturstandfestigkeitsversuche wurden dabei gemeinsam durchgeführt, indem die konfigurierten Drähte bei verschiedenen Vorspannungen (100, 200 und 400N/mm^2) und Dehnungen (2, 4 und 6%) auf Temperaturen bis 600°C erwärmt wurden. Hierbei konnte der Einfluss der thermomechanischen Vorbehandlung, der Dehnung und der Last auf die funktionalen Eigenschaften von FG-Elementen gezeigt werden. Das Aufheizen bis 600°C lässt weiterhin erkennen, dass auch die Versagenstemperatur von der Vorbehandlung und der Last abhängt.

Versuche zur Lastabhängigkeit des FG-Effektes

Die Auswertung der Messergebnisse der Belastungsversuche erfolgt anhand von Dehnungs-Temperatur-Diagrammen. Exemplarisch sind die Ergebnisse mit 6% Dehnung bzw. mit 400N/mm^2 Vorspannung für die Proben der Legierung S in *Bild 3.36* dargestellt.
Folgende Merkmale lassen sich aus diesen Aktivierungskurven bezüglich der Belastbarkeit ablesen:

- Die Glühbehandlung hat einen sehr großen Einfluss auf die Leistungsfähigkeit des Aktordrahtes. Bei der Legierung S sieht man beispielsweise, dass der mit 500°C wärmebehandelte Draht bei einer Spannung von 400N/mm^2 an seine Belastungsgrenze stößt. Der mit 400°C geglühte Draht besitzt bei dieser Last zwar eine Restdehnung von 1 bis 1,5% (in Abhängigkeit von der Vordehnung) zeigt jedoch generell, dass er Lasten im Bereich von dieser Spannung noch bewegen kann.
- Weiterhin kann bezüglich einer Spannung von 400N/mm^2 beobachtet werden, dass bei kleinen Vordehnungen z.B. von 2%, die nutzbare Dehnung nur ca. 50% (400er Draht) bzw. 0% (500er Draht) der Vordehnung beträgt. Bei 6% Vordehnung beträgt die Nutzdehnung bei der 400er Probe immerhin 70% und bei der 500er Probe wenigstens 25%.
- Erfolgt eine Reduzierung der Spannung, ergeben sich bessere Werte. Selbst bei 6% Vordehnung zeigt die 500er Probe gleiche Ergebnisse wie die 400er Probe mit ca. 1% Restdehnung bei 200 N/mm^2 und fast keiner Restdehnung bei 100 N/mm^2.

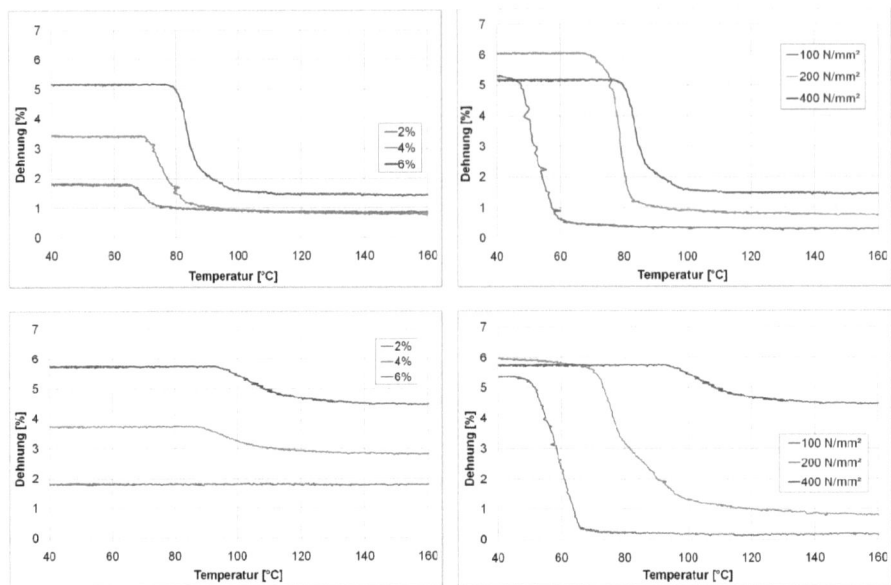

Bild 3.36: *Dehnungs-Temperatur-Diagramme der Legierung S (oben: S400-20, unten: S500-20, links: Spannung von 400N/mm², rechts: Dehnung von ca. 6%)*

Zusammenfassend für alle Proben sind in **Bild 3.37** Diagramme, die die Restverformung nach dem Aktivieren visualisieren, dargestellt. Es werden hierbei wieder Dehnungen von 6% und Spannungen von 400N/mm² betrachtet. Auf die Auswertung von Versuchen mit niedrigeren Spannungen bzw. Dehnungen wird hier verzichtet, da diese keine neuen Erkenntnisse hervorbringen würden.

Aus den Diagrammen lassen sich weitere nachfolgend aufgeführte Erkenntnisse gewinnen:

- Auch bei den Proben der Legierung H wird der Einfluss der thermomechanischen Vorbehandlung deutlich. So zeigen die 500er Probe hohe und die 300er niedrige Restdehnungen. Dies gilt sowohl bei hohen Spannungen (400N/mm²) als auch bei hohen Dehnungen (6%).
- Es lässt sich auch erkennen, dass die Restdehnung für die Konfigurationen, die ein hohes Leistungsvermögen besitzen, wie die H300 und die S400 Proben, nicht proportional mit der Vordehnung wächst, sondern dass ein fast gleiches Restdehnungsniveau für alle Versuche existiert.
- Ein optimales Verhalten ohne sichtbare Restdehnung zeigen nur die beiden S-Proben bei einer Belastung von 100 N/mm².
- Die Proben der Legierung H mit 500°C Glühbehandlung zeigen ein unbefriedigendes Verhalten sowohl bei hoher Dehnung als auch bei hoher Spannung. Sie sind beispielsweise nicht in der Lage, Lasten von umgerechnet 400 N/mm² zu bewegen, weshalb die Restdehnung hier der Vordehnung entspricht.

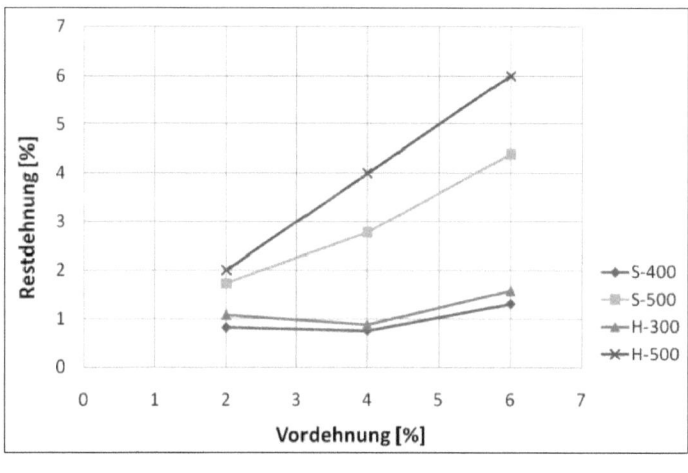

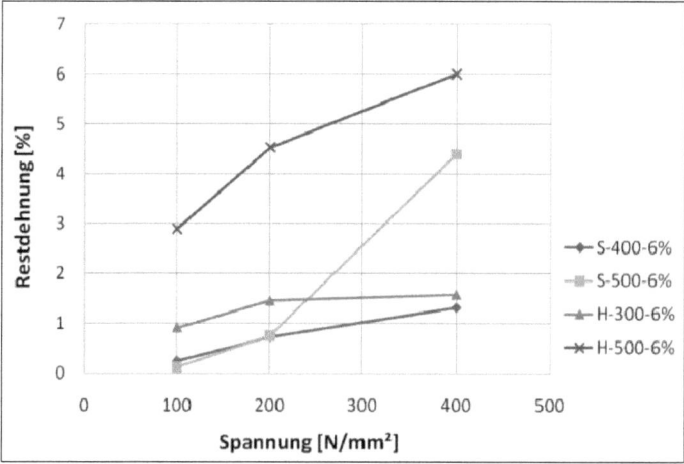

Bild 3.37: *Restdehnungsdiagramme für 400N/mm² Spannung (oben) und 6% Vordehnung (unten)*

Versuche zur Temperaturstandfestigkeit des FG-Effektes

Die Ermittlung der Versagenstemperaturen von FG-Elementen erfolgt anhand von Spannungs-Temperatur-Diagrammen. Dargestellt sind die Ergebnisse in **Bild 3.38**. Diese Versagenstemperaturen gelten allerdings nur für sehr kurze Haltezeiten im einstelligen Minutenbereich. Erhöht man die Verweildauer zum Erreichen einer Temperaturzeitstandfestigkeit, so reduziert sich die Versagenstemperatur. Dies wird in **Bild 3.39** verdeutlicht.

Strategie der lokalen Konfiguration

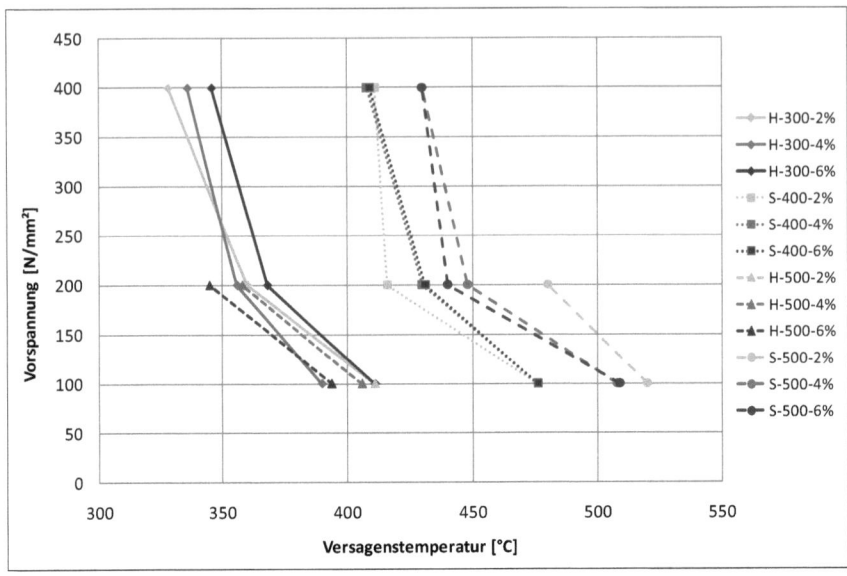

Bild 3.38: *Versagenstemperatur in Abhängigkeit von der Vorspannung für kurze Haltezeiten*

Das Diagramm lässt folgende Schlussfolgerungen sowohl in Bezug auf den Einfluss der Vorspannung und Vordehnung als auch der Vorbehandlung zu:
- Die Vorspannung hat einen großen Einfluss auf die Versagenstemperatur. Besonders deutlich ist der Sprung von 100 auf 200N/mm². Hier reduziert sich die Versagenstemperatur bei allen Proben um ca. 50°C. Ab 200N/mm² ist die Reduktion der Versagenstemperatur nicht mehr so drastisch. Dies lässt darauf schließen, dass schon bei einer Spannung von 200N/mm² Rekristallisationsvorgänge stattfinden.
- Die Vordehnung hat nur einen untergeordneten Einfluss auf die Versagenstemperatur.
- Die Konfigurationsparameter bzw. die Legierungsart zeigen demgegenüber eine deutliche Beeinflussung der Versagenstemperatur. Die Legierung S schneidet dabei sichtbar besser als die Legierung H ab. Die Versagenstemperaturen der S-Proben liegen um ca. 75°C für die 400er und um ca. 100°C für die 500er Proben höher. Grund hierfür könnte das Vorhandensein von Ausscheidungsteilchen in der nickelreichen S-Legierung sein. Diese behindern die Rekristallisation und sorgen damit für höhere Versagenstemperaturen.

Folgende Schlussfolgerungen können aus den Diagrammen in *Bild 3.39* gezogen werden:
- Bei längeren Haltezeiten sinkt die Versagenstemperatur bei allen Proben deutlich ab, was mit zeitabhängigen Diffusionsprozessen begründet werden kann. Der Unterschied zwischen den S- und den H-Legierungen bleiben jedoch vorhanden.
- Der Einfluss der Spannung ist auch bei diesen Versuchen deutlich erkennbar, selbst geringe Änderungen in der Spannung um 20N/mm² zeigen Veränderungen in der Temperaturstandfestigkeit der Proben.

- Mit Hilfe von bestimmten Last-Temperaturkombinationen kann eine Dauerfestigkeit erreicht werden. Bei der Legierung H trifft dies für eine Last von 20N/mm² bei einer Haltetemperatur von 400°C oder für eine Last von 100N/mm² bei einer Haltetemperatur von 350°C zu. Bei der Legierung S lauten die Kombinationen 20N/mm² bei 450°C und 100N/mm² bei 375°C.

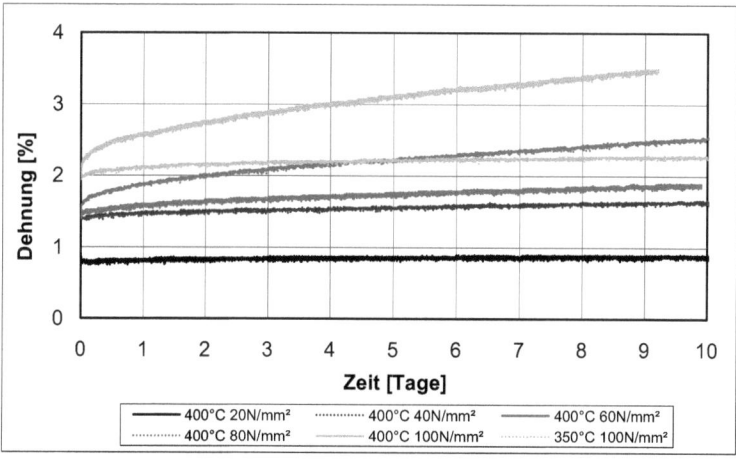

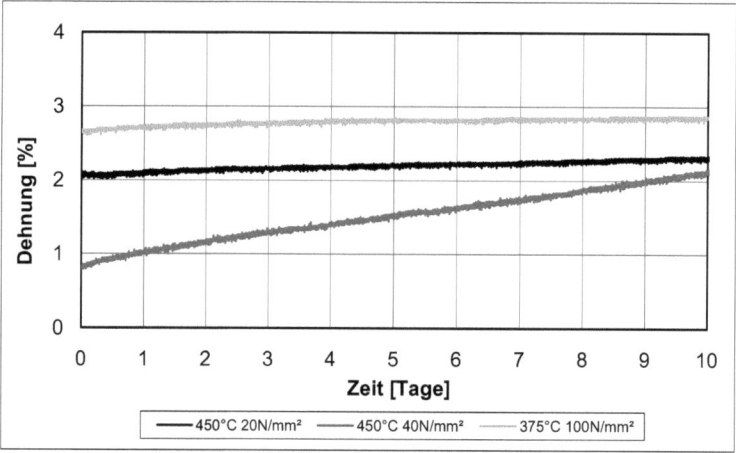

Bild 3.39: *Versagenstemperatur in Abhängigkeit von der Haltezeit, oben: Legierung H, unten: Legierung S, beide wurden mit 500°C 20 min lang angelassen*

3.4.5.3. Lokale Konfigurationsversuche

Dieser Abschnitt umfasst die Auswertung der Untersuchungen der Drahtproben der Legierung H und S bezüglich der lokalen Konfiguration. Ziel ist es hierbei, die Ergebnisse der Konfigurationsversuche im Ofen auf definierte Bauteilbereiche zu übertragen bzw. die sich dabei ergebenden Problemstellungen zu erfassen. Die Versuchsauswertung beschäftigt sich im Detail mit Zug- und Aktivierungsversuchen. Die Teiluntersuchungen werden wiederum mit einer vertiefenden Diskussion der Ergebnisse abgeschlossen.

Zug- und Aktivierungsversuche Legierung H

Die Auswertung der Messergebnisse der Zugversuche erfolgt anhand von Spannungs-Dehnungs-Diagrammen und der Messergebnisse der Aktivierungsversuche anhand von Dehnungs-Temperatur-Diagrammen gemeinsam in *Bild 3.40*.

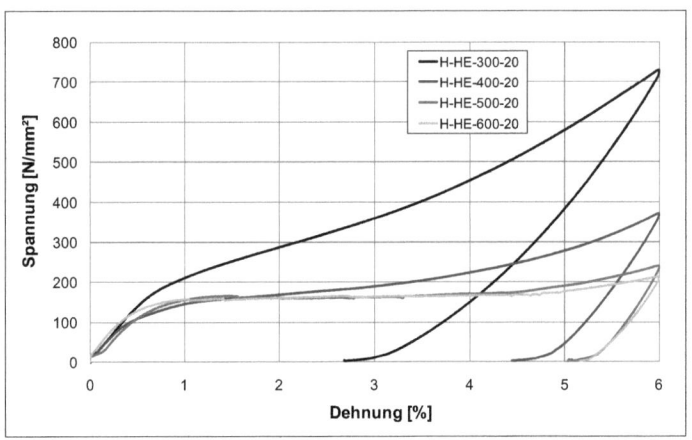

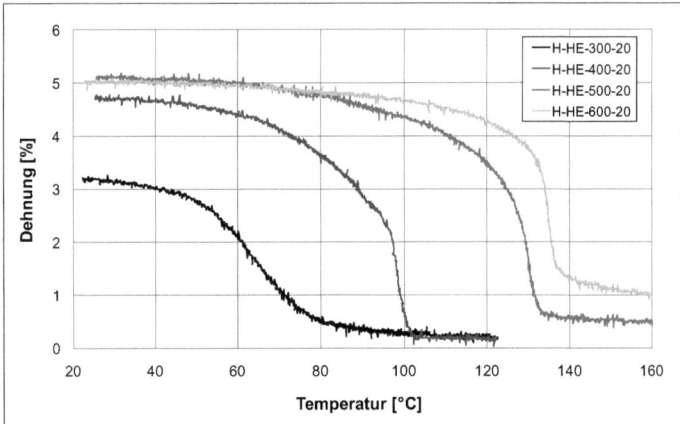

Bild 3.40: *links: Zugversuch, rechts: Aktivierungsversuch der H-HE-Proben*

Die Versuche der Proben der Legierung H wurden äquivalent zu den im Ofen geglühten Proben gehandhabt. Zur Vereinfachung wurden jedoch nur die Wärmebehandlungsparameter untersucht, die bei den im Ofen geglühten Proben erfolgversprechende Ergebnisse lieferten. Ein weiterer

Grund, der für die Auswahl der Glühdauer von 20min spricht, sind die Aufheiz- und Abkühlzeiten der Rohrheizelemente, die hier im Gegensatz zu den 5min-Proben einen geringeren Fehler verursachen.
Es lässt sich feststellen, dass sich alle bereits bei den Ofenproben aufgezeigten Trends, wie z.B. die steigende Plateauausprägung, die ansteigende Restverformung und die fallende Maximalspannung, mit steigenden Vorbehandlungstemperaturen auch bei den Heizelement-versuchen fortsetzen. Weiterhin ist sichtbar, dass die 500er und die 600er Proben zumindest bei den Zugversuchen ein fast identisches Verhalten aufweisen. Entscheidend für den Einsatz der lokalen Konfiguration, z.B. bei stufenförmig arbeitenden Aktoren, sind jedoch deutlich abgrenzbare Umwandlungsbereiche. Wie die Versuche zeigen, ist diese Bedingung erfüllbar. *Tabelle 3.11* fasst abschließend alle Versuchsergebnisse zusammen.

Tabelle 3.11: Versuche der Proben H-HE

Probe	Beginn des Plateaus [%]	Ende des Plateaus [%]	Plateau-form	Spannung zu Beginn des Plateaus [N/mm²]	Spannung zum Ende des Plateaus [N/mm²]	Maximale Spannung [N/mm²]	Restver-formung nach der Dehnung [%]	Restver-formung nach der Aktivierung [%]	A₁-Temperatur [°C]	A₂-Temperatur [°C]
H-HE-300-20	0,7	4	↗	210	450	720	2,6	0,2	40	82
H-HE-400-20	0,5	4	↗	160	220	380	4,4	0,2	50	103
H-HE-500-20	0,5	4,5	→	170	180	240	5,2	0,5	70	135
H-HE-500-20	0,5	4,5	→	170	180	210	5,2	1,0	80	141

Vergleich der Ofen- und der Heizelementproben der Legierung H

Als nächster Schritt soll nun ein direkter Vergleich der lokal konfigurierten und der im Ofen geglühten Proben angestellt werden. Die unten aufgeführten Diagramme (*Bild 3.41*) führen diesen Vergleich für die Zug- und die Aktivierungsversuche durch.

Bild 3.42 fasst die wichtigsten Parameter, wie die Spannung für verschiedene Dehnungs-zustände und die Restverformung in zwei Diagrammen abschließend zusammen.

In den Diagrammen lassen sich deutlich folgende Trends bzw. Abhängigkeiten erkennen:

- Alle Heizelementproben zeigen bei den Zugversuchen ein kürzeres Plateau als die Ofenproben, was durch das Temperaturgefälle im Heizelement verursacht wird.
- Alle Heizelementproben weisen nach den Zugversuchen eine geringere Restdehnung als die Ofenproben auf, was in der höheren Elastizität der Randbereiche begründet ist.
- Bei den Aktivierungsversuchen beginnen alle Heizelementproben bei niedrigeren Temperaturen mit der Phasenumwandlung als die Ofenproben. Dies liegt an der früher beginnenden Umwandlung der Randbereiche und sorgt für einen flacheren Verlauf des Graphen im Bereich der Umwandlung.
- Die Heizelement-Proben zeigen damit prinzipiell das Verhalten der Ofenproben, die eine um 100°C geringere Glühtemperatur aufweisen.

Strategie der lokalen Konfiguration

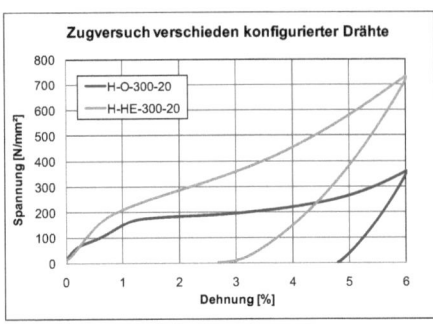
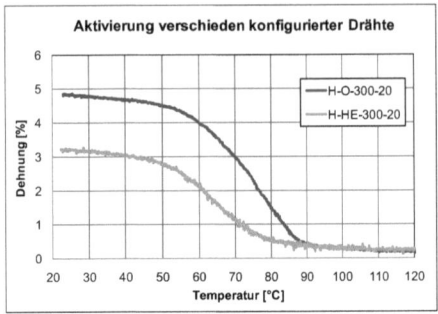
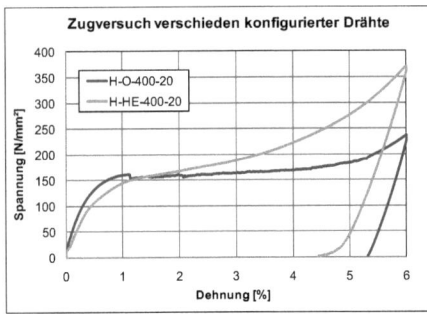
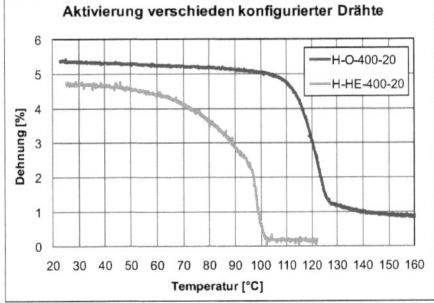
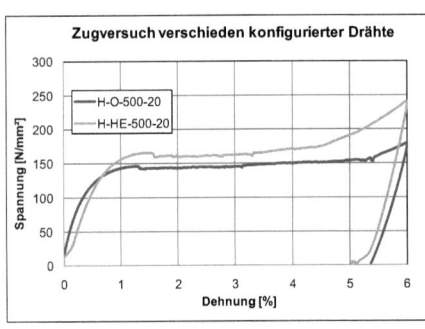
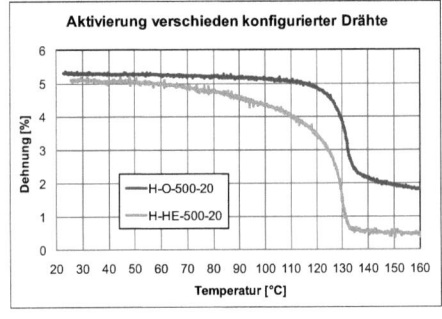
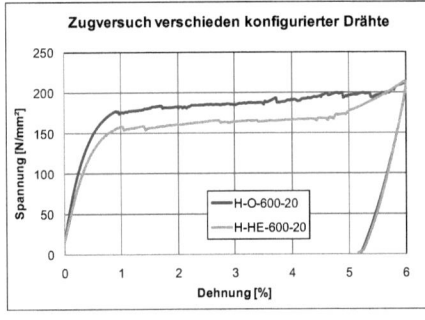
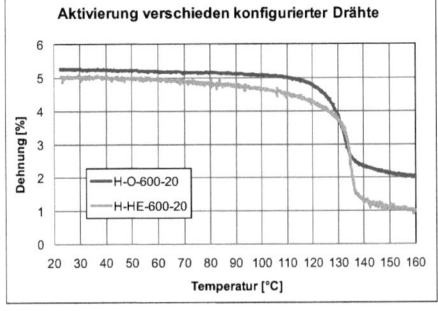

Bild 3.41: Vergleich der im Ofen und mit dem Heizelement geglühten Proben (Legierung H)

Strategie der lokalen Konfiguration

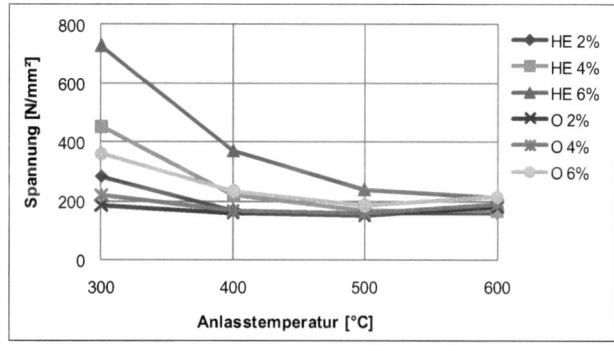

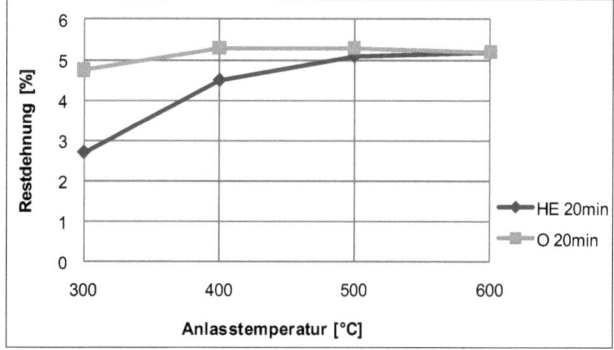

Bild 3.42: *Vergleich der charakteristischen Kennwerte der im Ofen und der mittels Rohrheizelement geglühten Proben der Legierung H*

Bei diesem Vergleich wird in allen Eigenschaften der Einfluss des Temperaturgefälles in der Heizröhre sichtbar, der in den Randbereichen für veränderte Effektparameter sorgt. Bei den Versuchen erfolgt eine Mittelung der verschiedenen Eigenschaften, was in den Versuchsgraphen sichtbar wird.

Zug- und Aktivierungsversuche Legierung S

Bild 3.43 zeigt die Ergebnisse der Zug- und Aktivierungsversuche der mit dem Heizelement geglühten Proben der Legierung S. Die Versuchsreihe der Proben der Legierung S wurde wiederum in Anlehnung zu den im Ofen geglühten Proben durchgeführt. Zur Vereinfachung wurden auch hier nur ausgewählte Wärmebehandlungsparameter untersucht.

Bei diesen Proben lassen sich folgende Charakteristika feststellen:

- Die Restdehnung der 300er Probe ist mit ca. 0,5% sehr gering. Diese Probe zeigt somit ein ideales pseudoelastisches Verhalten.
- Die 400er und die 500er Probe weisen neben dem thermischen Effekt auch pseudoelastische Anteile auf. Diese Überlagerung der Effekte führt zu einer Restdehnung nach dem Versuch von ca. 2,5% bzw. 3,2%.

- Versuchsübergreifend lässt sich hier feststellen, dass die Erhöhung der Anlasstemperatur eine Absenkung der Lage des Spannungsplateaus und eine gleichzeitige Erhöhung der Restdehnung bewirkt.
- Die 500er Probe besitzt eine Ausgangsdehnung von 2,6%. Nach dem Zugversuch betrug die Restdehnung noch ca. 3,2%. Also hat diese Probe zwischen den beiden Versuchen zum Teil eine austenitische Phasenumwandlung erfahren, was durch die niedrigen A_s-Temperaturen begründet ist.

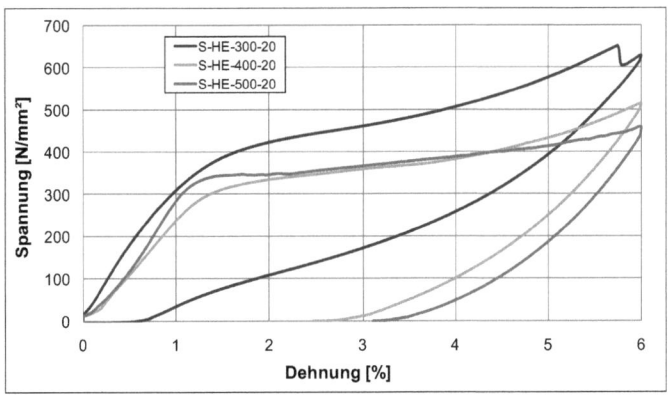

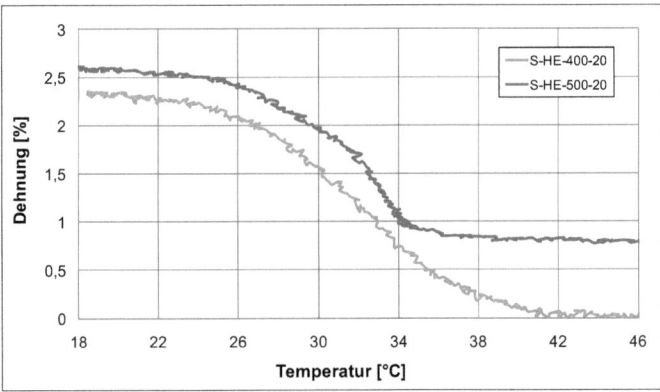

Bild 3.43: links: Zugversuch, rechts: Aktivierungsversuch der S-HE-Proben

Tabelle 3.12 stellt abschließend die Eigenschaften der Proben der Legierung S zusammen. In dieser Tabelle sind die Merkmale der Dehnungskurven rund um die Spannungsplateaus und die Restverformungen der Proben aufgeführt.

Tabelle 3.12: Zugversuch der Proben S-HE

Probe	Beginn des Plateaus [%]	Ende des Plateaus [%]	Plateau-form	Spannung zu Beginn des Plateaus [N/mm²]	Spannung zum Ende des Plateaus [N/mm²]	Maximale Spannung [N/mm²]	Restverformung nach der Dehnung [%]	Restverformung nach der Aktivierung [%]	A_s-Temperatur [°C]	A_f-Temperatur [°C]
S-HE-300-20	2	4	↗	420	502	680	0,5	-	-	-
S-HE-400-20	1,7	4,2	↗	315	485	510	2,5	0	24	41
S-HE-500-20	1,4	4,5	↗	345	400	455	3,2	0,7	24	34

Vergleich der Ofen- und der Heizelementproben der Legierung S

Bild 3.44 zeigt die Ergebnisse der Biege- (links) und Aktivierungsuntersuchungen (rechts) sowohl für die im Ofen geglühten als auch für die lokal wärmebehandelten Proben.

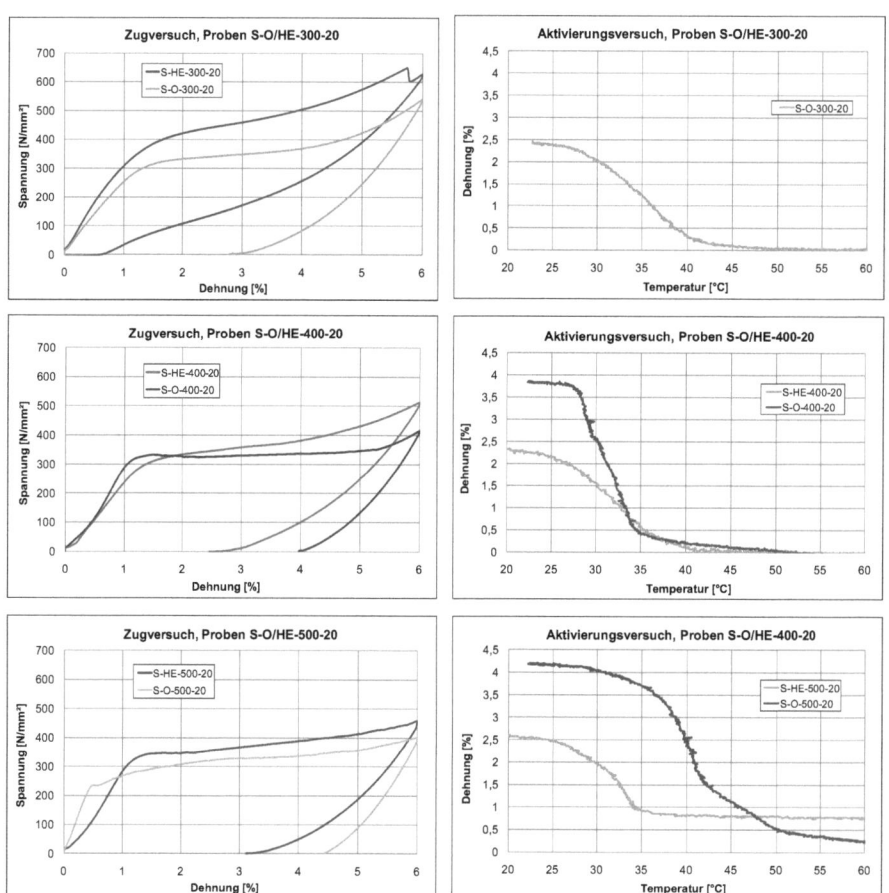

Bild 3.44: Vergleich Heizelement- und Ofenproben der Legierung S

Bild 3.45 fasst wiederum die wichtigsten Parameter in zwei Diagrammen abschließend zusammen.

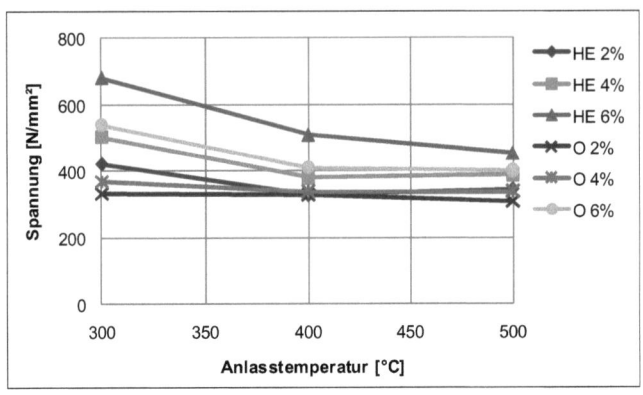

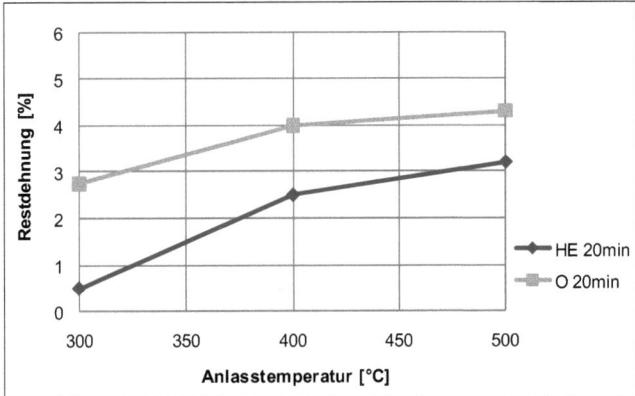

Bild 3.45: *Vergleich der charakteristischen Kennwerte der im Ofen und der mittels Rohrheizelement geglühten Proben der Legierung S*

Aus dem direkten Vergleich der beiden Konfigurationsarten lassen sich folgende Feststellungen treffen:

- Auffällig beim Dehnen ist, dass die Heizelementproben höhere Spannungsplateaus und geringere Restverformung als die Ofenproben aufweisen. So weist die 300er Heizelementprobe pseudoelastisches Verhalten mit einer sehr geringen Restdehnung nach dem Zugversuch von ca. 0,5% auf, die entsprechende Ofenprobe weist hingegen eine Restdehnung von 2,7% auf. Bedingt durch die geringe Restdehnung der Heizelementprobe ist eine entsprechende Aktivierungskurve nicht vorhanden. Ursache hierfür ist wiederum die inhomogenere Wärmeverteilung in der Heizröhre. 300°C stellt offenbar eine Schwellentemperatur dar, ab der martensitische Anteile bei Raumtemperatur übrig bleiben. Die Heizröhren unterschreiten diese Temperatur im Mittel geringfügig, weshalb hier nur ein pseudoelastisches Materialverhalten auftritt.

- Die Aktivierungskurven der 400er Ofen- und Heizelementproben weisen nur geringe Unterschiede in Bezug auf die Umwandlungstemperaturen auf. Große Unterschiede werden jedoch bei der Ausgangsdehnung und beim Verlauf der Kurve sichtbar. Vergleicht man jedoch die 300er Ofenproben mit der 400er HE-Probe, so stellt man fest, dass beide Kurven fast identisch sind. Daraus lässt sich wie bei den H-Proben schlussfolgern, dass bei lokaler Konfiguration die Glühtemperaturen etwas höher gewählt werden müssen.
- Der Vergleich der 500er Proben zeigt bei ähnlichen Spannungs-Dehnungs-Kurven wesentliche Unterschiede bei der Restverformung und bei den Umwandlungstemperaturen.

3.4.5.4. Stufenaktorversuche

Dieser Abschnitt umfasst die Auswertung der Untersuchungen der Drahtproben der Legierung H bezüglich der mehrfachen lokalen Konfiguration. Die Versuchsauswertung beschäftigt sich im Detail wiederum mit Zug- und Aktivierungsversuchen.

Um einen möglichst gut nachweisbaren Stufenaktor herzustellen, kommt es beispielsweise darauf an, dass die verschieden wärmebehandelten Bereiche deutlich voneinander abgegrenzte Umwandlungsbereiche besitzen. Bei einer Überlagerung der verschiedenen Bereiche ist der Nachweis nicht eindeutig. Vergleicht man unter diesem Gesichtspunkt die Auswertung der Aktivierungsversuche der Ofenproben der Legierung H, erkennt man, dass sich die Umwandlungsbereiche der 300er und 400er Proben gar nicht und die Bereiche der 400er und allen mit höheren Temperaturen vorbehandelten Proben nur leicht überschneiden. Eine Kombination von 300°C mit 400°C, 400°C mit 500°C aufwärts oder 300°C mit 500°C aufwärts ist also bei einem zweistufigen Aktor möglich. Auch eine Kombination mit drei Bereichen ist denkbar.

Die Auswahl der Parameter für die Herstellung von zwei zweistufigen Aktoren fiel auf folgende Kombinationen: H-STA-400-500-20 und H-STA-300-500-20. Geglüht wurden diese Proben mit einem Heizrohr der Länge 150mm.

Stufenaktor H-STA-400-500-20

In **Bild 3.46** sind die Ergebnisse des Aktivierungsversuches dieses Stufenaktors dargestellt. Die beiden Bereiche wurden mit 400 bzw. 500°C und einer Dauer von 20 Minuten thermisch vorbehandelt. Beide Bereiche wurden mit einem röhrenförmigen Heizelement konfiguriert und anschließend um 6% auf der Zugmaschine gedehnt. Wie in allen Aktivierungsdiagrammen ist auch hier die Dehnung über der Temperatur aufgetragen. Zu Vergleichszwecken sind neben dem Stufenaktorgraphen auch die entsprechenden Graphen von separat durchgeführten Glühversuchen abgebildet. Betrachtet man den Graphen des Stufenaktors, liegt die Annahme nahe, es handle sich um einen Aktor mit drei Stufen. Die Ursache der dreistufigen Form des Stufenaktorgraphen liegt in der Überlagerung der Umwandlungsbereiche. D.h., die erste „Stufe" resultiert aus dem Beginn der Umwandlungen der Randbereiche, welche, wie in den vorhergehenden Kapiteln beschrieben, auf Grund des Temperaturgradienten im Heizelement auftreten. Diese Stufe geht von ca. 70°C bis ca. 95°C. Danach folgt ein deutlicher Absatz bis ca. 105°C. Hier geht die Dehnung von ca. 3,5% auf fast 2% zurück. Diese Stufe resultiert aus dem steilen Phasenumwandlungsbereich der H-400-20er Probe. Die letzte Stufe des Stufenaktors ist äquivalent zur Umwandlung der 500er Heizelementprobe.

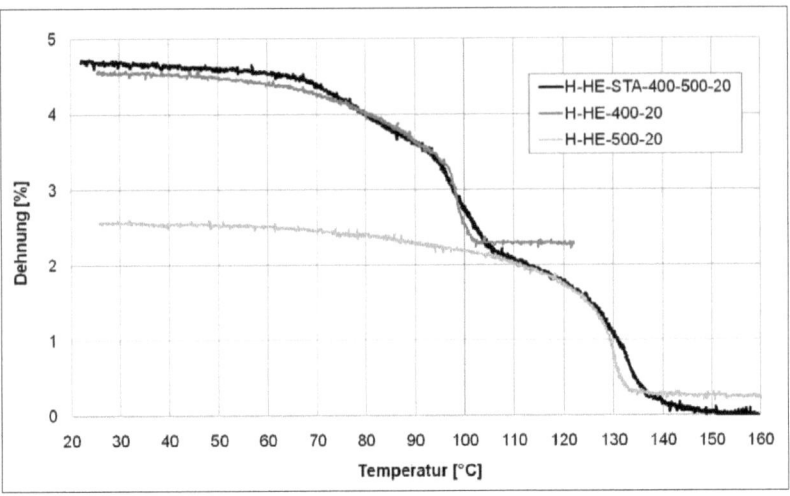

Bild 3.46: *2-Stufenaktor H-STA-400-500-20*

Stufenaktor H-STA-300-500-20

Im Diagramm in *Bild 3.47* sind die Ergebnisse des Aktivierungsversuches des zweiten Stufenaktors dargestellt. Die beiden Bereiche wurden mit 300 bzw. 500°C 20 Minuten thermisch vorbehandelt. Die Versuchsdurchführung und Auswertung entspricht dem ersten Stufenaktorversuch. Betrachtet man den Graphen des Stufenaktors sind deutlich zwei klar voneinander abgrenzbare Stufen zu erkennen. Obwohl die Drahtprobe in der Summe um 6% gedehnt wurde, weist sie lediglich eine Anfangsdehnung von knapp 3,5% auf.

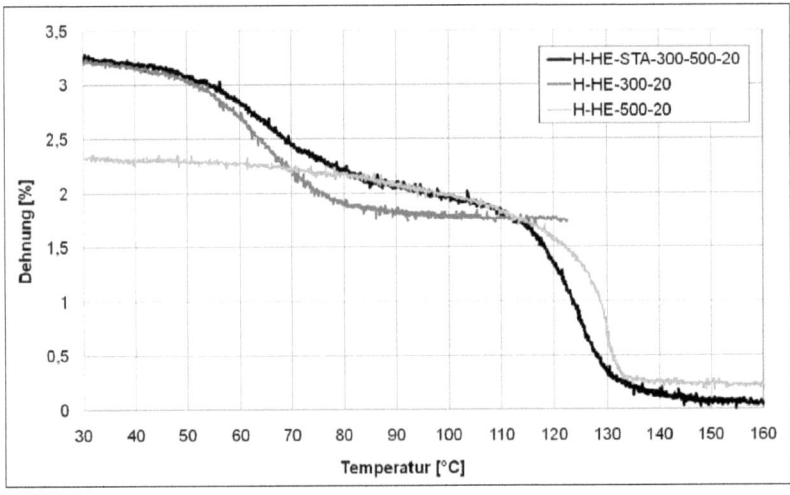

Bild 3.47: *Stufenaktor H-HE-STA-300-500-20*

Die erste, durch den mit 300°C vorbehandelten Bereich hervorgerufene Stufe beginnt bei ca. 55°C und endet bei ca. 85°C. Während dieser Stufe verkürzt sich die Drahtprobe um ca. 1%. Die zweite und größere Stufe beginnt bei ca. 110°C und endet bei ungefähr 135°C. In dieser Stufe verkürzt sich der Draht um fast 2%. Vergleicht man die beiden Stufen mit den entsprechenden Heizelementgraphen aus den Vorversuchen, fällt auf, dass die Kurven ein fast gleiches Verhalten aufweisen. Nur am Ende der ersten Stufe sind schon Überlagerungsreaktionen mit dem zweiten Aktivierungsbereich sichtbar.

Diskussion und Bewertung der Ergebnisse

Die Ergebnisse der Untersuchungen der Zweistufenaktoren zeigen deutlich ausgebildete Stufen im Verlauf der Dehnungskurve. Damit ist ein wichtiger Schritt zur Realisierung eines lokal konfigurierten Stufenaktors durch Änderung der strukturellen Eigenschaften des FGL-Drahtes getan. In zukünftigen Arbeiten gilt es, die Stufen zu optimieren und die Belastbarkeit (Maximalspannungen) der Stufenbereiche zu untersuchen. Generell muss bei derartigen Stufenaktoren darauf geachtet werden, dass die Last, die ein solcher Draht bewegen soll, nicht höher als das Martensitplateau der zweiten Stufe ist. Sonst würde sich der zweite Bereich bei der Aktivierung des ersten dehnen, anstatt die äußere Last zu bewegen.

3.5 Versuche am Demonstrator

Zur Evaluierung der Theorie der lokalen Konfiguration wurde ein Versuchsstand bzw. ein Demonstrator in Form eines Hebelsystems aufgebaut. Ziel der Untersuchung ist der Nachweis der Koexistenz von mechanischem und thermischem Effekt in einem Bauteil. Die Versuchsreihe wird mit einem lokal wärmebehandelten FG-Draht durchgeführt, der zur Hälfte pseudoelastisches und zur Hälfte pseudoplastisches Verhalten aufweist. Die Rückstellung erfolgt über den pseudoelastischen Teil des Drahtes. Der Hebeleffekt diente hierbei dazu, die vergleichsweisen hohen pseudoelastischen Plateauspannungen im Draht umzuformen. Verwendet wurden vorbehandelte S-Drähte mit einem Durchmesser von 0,4mm.

3.5.1 Versuchsaufbau

Das verwendete Hebelsystem besteht aus 4 Bauteilen: Bodenplatte, Halter, Hebelarm und dem FG-Draht (siehe *Bild 3.48*). Die Bodenplatte hat die Aufgabe, das System zu stabilisieren und den FG-Draht aufnehmen. Zwecks elektrischer Kontaktierung der Drahtenden besteht die Bodenplatte zudem aus einem elektrisch nicht leitfähigen Material. Es sind jeweils 3 Bohrungen auf der linken und rechten Seite in symmetrischer Anordnung vorgesehen, durch die der Draht geführt werden kann. Der Halter hat die Aufgabe, den Hebelarm zu lagern und ist auf der Bodenplatte befestigt. Der Hebelarm besitzt für die Durchführung des Aktordrahtes vertikale Bohrungen, die analog zu den Durchgangsbohrungen in der Bodenplatte sind. Außerdem werden Gewindebohrungen in horizontaler Richtung auf Höhe der Durchgangsbohrungen angebracht, in die Stiftschrauben gedreht werden, um den Draht zu fixieren.
Der Draht wird durch eine Bohrung in der Bodenplatte und anschließend durch die korrespondierende Bohrung im Hebelarm geführt. Dort wird der Draht bei waagerechter Stellung des Hebelarms fixiert. Der Draht wird daraufhin durch eine gewünschte Bohrung auf der anderen

Seite des Hebelarms gezogen. Dort wird er wieder fixiert und anschließend durch die zugeordnete Bohrung in der Bodenplatte geführt und festgeklemmt. Die Bohrungen richteten sich nach dem gewünschten Übersetzungsverhältnis. Der Draht wird über seinen elektrischen Widerstand aktiviert. Dazu wird er über Klemmen, die an den beiden Drahtenden befestigt sind, an ein Netzgerät angeschlossen. In diesem Versuch besitzt der rechte Teil des Drahtes thermische und der linke, welcher als Rückstellfeder fungiert, pseudoelastische Effekteigenschaften. Durch die unterschiedlich langen Hebelarme erfolgt die Anpassung der pseudoelastischen Plateauspannung an die benötigte Rückstellkraft. Gemessen wird der zurückgelegte Weg, der in die Dehnung des Drahtes umgerechnet werden kann. Der Hebel der Aktorstruktur überträgt den zurückgelegten Weg direkt an den Stempel. Die Wegmessung erfolgt über einen Lasersensors, der die Bewegung des Stempels detektiert. Wird nun der Draht aktiviert, kontrahiert die rechte Drahtseite. Analog dazu dehnt sich die linke Seite pseudoelastisch. *Bild 3.48* zeigt weiterhin eine Detailaufnahme des Hebelarms mit den Bohrungen für den Draht. Je nachdem durch welche Bohrung der Draht geführt wird, liegen aufgrund des Hebelgesetzes definierte Übersetzungen vor.

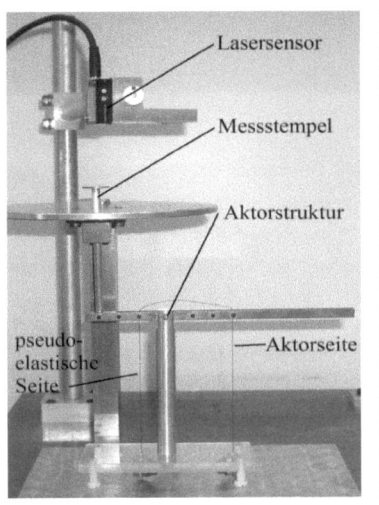
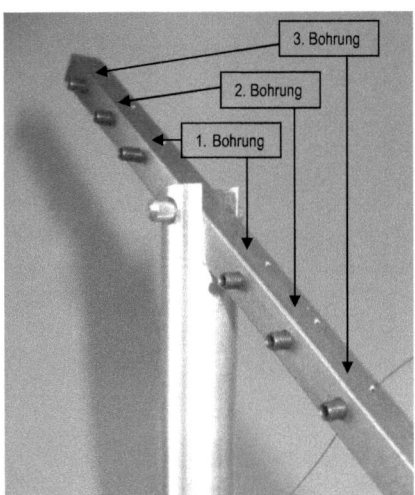

Bild 3.48: links: Versuchsaufbau, rechts: Detailaufnahme des Hebels

Die möglichen Übersetzungen des Systems werden anhand der *Tabelle 3.13* dargestellt. Es existieren 4 verschiedene Übersetzungen.

Tabelle 3.13: Übersetzungsverhältnisse des Hebelsystems

Linke Seite	Rechte Seite	Übersetzungsverhältnis
1.Bohrung	1.Bohrung	1,00
1.Bohrung	2.Bohrung	1,75
1.Bohrung	3.Bohrung	2,50
2.Bohrung	3.Bohrung	ca. 1,43

3.5.2 Versuchsdurchführung

Zu Beginn des Versuches müssen die Drähte konfiguriert werden. Die Drähte sind ganzheitlich vorgeglüht, so dass sich ein homogener Bereich mit Einwegeffekt ausbildet. Dies geschieht im Wärmebehandlungsofen bei 400°C und 20 min Haltezeit. Danach wird die Pseudoelastizität eingestellt. Dazu wird der Draht zur Hälfte bei 700°C für 20 Minuten in einer Heizröhre geglüht. Nach der Wärmebehandlung besitzt eine Seite des Drahtes den thermischen und die andere Seite einen pseudoelastischen Effekt. Die Versuche wurden mit einer Vordehnung von 4% durchgeführt. Um den Draht zu aktivieren, wird über ein Netzgerät elektrische Energie an den Drahtenden eingekoppelt. Wenn sich der Draht aufgrund seines Innenwiderstandes über seine Umwandlungstemperatur A_s erwärmt, kontrahiert die rechte Aktorseite und die pseudoelastische Seite wird verformt. Wird der Strom wieder abgeschaltet, kühlt der Draht ab. Bei Erreichen der M_s-Temperatur beginnt die Rückwandlung von Austenit in Martensit und der pseudoelastische Teil nimmt die Rückstellung vor.

3.5.3 Versuchsauswertung

Die Ergebnisse der Versuche sind im folgenden Diagramm (*Bild 3.49*) dargestellt. Aufgetragen ist die Dehnung über der Zeit. Die Ausschläge stellen jeweils eine Aktivierung dar.

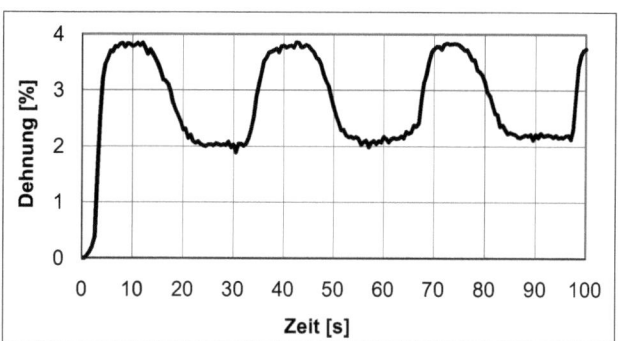

Bild 3.49: Funktionsintegrierter S-Drahtaktor, Durchmesser 0,4mm, 4% vorgedehnt

In *Bild 3.49* ist zu erkennen, dass mit dem verwendeten Übersetzungsverhältnis der Aktorbereich in der Lage ist, den pseudoelastischen Bereich und umgekehrt der pseudoelastische Bereich in der Lage ist, den pseudoplastischen zu dehnen und damit sowohl eine Stellbewegung als auch eine Rückstellung durch den Draht realisiert werden kann. Die Restverformung, die nach jeder Aktivierung im Draht zurückbleibt, resultiert aus der irreversiblen Restverformung des pseudoelastischen Drahtabschnittes, dessen Ursache in der Glühbehandlung mit 700°C (siehe Zugversuche) begründet ist.

Die Ergebnisse zeigen, dass ein sich selbst zurückstellender Draht und damit auch andere Bauteilformen praktisch realisierbar sind. Auch hier liegen zukünftige Forschungspotentiale in der Optimierung der funktionalen Eigenschaften derartiger funktionsintegrierter Drähte.

4 Strategie der partiellen Aktivierung

4.1 Grundlagen

Bei der partiellen Aktivierung erfolgt die Funktionsausprägung im Gegensatz zur lokalen Konfiguration nur temporär durch eine Erwärmung einer bestimmten Bauteilzone. Damit wird die Phasenumwandlung bzw. der FG-Effekt im Betriebszustand auf diesen örtlich begrenzten Bereich beschränkt. Eine spezielle thermomechanische Vorbehandlung ist zur Realisierung der partiellen Aktivierung nicht notwendig. Als Erwärmungsmechanismen sind hierbei die generellen Mechanismen zur thermischen Aktivierung anwendbar. Bei der partiellen Aktivierung kommt dabei entweder der thermische Effekt oder eine Variation des pseudoelastischen Effektes zur Anwendung. Die Variation des pseudoelastischen Effektes beruht dabei auf der Temperaturempfindlichkeit der pseudoelastischen Kenngrößen, wie beispielsweise der pseudoelastischen Plateauspannung. Eine Variation des thermischen Effektes ist im Gegensatz zur lokalen Konfiguration nicht möglich.

Eine Koexistenz beider Effekte in einem Bauteil, wie bei der lokalen Konfiguration, ist nur möglich, wenn der entsprechend dimensionierte Rückstellbereich zuerst erwärmt wird, um damit pseudoelastische Eigenschaften einzustellen. Die Erwärmung des Rückstellbereiches endet erst nach vollständiger Rückstellung der Struktur. Eine partielle Erwärmung von nicht vorgedehnten Strukturbereichen und die damit verbundene erhöhte Steifigkeit können zudem zur Verbesserung der strukturellen Eigenschaften derartiger Strukturen beitragen.

Eine vorteilhafte Bauweise im Rahmen der Aktorfunktion stellt das sogenannte Aktor-Gegenaktor- oder Agonist-Antagonist-Prinzip dar, bei dem durch die Aktivierung eines FG-Elementes das jeweils zugehörige Gegenelement verformt wird. Durch dieses Differentialprinzip kehrt jedes Element wieder in seinen Ursprungszustand zurück. Es wird dabei wiederholt der Einwegeffekt genutzt. Unter Verwendung der partiellen Aktivierung ist es nun möglich, Aktor und Gegenaktor aus einem Bauteil aufzubauen.

Zusammenfassend ergeben sich damit ohne die Notwendigkeit einer Geometrieänderung folgende Funktionsvarianten:

- Aktorfunktion (Einwegeffekt/ Zweiwegeffekt) mit verschiedenen Bewegungsparametern und -prinzipien:
    - Aktor-Feder-Bauweise,
        - einstufig,
    - Agonist-Antagonist-Bauweise,
        - einstufig/ mehrstufig (Stufenaktor),
- Kopplungs- bzw. Verbindungsfunktion (Einwegeffekt),
- Gelenkfunktion (Pseudoelastizität) mit verschiedenen Steifigkeiten,
- Federfunktion (Pseudoelastizität) mit verschiedenen Federkonstanten,
- Dämpfungsfunktion (Pseudoelastizität/ Einwegeffekt) mit verschiedenen Dämpfungskonstanten bei der Pseudoelastizität,
- Strukturfunktion.

Strategie der partiellen Aktivierung

Aktorfunktion

Die Stellelement- oder Aktorfunktion wird dadurch realisiert, dass partiell der thermische Formgedächtniseffekt aktiviert wird. Hierzu muss eine Legierung mit thermischem Effekt (z.B. Legierung H) verwendet werden. Für die Realisierung einer wiederholten Stellbewegung bieten sich generell zwei Möglichkeiten an. Zum einen kann durch einen pseudoelastischen Rückstellbereich (aktivierter Einwegbereich) oder zum anderen durch einen weiteren Aktorbereich unter Verwendung des Agonist-Antagonist-Prinzips eine wiederholbare Stellbewegung realisiert werden. Auch eine stufenförmige Arbeitsweise durch die zeitlich versetzte Aktivierung von Aktorbereichen ist möglich.

Kopplungs- oder Verbindungsfunktion

Die Funktion der Kopplung oder Verbindung wird, wie bei den Stellelementen, durch die partielle Aktivierung des thermischen FG-Effektes erzeugt. Im Unterschied zu den Stellelementen entfallen hierbei jedoch die Wiederholbarkeit und damit auch die Notwendigkeit von Rückstellmechanismen. Damit stellt sich die Realisierung dieser Funktion einfacher als die Aktorfunktion dar.

Dämpfungsfunktion

Die Dämpfungsfunktion lässt sich dadurch realisieren, dass partiell der Effekt der Pseudoelastizität aktiviert bzw. variiert wird. Die Variation des Dämpfungsverhaltens erfolgt mittels einer nickelreichen pseudoelastischen Legierung und der mit der Erwärmung einhergehenden Verschiebung des Austenitplateaus. Die generelle Aktivierung der Dämpfungsfunktion erfolgt mittels einer Legierung, die den thermischen Effekt aufweist. Durch eine Erwärmung der partiellen Bereiche über die A_f-Temperatur weisen diese pseudoelastisches Verhalten auf. Eine weitere Realisierung von Dämpfungsverhalten erfolgt über das pseudoplastische Verhalten in thermisch aktivierbaren Legierung. Die partielle Aktivierung hat hierbei die Aufgabe, das Dämpfungssystem durch einen thermischen Umwandlungszyklus in den Ausgangszustand zurückzusetzen, um einen weiteren Dämpfungszyklus zu ermöglichen.

Gelenk-, Feder- oder Rückstellfunktion

Die Gelenk-, Feder- oder Rückstellfunktion wird äquivalent zur Dämpfungsfunktion über die temperaturabhängigen pseudoelastischen Eigenschaften variiert oder durch eine Erwärmung einer thermisch aktivierbaren Legierung aktiviert. Der Effekt der Pseudoplastizität kommt hier jedoch nicht zur Anwendung.

Voraussetzung für die partielle Aktivierung ist die entsprechende Formgedächtniseffektausprägung in der ganzen Aktorstruktur. Als Varianten bieten sich hier die verschiedenen Möglichkeiten der thermischen Aktivierung durch Wärmeerzeugung, Wärmeleitung oder Wärmestrahlung an. Aus diesem Portfolio an Varianten eignen sich aus technischer Sicht generell folgende vier Verfahren:

1. partielle Aktivierung durch *Eigenwiderstand,*
2. partielle Aktivierung durch *Induktion,*
3. partielle Aktivierung durch *Heizelemente (z.B. Widerstandsheizelemente),*
4. partielle Aktivierung durch *Bestrahlung (z.B. mittels Laserlicht).*

4.2 Arten der partiellen Aktivierung

In *Tabelle 4.1* werden die Arten der partiellen Aktivierung jeweils Mikro- und Makrobauweisen zugeordnet, zudem wird eine Einteilung in Bezug darauf vorgenommen, wer die Programmierung des Bauteils durchzuführen hat, der Anwender oder der Hersteller. Im Gegensatz zur lokalen Konfiguration erfolgt die Programmierung der Struktur bei der partiellen Aktivierung vom Anwender im Betriebszustand.

Tabelle 4.1: Arten der partiellen Aktivierung in Bezug auf Mikro- und Makrobauweisen

Aktivierungs-art		Mikro-Bauteil (Dünnschicht-Struktur)	Makro-Bauteil (Stabwerk-Struktur)	Programmierung	Bauweise
Partielle Aktivierung durch	Eigenwiderstand			Anwender	Integral
	Induktion			Anwender	Differential
	Heizelement			Anwender	Differential
	Strahlung			Anwender	Integral

Die Aktivierung durch ein Medium, wie z.B. ein Fluid oder einen Luftstrom, wurde in diesem Zusammenhang nicht aufgeführt, da eine externe Ein/Aus-Regelung bei dieser Aktivierungsart nicht vorgesehen ist. Eine zusammenfassende Bewertung der vier Aktivierungsverfahren wird in *Tabelle 4.2* durchgeführt.

Tabelle 4.2: Möglichkeiten der Aktivierung von FG-Effekten

Aktivierungs-möglichkeit	Wirkprinzip	Vorteile	Nachteile
Erwärmung durch Eigenwiderstand	Das Material wird durch seinen elektrischen Eigenwiderstand beim Stromdurchfluss erwärmt.	- einfache partielle Ansteuerung möglich - Erwärmung gut kontrollierbar - freie Bewegung der Struktur möglich - schnelle Reaktionszeit	- relativ hohe Stromstärken notwendig - Kontaktierung für elektrische Anschlusskabel erforderlich
Erwärmung durch Induktion	Das Material wird durch elektromagnetische Induktion erwärmt.	- berührungslos, kein Verkabelungsaufwand am Bauteil - schnelle Reaktionszeit	- hoher Aufwand für die konstruktive Anbringung der Induktionsspulen - hohe Stromstärken erforderlich - evtl. Behinderung der Bewegung durch die Induktionsspulen
Erwärmung durch Heizelemente	Das Material wird durch angebrachte Heizelemente erwärmt.	- einfache partielle Ansteuerung möglich - Erwärmung gut kontrollierbar und regelbar	- Behinderung der Bewegung durch die Heizelemente - langsamere Reaktionszeit
Erwärmung durch Strahlung	Das Material wird durch Wärmestrahlung von Strahlungsheizern oder Laserdioden beheizt.	- berührungslos, keine Behinderung der Bewegung	- hohe Verlustwärme - schlecht kontrollierbare örtliche Erwärmung - hoher technischer Aufwand

Eigenwiderstand

Die Erwärmung durch den elektrischen Eigenwiderstand bei Anlegen einer elektrischen Spannung an die FG-Struktur ist leicht realisierbar. Eine lokale Erwärmung der Struktur ist durch die einzeln anzusteuernden Anschlussstellen gut möglich. Ein Problem stellt lediglich die elektrische Kontaktierung der zu aktivierenden Bereiche dar. Zudem sind bei komplexen Strukturen viele Kontaktierungsstellen notwendig, was zu einem erhöhten Verkabelungs-aufwand führt. Die Bewegung der Struktur wird durch das Aktivierungsprinzip nicht behindert. Diese Möglichkeit stellt die technisch und wirtschaftlich sinnvollste dar und sollte nach Möglichkeit bei partiell aktivierten FG-Strukturen zum Einsatz kommen.

Induktion

Die Erwärmung durch elektromagnetische Induktion ist berührungslos möglich und es kann eine kontrollierte lokale Erwärmung realisiert werden. Die Verkabelung der Induktionsspulen oder sonstiger Induktionsbauteile, der differentielle Aufbau und die Behinderung der Strukturbewegungen sind äquivalent zu den Heizelementen jedoch von Nachteil. Für die erforderliche Erwärmung der Struktur sind zudem hohe Stromstärken notwendig und es ist eine genaue Ausrichtung der Induktionsspulen nötig.

Heizelement

Die Erwärmung mittels Heizelementen ist für partielle Aktivierungen gut einsetzbar, da eine gute Kontrolle über die lokale Erwärmung gegeben ist. Ein Nachteil ist jedoch der notwendige Einsatz mehrerer Heizelemente bei unterschiedlichen Aktivierungspunkten und der damit verbundene Verkabelungsaufwand und der differentielle Aufbau des Systems. Die Anbringung der Heizelemente erfordert konstruktive Maßnahmen und erhöht den Fertigungsaufwand. Es ist außerdem bei Biegebewegungen eine Behinderung der Bewegung durch die angebrachten bzw. umgebenden Heizelemente möglich. Diese sollten wenn möglich elastisch sein und die Bewegung mit durchführen können.

Strahlung
Bei der Erwärmung durch Wärmestrahlung wird die Struktur lokal bestrahlt, um eine partielle Aktivierung zu generieren. Auch diese Form der Aktivierung ist berührungslos und benötigt keine Anschlussstellen. Die Bewegung der Struktur wird hier nicht behindert. Die Nachteile sind der hohe Strahlungsverlust und die eingeschränkte Kontrolle über lokal begrenzte Erwärmungen. Der Aufwand dieser Aktivierungsmethode ist sehr hoch, da eine konstruktive Berücksichtigung der Strahler notwendig ist.

4.3 Beispiele für partiell aktivierte FG-Aktoren

4.3.1 Multiaktorsystem mit Aktor-Gegenaktor-Prinzip

Diese Anwendung beschreibt einen Multiaktor, der einem biologischen Muskel nachempfunden ist. Dabei wird das bereits beschriebene Aktor-Gegenaktor-Prinzip ausgenutzt. Um vielfältige Bewegungen auszuführen und die Stellkraft zu variieren, ist der Multiaktor aus beliebig vielen, identischen, parallel und seriell verschalteten Einzelaktoren aufgebaut, die elektrisch erwärmt und damit aktiviert werden. Dabei sollen die Verbindungen zwischen den Elementen keine mechanischen Kräfte und Momente aufnehmen, um die Bewegung des Einzelaktors nicht einzuschränken. Die FG-Aktorelemente bestehen aus einer 50µm dicken Nickel-Titan-Folie und besitzen eine ebene Warmform. Im inaktiven Zustand sind sie aus der Ebene heraus ausgelenkt (*Bild 4.1*). Aus der Anordnung der FG-Elemente resultiert eine vertikale Stellbewegung.

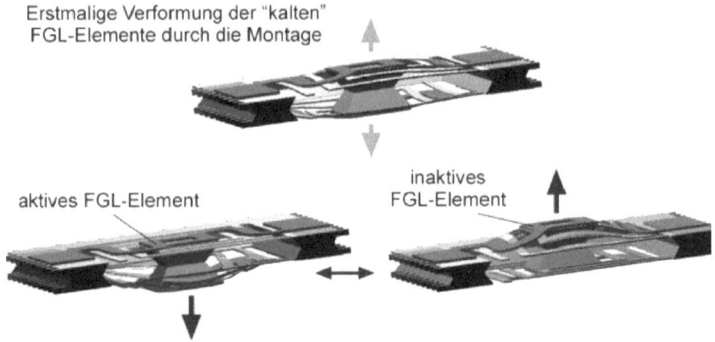

Bild 4.1: Funktionsprinzip des Einzelaktors [46]

Die FG-Elemente sind paarweise zu jeweils einem Einzelaktor zusammengefügt und werden anschließend als Multiaktorsystem auf einem nasschemisch geätzten Silizium-Trägerrahmen, der sogenannten Bossmembran, montiert und sowohl mechanisch, als auch elektrisch kontaktiert (siehe *Bild 4.2*) [46].

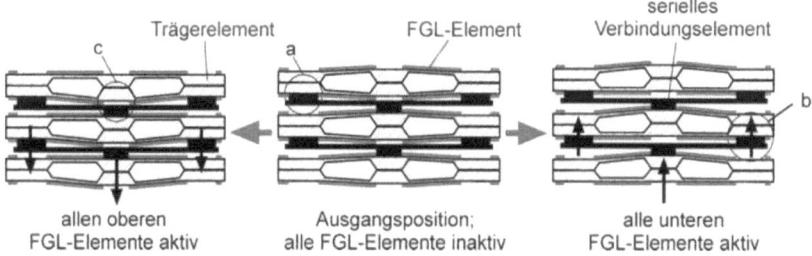

Bild 4.2: Serielle Verbindung [46]

4.3.2 Harmonic Drive Schrittantrieb

Als zweites Beispiel wird ein Schrittmotor mit FG-Antrieb auf der Basis eines Harmonic Drive Getriebes vorgestellt. Schrittmotoren dienen der Ausführung definierter inkrementaler Bewegungen. Sie eignen sich besonders für Positionieraufgaben, bei denen eine hohe Präzision erforderlich ist. Konventionelle miniaturisierte Schrittmotoren sind nach dem Prinzip herkömmlicher Gleichstrommotoren konzipiert, verfügen jedoch über eine größere Anzahl von Statorpolen. Daher sind diese Bauformen aufgrund des aufwändigen Wicklungsaufbaus nur bedingt miniaturisierbar [47].

Um einen einfachen Aufbau und eine Miniaturisierbarkeit von Schrittantrieben zu erreichen, wurde in diesem Beispiel ein Harmonic Drive Getriebe mit FG-Aktoren ausgestattet. Das somit erhaltene rotatorische Bewegungssystem zeichnet sich durch Spielfreiheit, durch ein hohes übertragbares Drehmoment sowie die Möglichkeit, mit geeigneten Strukturierungsverfahren stark miniaturisiert hergestellt werden zu können, aus [48]. Die eigentliche Getriebefunktion des Harmonic Drive Getriebes wird übernommen und um eine aktorische Komponente erweitert. Das Harmonic Drive Getriebe besteht normalerweise aus drei Funktionsträgern: dem elliptischen „Wave Generator", dem außenverzahnten „Flexspline" sowie dem innenverzahnten „Circular Spline". „Flexspline" und „Circular Spline" wälzen dabei schlupflos so aufeinander ab, dass eine Relativbewegung zwischen diesen entsteht, sofern die Durchmesser und damit die Umfänge beider Bauteile nicht identisch sind (siehe *Bild 4.3*). Die Verformung des „Flexsplines", die bei der elementaren Harmonic Drive-Getriebefunktion durch den „Wave Generator" aufgezwungen wird, wird beim vorgestellten Schrittantrieb durch elektrisch ansteuerbare FG-Aktordrähte erzeugt. Das Verhalten der FG-Drähte wurde dazu rechnergestützt simuliert bzw. optimiert [49;50]. Die gezielte Kraftwirkung gewährleistet, dass sich der flexible Spline zu einem definierten Zeitpunkt immer an mindestens einer, besser jedoch an zwei gegenüberliegenden Stellen im Eingriff befindet. Durch den sich einstellenden Formschluss kann Normalkraft an den Zahnflanken übertragen und so ein Abtriebsmoment erzeugt werden [51].

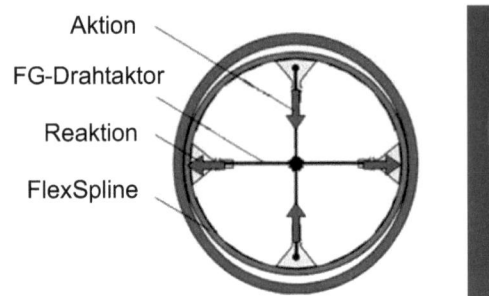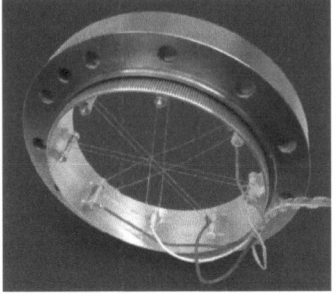

Bild 4.3: Schrittantrieb mit FG-Drähten auf der Basis eines Harmonic Drive Getriebes [51]

4.4 Versuche an Halbzeugen

Generell muss zur Realisierung partiell aktivierter Strukturen untersucht werden, wie stark die Wärme in nicht für die Aktivierung vorgesehene Bereiche weitergeleitet wird, um eine lokal begrenzte Aktivierung sicherstellen zu können. Diese Problematik wurde im Rahmen der hier beschriebenen Grundlagenuntersuchungen erörtert. Hierbei wurde darüber hinaus überprüft, welchen Einfluss die partielle Aktivierung auf das Spannungs- und Dehnungsvermögen hat.

4.4.1 Versuchsaufbau

Die Versuchsreihe wurde, äquivalent zur lokalen Konfiguration, mit Zugdraht (Länge 300mm, Durchmesser 0,4mm) durchgeführt. Als Versuchsstand wurde der schon erläuterte Aktivierungsversuchstand verwendet. Um den Draht zu aktivieren, wurde dieser hierbei im Gegensatz zu den Versuchen bei der lokalen Konfiguration über Klemmen kontaktiert und an eine Stromversorgung angeschlossen. Die Kontaktierungsklemmen wurden dafür in Abständen von 25%, 50% und 100%, bezogen auf die eingespannte Drahtlänge, am Draht befestigt. Gemessen wurde hierbei der Stellweg bzw. die Dehnung des Drahtes. Zur besseren Übersichtlichkeit wurden die eigentlich negativen Dehnungen betragsmäßig dargestellt. Die Last wurde durch ein Gewicht bereitgestellt.

4.4.2 Versuchsdurchführung

Da der Einfluss der nicht aktivierten Bereiche bei der partiellen Aktivierung des Drahtes sowohl in mechanischer als auch in thermischer Hinsicht untersucht werden sollte, wurden die um insgesamt 3% gedehnten Drähte einmal in voller, halber und viertel Länge aktiviert. Diese Aktivierung wurde mit Spannungen von $25N/mm^2$, $50N/mm^2$, $100N/mm^2$ und $200N/mm^2$ durchgeführt, um den Einfluss der Spannungen auf die jeweilige Aktivierung zu ermitteln. Es wurde ein Draht der Legierung H mit zwei verschiedenen thermomechanischen Vorbehandlungen verwendet. Der zuvor mit ca. 30% kaltverformte Draht wurde einmal bei 300°C 20 Minuten und einmal bei 400°C 20 Minuten wärmebehandelt. Die Drähte wurden mit einer Stromstärke von 0,9A aktiviert.

4.4.3 Darstellung und Auswertung der Messergebnisse

Dargestellt sind die Ergebnisse in *Bild 4.4* und *Bild 4.5*. Hierbei werden die maximalen Dehnungen der einzelnen Drähte, in Abhängigkeit von der aktivierten Länge bei unterschiedlichen Spannungen aufgetragen.

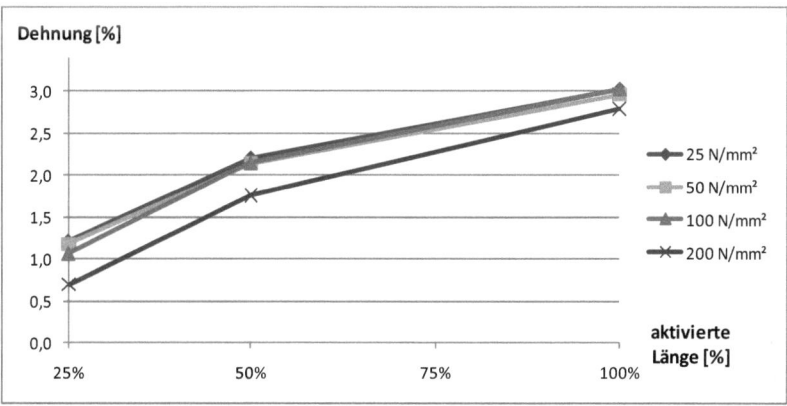

Bild 4.4: Dehnungen des H300-Drahtes bei unterschiedlichen Spannungen

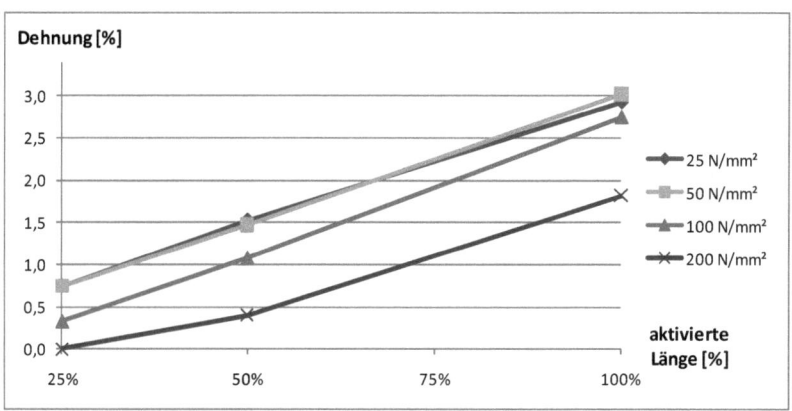

Bild 4.5: Dehnungen des H400-Drahtes bei unterschiedlichen Spannungen

Die Messwerte zeigen, dass die Spannung, die in den Drähten herrscht, einen erheblichen Einfluss auf die Dehnungen der partiell aktivierten Drähte hat. Dies resultiert daraus, dass bei Spannungen oberhalb des Martensitplateaus bei einer Teilaktivierung die nicht aktivierten Drahtbereiche gedehnt werden und dies nach außen hin den Stellweg scheinbar reduziert bzw. zu einer geringeren nutzbaren Dehnung des Drahtes führt. Folgende Erkenntnisse können aus den Diagrammen gewonnen werden:

- Der bei 400°C wärmebehandelte Draht hat eine viel stärkere Ausprägung des Dehnungsverlustes als der bei 300°C wärmebehandelte Draht. Es steht bei diesem Draht bereits bei einer Spannung von 100N/mm² und bei 25% aktivierter Länge so gut wie keine nutzbare Dehnung zur Verfügung. Bei einer Spannung von 200N/mm² wird der nicht aktivierte Bereich des Drahtes bei 25% aktivierter Länge, so weit verformt, dass keine äußere Bewegung des Drahtes mehr verzeichnet werden kann. Der 300er Draht weist hier immerhin noch eine Dehnung von ca. 0,6% auf. Die unterschiedlichen Ergebnisse bei den beiden Drähten rühren daher, dass der 300-20er Draht eine Plateauspannung von ca. 200N/mm² besitzt, während der 400-20er Draht bei 100N/mm² liegt. Deshalb bleiben die Dehnungen für den 300-20er Draht bei 100 N/mm² noch stabil während bei dem 400-20er Draht schon ein deutlicher äußerer Dehnungsverlust verzeichnet werden kann.
- Ein weiterer Aspekt, der beim Vergleich der beiden Diagramme auffällt, sind die unterschiedlichen Dehnungswerte schon bei niedrigen Belastungen der beiden Drähte. Zu sehen ist, dass der 300-20er Draht z.B. bei einer Spannung von 25 N/mm² und einer aktivierten Länge von 50% eine Gesamtdehnung von ca. 2% aufweist, während der 400-20er Draht hier nur eine Dehnung von ca. 1,5% besitzt. Der Grund hierfür liegt in den unterschiedlichen A_S-Temperaturen beider Drähte. Beim 300-20er Draht liegt sie bei ca. 50°C, beim 400-20er Draht jedoch bei 110°C. D.h., die vorhandene Wärmeleitung in den Drähten und die geringeren Umwandlungstemperaturen im 300-20er Draht sorgen dafür, dass im 300-20er Draht mehr als 50% der Drahtlänge umgewandelt bzw. aktiviert werden. Ausschlaggebend sind dabei die gleichen Aktivierungsparameter (Stromstärke und Zeit) für beide Drahtvorbehandlungen. Die Wärmeleitung hat beim 400-20er Draht aufgrund der höheren Umwandungstemperaturen einen deutlich geringeren Einfluss. Dass aber trotz Wärmeleitung genau 50% der Drahtlange kontrahieren, liegt darin begründet, dass die Wärmeleitung durch irreversible Dehnungen, die bei dieser Glühtemperatur auftreten, kompensiert wird.
- Weiterhin ist zu beobachten, dass der 400-20er Draht generell ein geringeres Leistungsvermögen hat und Lasten von 200N/mm² auch bei Aktivierung der vollen Länge nicht bewegen kann. Deshalb ist ein Vergleich dieser Last mit dem 300-20er Versuch nicht sinnvoll. Derartige Zusatzfaktoren erschweren damit die Interpretation der Versuchsergebnisse.

Die Grundlagenversuche zeigen deutlich, dass bei der Verwendung einer Teilaktivierung in FG-Bauteilen zum einen die Last und zum anderen die Umwandlungstemperaturen bzw. die Regelgenauigkeit einen entscheidenden Einfluss auf die Funktionsweise der FG-Komponente haben. Daraus lassen sich für Strukturen ohne Querschnittsveränderung, wie Drahtstrukturen, folgende Grundregeln ableiten:

- Die Arbeitslast bzw. -spannung der FG-Komponente muss deutlich unterhalb der martensitischen Plateauspannung liegen.
- Die Rückstellkraft darf demzufolge nicht im Aktivierungszyklus angreifen.
- Die Erwärmung der zu aktivierenden Bereiche sollte die Umwandlungstemperaturen nicht zu stark überschreiten, um eine Wärmeleitung und damit eine Vergrößerung der aktivierten Bereiche zu vermeiden.

Die Punkte 1 bzw. 2 schließen die Verwendung einer permanent anliegenden Rückstellkraft aus, womit eine Rückstellung über Gegenfedern oder Gewichte, wie sie bei heutigen FG-Aktoren angewendet wird, für partiell aktivierte Aktorelemente nicht durchführbar ist. Eine Möglichkeit der Rückstellung bietet jedoch die Rückstellung über einen weiteren FG-Aktor unter Verwendung des sogenannten Agonist-Antagonist-Prinzips, welches im nächsten Abschnitt näher beschrieben wird.

Möchte man so nicht verfahren, müssen Strukturen mit Bereichen unterschiedlichen Querschnitts oder mit unterschiedlichen Verformungsmechanismen miteinander kombiniert werden. Zudem muss eine Rückstellfeder mit entsprechend steiler oder mit einer zweistufigen Kennlinie ausgewählt werden. Dies erhöht jedoch die Komplexität und den Fertigungsaufwand solcher Strukturen. Die zuvor erwähnten Punkte 1 und 2 ändern sich dann wie folgt:

- Die Arbeitslast bzw. -spannung muss unterhalb der martensitischen Plateauspannung der nicht aktivierten Bereiche liegen.
- Die Rückstellkraft darf im Aktivierungszyklus angreifen, vorausgesetzt sie dehnt oder verformt die inaktiven Bereiche nicht.

4.5 Versuche zur Agonist-Antagonist Bauweise

4.5.1 Diskussion des Prinzips gegeneinander arbeitender FG-Stellelemente

Lösungen mit zwei gegeneinander arbeitenden FG-Stellelementen bieten zum einen die Möglichkeit der Realisierung von wiederholbaren Stellbewegungen durch wechselseitige Aktivierung von zwei Drahtbereichen und zum anderen die Möglichkeit einer stufenförmigen Stellbewegung. Bei letzterem ist allerdings ein Aktorelement mit Hauptbereichen notwendig, von denen einer partiell (Stufenelement) und der andere komplett (Rückstellelement) aktiviert wird. Eine Lösung können hierbei auch zwei separate Aktorelemente darstellen. Die Arbeitslast darf wiederum die martensitischen Strukturelemente nicht verformen. Ein weiterer Vorteil bei diesem Lösungsprinzip ist, dass die jeweilige Schaltposition von den erkalteten Elementen gehalten werden kann. Da das inaktive FG-Stellelement von dem aktiven beim Stellvorgang plastisch verformt wird, stehen zum Halten der Position maximal die Kräfte zur Verfügung, die zur erneuten pseudoplastischen Verformung überwunden werden müssten. Damit kann auf eine Haltemechanik verzichtet werden. Weitere Vorteile ergeben sich durch die optimal bereitgestellten Rückstellkräfte, die nicht höher als nötig ausfallen. Eine Rückstellfeder muss zum einen kräftemäßig oberhalb des Martensitplateaus liegen und zum andern über den Stellweg einen Kraftzuwachs aufweisen. Damit eignet sich dieses Agonist-Antagonist-Prinzip besonders, wenn hohe mechanische Arbeit zu leisten ist. Der schematische Verlauf zwischen Kraft und Stellweg (***Bild 4.6***) ist bei Verwendung baugleicher gegeneinander arbeitender Aktoren symmetrisch aufgebaut. Bei wechselseitiger Ansteuerung werden die Endpositionen eins und zwei eingenommen. Wird gewartet, bis das eine Stellelement vollständig abgekühlt ist, bevor das zweite aktiviert wird, führt der Kraft-Weg-Verlauf über den Gleichgewichtspunkt $EQ^{R;M}$. Werden beide Stellelemente gleichzeitig erwärmt, wird der Gleichgewichtspunkt EQ^A eingenommen. Aufgrund der dann vorliegenden Spannungen sollte dies jedoch regelungstechnisch unbedingt vermieden werden [7]. Die Kräfte der kalten Aktoren $F_1^{R,M}$

und $F_2^{R,M}$ sind abhängig vom Martensitplateau, die Kräfte F_1^A und F_2^A ergeben sich aus dem Austenitplateau.

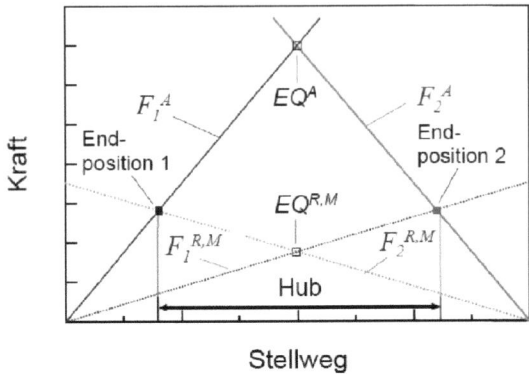

Bild 4.6: *Schematischer Verlauf der Kraft-Weg-Kennlinie [7]*

Die im martensitischen Zustand von beiden Stellelementen eingenommen Positionen sind jedoch nicht eindeutig steuerbar. Im stromlosen Zustand beobachtet man mit dem Abkühlen der Aktoren eine leichte Verschiebung der eigentlich angefahrenen Sollposition, was die Eignung dieses Prinzips für Positionieraufgaben ohne externe Regelung oder Rasterung jedoch stark einschränkt.
Als eine Ursache für die Verschiebung der Endposition werden elastische Anteile gesehen. Weiterhin kann beobachtet werden, dass FGL mit eingeprägtem Einwegeffekt nach einer gewissen Anzahl an Stellzyklen einen intrinsischen Zweiwegeffekt entwickeln [52]. Auch dies würde bei Drahtelementen zu einer Abweichung in der angefahrenen Schaltposition beim Abkühlen führen. Damit trotz des eintrainierten Zweiwegeffekts die angefahrene Position gehalten werden kann, müssen beide Aktoren Zug- und Druckkräfte aufnehmen können. Die Verstellung aufgrund des elastischen Verhaltens bleibt jedoch weiterhin erhalten.
Zur Veranschaulichung soll folgendes Beispiel zwei gegeneinander arbeitender Drahtaktoren dienen. Wird der vorgedehnte Aktor 1 erwärmt, zieht er sich zusammen, verformt dabei Aktor 2 pseudoplastisch und fährt Position 1 an. Mit dem Abkühlen wird Aktor 1 „kraftlos", will sogar eine Rückstellung bewirken (intrinsischer), bringt dabei aber keine Kraft auf. Aktor 2 ist weitestgehend plastisch, jedoch mit geringen elastischen Anteilen verformt. Diese elastischen Anteile bewirken nun eine gewisse Rückstellung bis zum Gleichgewicht der elastischen Kräfte von Aktor 1 und Aktor 2 und damit eine Verschiebung der Position 1. Die intrinsischen Effekte verstärken dieses Phänomen noch, indem die elastischen Anteile von Aktor 2 voll zum Tragen kommen. Wirkt nun noch eine äußere Kraft, so verschiebt sich Position 1 immer weiter in Kraftrichtung. Für eine Stellbewegung in Kraftrichtung wirkt sich dies sogar positiv auf die Positioniergenauigkeit aus, für eine Bewegung entgegengesetzt zur Kraftrichtung hat dies jedoch deutlich größere Abweichungen zur Folge. Zu unterscheiden sind zudem zwei Fälle. Ist die Kraft geringer als die zur Martensitverformung benötigte Kraft, stellt sich ein neues Kräftegleichgewicht zwischen den

elastischen Kräften und der äußeren Kraft ein. Ist jedoch die äußere Kraft größer als die Martensitverformungskraft kann keine Positionierung gewährleistet werden und es erfolgt eine Dehnung des Aktor 1 und eine Rückstellung in die Position 0 oder darüber hinaus.
Wie die Rückstellung aus elastischen Anteilen verhindert werden kann, ist nicht einwandfrei geklärt. Es existiert die Idee, durch geschickte Anordnung einer Gegenfeder die elastischen Anteile zu kompensieren. Dazu muss die Federkraft größer als die elastischen, jedoch kleiner als die pseudoplastischen Verformungskräfte sein. Dies funktioniert jedoch nur in eine der beiden Bewegungsrichtungen. In der anderen Bewegungsrichtung ist die Positionsverschiebung dann noch höher. Außerdem muss die zu bewegende Last geringer als die Federlast sein, um zu verhindern, dass die Feder den Stellweg und die Stellkraft des Aktors aufnimmt, denn dann könnte dieser seiner eigentlichen Funktion nicht mehr nachkommen. Eine weitere Möglichkeit zur Reduktion der Verschiebung besteht in der Verwendung von Aktorelementen unterschiedlicher Materialstärke oder mit unterschiedlichen Verformungsmechanismen. Dieses hat aber wiederum nur eine einseitige Wirkung. Will man eine Position exakt ansteuern, ist eine externe Regelung der Position unausweichlich.

4.5.2 Versuchsaufbau

Für die grundlegenden Versuche zum Agonist-Antagonist-Prinzip wird der in *Bild 4.7* dargestellte Versuchsstand verwendet. Der Weg wird hierbei mithilfe eines Ultraschallsensors gemessen. Der Kraftaufnehmer arbeitet auf der Basis von Dehnungsmessstreifen. Der Stellweg kann durch die Verwendung eines Luftlagers nahezu reibungslos absolviert werden. Bei diesen Versuchen wird ein FG-Draht der Legierung H mit einem Durchmesser von 0,3mm verwendet.

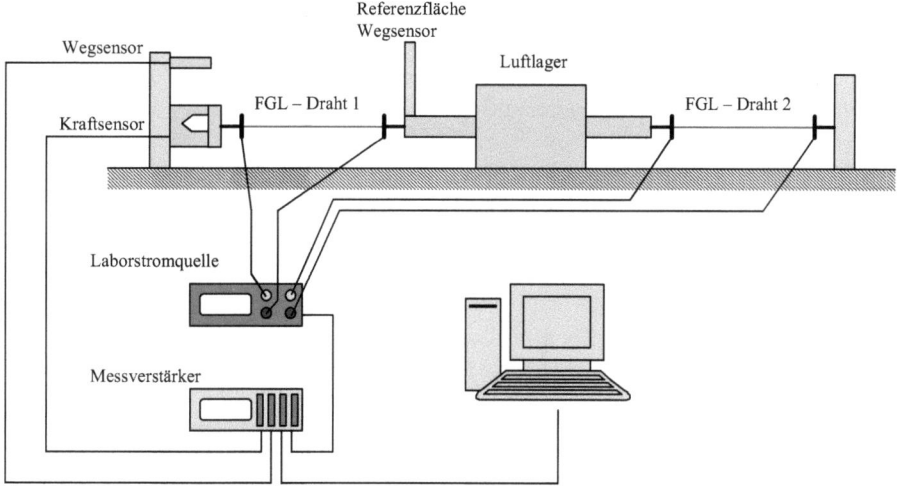

Bild 4.7: Schematische Darstellung des Prüfstandes

4.5.3 Versuchsdurchführung

Zuerst werden zwei 35mm lange Drähte in den Versuchsstand eingebaut. Einer der Drähte wird mit einer Dehnung von etwa 2% vorgedehnt. Der zweite wird erstmalig bei Aktivierung des ersten Drahtes gedehnt. Beide Drähte werden mit einem maximalen Strom von 1 Ampere beheizt. In Abhängigkeit des temperaturabhängigen Drahtwiderstandes stellt sich dabei eine Spannung von etwa 4 bis 5 Volt ein.

In einem ersten Versuch wird der erste Draht drei Sekunden beheizt. Nach 30s Abkühlzeit wird anschließend der andere Draht drei Sekunden beheizt. Bei weiteren Versuchen wird die dem Draht zur Verfügung stehende Abkühlzeit auf 10s, dann 5s und letztendlich 0s reduziert. Bei dem letzten Versuch wird somit der zweite Aktor genau dann aktiviert, wenn der erste deaktiviert wird. Mit dem Ausschalten des Stromes und dem Abkühlen des Agonisten nehmen dessen Kraft und Stellweg ab. Wird anschließend der antagonistische Draht erwärmt, steigt die Kraft auf etwa denselben Wert an. Der Weg hingegen wird in entgegengesetzter Richtung bis in die Ursprungsposition durchlaufen. Es lässt sich feststellen, dass der tatsächlich zurückgelegte Weg von etwa 1,6% hinter der vorgegebenen Dehnung von 2% zurückbleibt. Dies wird im Wesentlichen auf elastische Anteile zurückgeführt, die bei der Vordehnung auftreten.

4.5.4 Auswertung der Messergebnisse

Neben der Positionierungenauigkeit dieser Bauweise stellt auch die Regelung bezüglich der Aufheiz- und Abkühlzeiten ein Problem dar. In *Bild 4.8* sind die verschiedenen Abkühlzeiten für ein definiertes Zeitfenster dargestellt.

Es lässt sich feststellen, dass sowohl bei 10 als auch bei 5 Sekunden die Abkühlzeiten ausreichen, damit sich ein statischer Gleichgewichtszustand zwischen den beiden Drähten einstellt. Die Kraft geht bei 10 und 5 Sekunden Abkühlzeit zudem jeweils auf den gleichen Wert im stromlosen Zustand zurück. Dieser entspricht der montagebedingten Vorspannung der Drähte. Der Maximalwert der Kraft erreicht etwa 14N, was etwa 200N/mm^2 entspricht. Werden die Drähte jedoch unmittelbar nacheinander aufgeheizt und ihnen keine Abkühlphase zugestanden, steigen die Kraft und damit die Spannung im Draht erheblich an. Die gemessene Kraft geht nicht mehr auf den Wert der montagebedingten Vorspannkraft zurück. Die Kräfte zwischen den Drähten steigen bis auf 23N (325N/mm^2) an. Da der jeweilige Antagonist nicht martensitisch und damit nicht verformbar wird, kann der Agonist seinen Stellweg nicht ausbilden. Der Stellweg bleibt mit etwa einem Millimeter minimal. Damit derselbe Stellweg von knapp 5,5mm wie bei den 10s- und 5s-Versuchen auch ohne Abkühlzeit erreicht wird, müsste die Aufheizzeit des Agonisten um die Abkühlzeit des Antagonisten verlängert werden. Da durch die längere Erwärmungszeit dann jedoch die effektiv erreichte Drahttemperatur ansteigt, müsste anschließend der Antagonist noch länger beheizt werden. Nur eine aufwendige Temperaturregelung würde hier Abhilfe schaffen.

Aus *Bild 4.9*, einem detaillierteren Intervall aus *Bild 4.8*, lassen sich folgende Erkenntnisse ableiten:

- Die Abkühlzeit nimmt bei sofortiger Aktivierung des Gegenaktors etwas ab. Diese Abnahme resultiert aus der Erhöhung der mechanischen Spannung und damit der Umwandlungstemperaturen, reicht jedoch nicht aus, um einen kompletten Umwandlungszyklus in dem vorgegebenen Zeitintervall von 3s zu durchlaufen.

- Weiterhin ist anhand der Versuchsgraphen deutlich zu erkennen, dass es bei jedem Positionierungsvorgang eine Positionsabweichung von ca. 1mm, was immerhin fast 20% des Stellweges entspricht, auftritt. Die Positionsabweichung ist dabei auf die elastischen Anteile der Martensitverformung zurückzuführen und wurde im vorherigen Abschnitt schon erläutert.

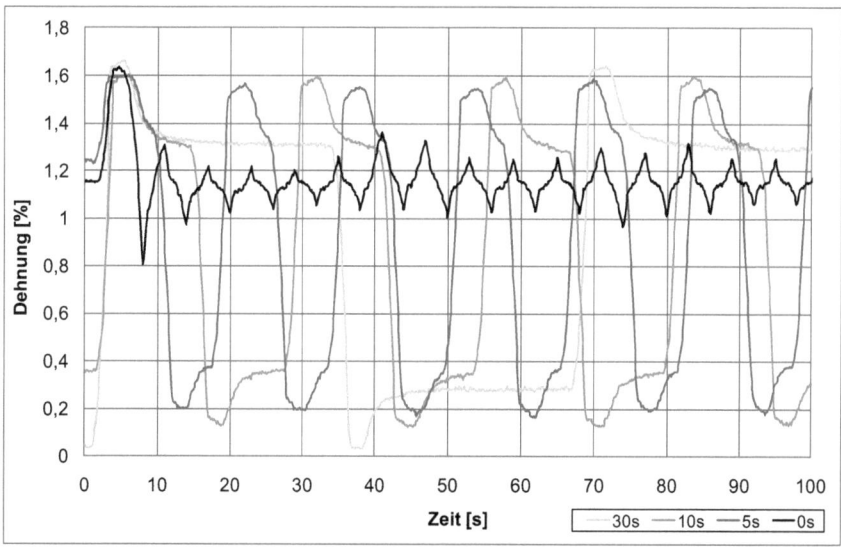

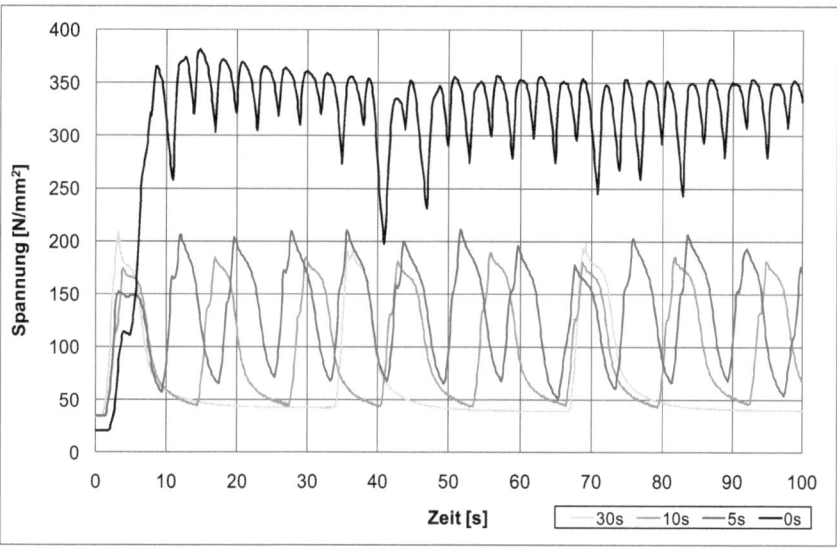

Bild 4.8: *Diagramme zur Agonist-Antagonist Bauweise*

Strategie der partiellen Aktivierung

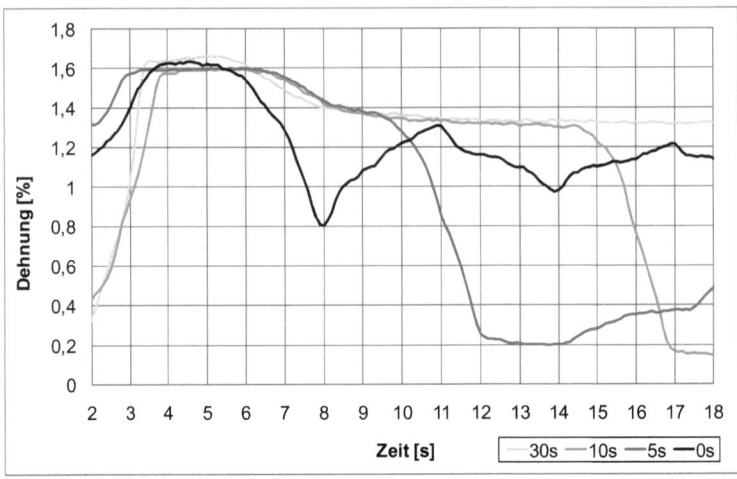

Bild 4.9: Ausschnitt eines Agonist-Antagonist-Zykluses

Eine weitere Beobachtung, die getroffen werden kann, ist die Abnahme der maximalen Spannungswerte im Draht mit fortschreitender Zyklenzahl (***Bild 4.10***). Die Ursache für dieses Verhalten kann in der Ausbildung bevorzugter Martensitvarianten liegen, die makroskopisch der pseudoplastischen Verformung weniger Widerstand entgegensetzen. Aufgrund der leichteren Verformbarkeit steigt auch die maximale Dehnung geringfügig an und zeigt bis ca. 1000 Zyklen keine nennenswerte Veränderung. Erst ab 1000 Zyklen sinkt die Maximaldehnung aufgrund von Ermüdungserscheinungen ab. Damit zeigt das Agonist-Antagonist-Prinzip ein interessantes „Einlaufverhalten", welches in weiteren Forschungs-arbeiten noch detaillierter untersucht werden sollte.

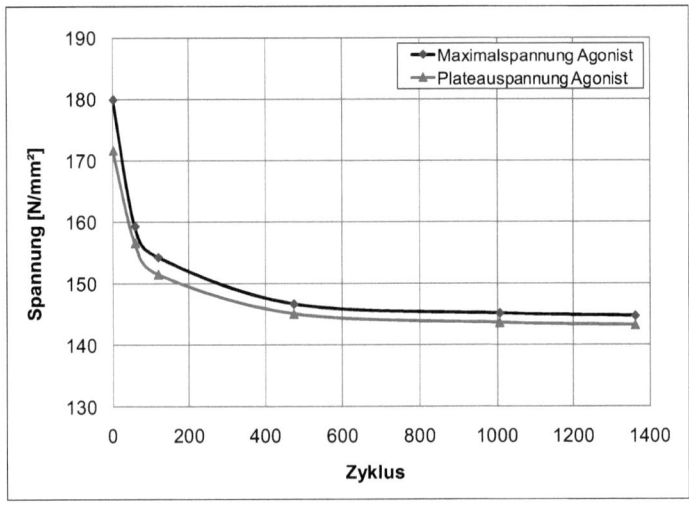

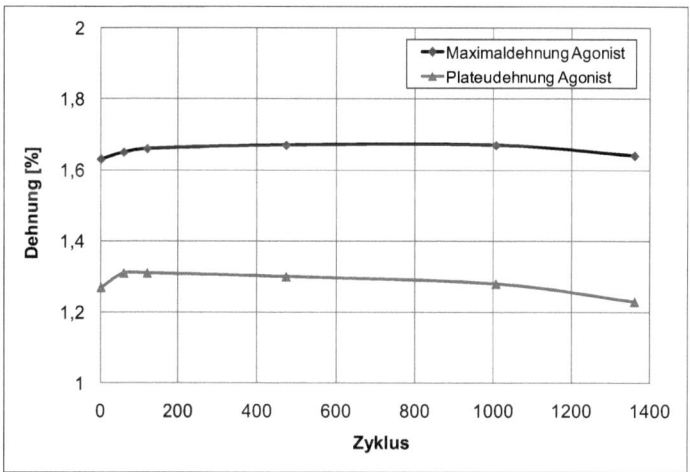

Bild 4.10: Darstellung von Dehnung und Spannung über der Anzahl der Zyklen

Aus den Versuchen zum Agonist-Antagonist-Prinzip lässt sich schlussfolgern, dass zum einen eine erhebliche Positionsabweichung auftritt, die in technischen Anwendungen durch eine Positionsregelung reduziert werden kann. Zum anderen muss eine exakte Regelung der Aufheiz- und Abkühlzeiten erfolgen, damit nicht beide Drähte oder Drahtbereiche im austenitischen Zustand gegeneinander arbeiten. Dies führt zu hohen Spannungswerten im Draht, welche sich negativ auf das Ermüdungsverhalten auswirken. Die konstruktive Lösung dieser beiden Regelungsprobleme ist eine Motivation für weitere Forschungsarbeiten.

4.6 Versuche am Demonstrator

4.6.1 Versuchsaufbau

Der im Kapitel 3.5 vorgestellte Versuchsstand wird in diesem Abschnitt verwendet, um das Agonist-Antagonist-Prinzip an partiell aktivierten Drähten näher zu untersuchen und um die Funktion derartiger Systeme nachzuweisen. In *Bild 4.11* ist noch einmal das Aktorsystem der Messvorrichtung dargestellt.

Wird das Aktorsystem aktiviert, lenkt der Hebelarm aus, was eine vertikale Bewegung des Messstabes bewirkt. Der Stellweg wird vom Lasersystem detektiert und kann aufgrund bestehender Hebelgesetze auf die Dehnung der aktivierten Aktorbereiche umgerechnet werden. Das System wurde an eine Stromversorgung angeschlossen und mit einer definierten Stromstärke aktiviert.

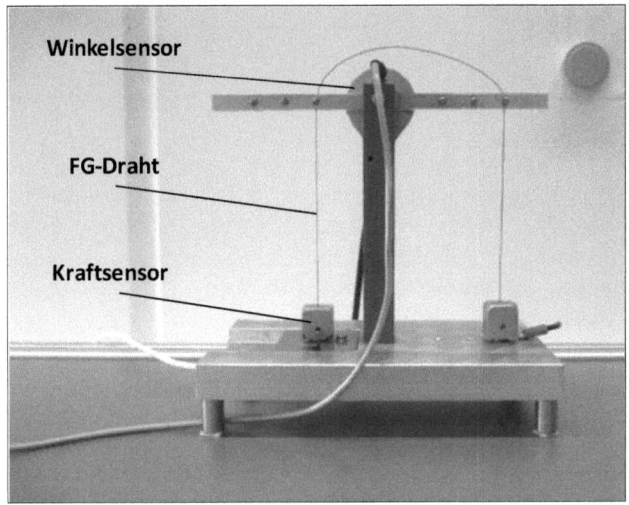

Bild 4.11: Aktorsystem zur Ermittlung der Agonist-Antagonist-Eigenschaften

4.6.2 Versuchsdurchführung

Zur Durchführung des Versuchs wurde das Aktorsystem an den Enden des Aktordrahtes und am Gelenkbolzen kontaktiert. Da der Bolzen und der Hebelarm aus elektrisch leitfähigem Material bestehen, kann das Hebelsystem als Masse fungieren. Der nichtleitende Boden des Systems verhindert eine ungewollte Aktivierung des falschen Drahtbereichs. Es wurden für die Versuche bei 400°C 20 Minuten wärmebehandelte H-Drähte verwendet. Der Draht wurde um 2,5% aus seiner Nullposition vorgedehnt. Es wurden zudem verschiedene Übersetzungsverhältnisse getestet, indem der Draht durch verschiedene Durchgangsbohrungen geführt wurde.

4.6.3 Darstellung und Auswertung der Messergebnisse

Man erkennt in **Bild 4.12**, dass die Aktivierung des ersten Bereiches eine Auslenkung des Hebelarms zur Folge hat. Bei Deaktivierung des Bereiches wurde dieser von dem gedehnten Gegenaktor bis zu einem gewissen Grad zurückgestellt. Das gleiche Verhalten zeigt sich bei Aktivierung des anderen Bereiches. Die Halte-Ist-Positionen weisen jedoch, wie schon im vorherigen Abschnitt beschrieben, eine große Abweichung zu den Soll-Positionen auf. Die eingezeichnete Differenz der Halteposition stellt somit den eigentlich nutzbaren Arbeitsbereich des Aktors dar. Bei der Aktivierung der linken Seite ist zudem eine deutlich größere Abweichung erkennbar. Dies rührt daher, dass der Hebel auf dieser Seite eine geringere Masse besitzt. Die Gewichtskraft des Hebels wirkt dabei der Stellbewegung der linken Seite entgegen und vergrößert somit die Positionsabweichung.

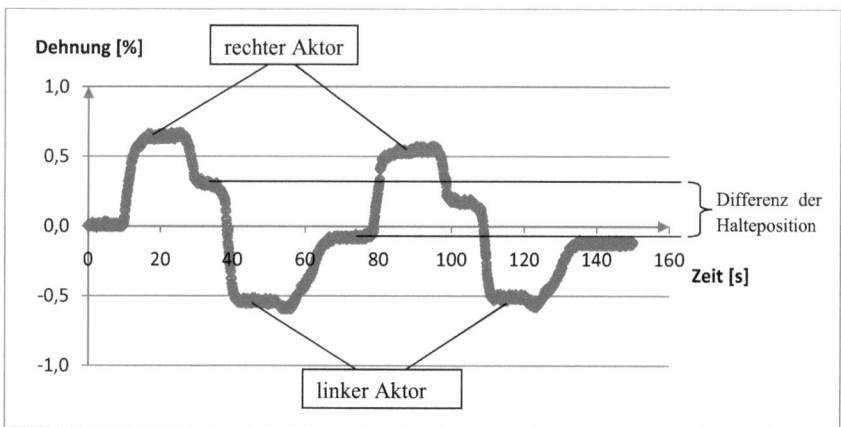

Bild 4.12: Diagramm zur Darstellung des Agonist-Antagonist-Prinzips

Mit Hilfe des Aktorsystems konnte gezeigt werden, dass eine partielle Aktivierung nach dem Agonist-Antagonist-Prinzip funktioniert und gut für Stellbewegungen geeignet ist. Es zeigte sich allerdings auch, dass eine nicht unerhebliche Stellpositionsabweichung vorhanden ist, die falls gefordert nur über regelungstechnische oder konstruktive Maßnahmen reduziert werden kann.

5 Kombination lokale Konfiguration mit partieller Aktivierung

Der Unterschied zwischen der lokalen Konfiguration und der partiellen Aktivierung von FG-Strukturen besteht unter anderem darin, dass bei ersterer die Mikrostruktur des Materials verändert und somit eine permanente Funktionsprogrammierung vorgenommen wird. Das gesamte Bauteil kann also gleichmäßig erwärmt werden, um die Gesamtfunktion zu realisieren. Bei der partiellen Aktivierung erfolgt die Funktionsausprägung dagegen nur temporär durch eine Erwärmung einer bestimmten Bauteilzone. Diese unterschiedlichen Funktionsgebungen können jedoch sowohl untereinander als auch miteinander kombiniert werden. Dabei soll zuerst eine Kombination der Verfahren der lokalen Konfiguration untereinander, die gleichzeitig Fertigungsverfahren darstellen können, erfolgen. Anschließend werden die Verknüpfungen dieser Variationen mit der partiellen Aktivierung erörtert. Generell bietet die Kombination von Funktionsgebungsverfahren die Möglichkeit einer funktionalen Erweiterung und einer Optimierung der Effektausprägung von Strukturen oder Strukturbereichen.

5.1 Kombination lokaler Konfigurationen

Äquivalent zum Ablauf bei der Fertigung von Bauteilen, bei dem einzelne Fertigungsverfahren hintereinander ausgeführt werden, lassen sich auch die verschiedenen Konfigurationsmöglichkeiten an einer Struktur realisieren. *Tabelle 5.1 und Tabelle 5.2* zeigen die verschiedenen Kombinationsmöglichkeiten. Hierbei werden nur jeweils zwei Verfahren miteinander verknüpft. Auf sinnvolle Mehrfachkombinationen wird in späteren Kapiteln eingegangen. Desweiteren werden sowohl eine Struktur mit einem Biegeelement-Array, die den Bereich der Mikroaktorik repräsentiert, als auch eine Stabstruktur, die für die Makroaktorik steht, analysiert. Der Unterschied zwischen den beiden Tabellen liegt in der Art der Kombination der Effekt. Während bei den Strukturen in *Tabelle 5.1* die Verfahren im selben Strukturbereich zur Anwendung kommen, erfolgt bei den Strukturen in *Tabelle 5.2* die Kombination der Verfahren in verschiedenen Bereichen der Struktur.
Vorteilhaft sind Kombinationen aus der ersten Spalte bzw. Zeile, d.h. Kombinationen mit der Wärmebehandlung, da diese leicht realisierbar sind und interessante funktionale Eigenschaften besitzen. Die Kombination der lokalen Beschichtung mit der lokalen Wärmebehandlung eröffnet beispielsweise die Möglichkeit Effektvariationen von verschiedenen Legierungen zu nutzen. Damit können z.B. Stufenaktoren mit einer noch größeren Stufung realisiert werden. Ein weiterer Vorteil der Dünnschichturformung ist zudem die lokale Konfiguration der amorphen Schicht (ohne Formgedächtniseigenschaften) an sich. Damit können die lokalen Beschichtungen noch weiter funktional untergliedert werden.
Sinnvoll kann auch die Kombination der lokal veränderten Legierungszusammensetzung mit der Beschichtung bzw. Dünnschichturformung sein. Durch unterschiedliche Legierungszusammensetzungen sind nicht nur FG-Effekte variierbar, auch mechanische und elektrische Eigenschaften können verändert werden. In Verbindung mit der Dünnschichturformung lassen sich so beispielsweise vielfältige Krümmungen des Schichtverbundes einstellen.

Kombination von lokaler Konfiguration und partieller Aktivierung

Tabelle 5.1: *Kombinationsmöglichkeiten lokaler Konfigurationsverfahren (direkte Kombination)*

	Wärmebehandlung	Beschichtung	Strukturierung	Legierungs-zusammensetzung
Wärme-behandlung				
Beschichtung				
Strukturierung				
Legierungs-zusammen-setzung				

Tabelle 5.2: *Kombinationsmöglichkeiten lokaler Konfigurationsverfahren (indirekte Kombination)*

	Wärmebehandlung	Beschichtung	Strukturierung	Legierungs-zusammensetzung
Wärme-behandlung				
Beschichtung				
Strukturierung				
Legierungs-zusammen-setzung				

5.2 Kombination lokale Konfiguration mit partieller Aktivierung

Die Kombination der lokalen Konfiguration mit der partiellen Aktivierung bietet viele Vorteile bezüglich der „Programmierung" von FG-Strukturen. Hierbei kann man den Vorteil der Flexibilität der partiellen Aktivierung mit dem Vorteil der Einfachheit der lokalen Konfiguration in Beziehung setzen. *Tabelle 5.3* listet die einzelnen Kombinationen auf. Dabei sind die dargestellten Aktivierungsmechanismen aus Gründen der Übersichtlichkeit als Beispiele anzusehen, die durch andere Verfahren austauschbar sind. Für die „Makro-Strukturen" sind hier elektrische Kontaktierungspunkte angegeben, damit die Aktivierung durch direkte Stromdurchleitung erfolgen kann. Für die „Mikro-Strukturen" wurden Widerstandsheizschichten für die Darstellung ausgewählt.

Tabelle 5.3: Kombinationsmöglichkeiten lokale Konfiguration mit partieller Aktivierung

		Partielle Aktivierung		Bemerkungen
		Makro	Mikro	
Lokale Konfiguration	Wärmebehandlung			Durch Eigenerwärmung über die vorhandenen Kontaktstellen kann auch die lokale Wärmebehandlung erfolgen
	Beschichtung			Partielle Aktivierung kann durch nicht-FGL-Schicht beeinflusst werden (Heizschichten, Sensorschichten)
	Strukturierung			Durch Überhitzung können zwecks Strukturierung dünne Strukturbereiche weggeschmolzen werden (ähnlich dem PROM)
	Legierungszusammensetzung			Legierungszusätze können die elektrische Leitfähigkeit und damit die Aktivierungsparameter beeinflussen

Durch die partielle Aktivierung der lokal konfigurierten Bereiche kann generell folgender Mehrwert erzielt werden:
- die konfigurierten Bereiche können einzeln aktiviert werden,
- die konfigurierten Bereiche können nochmals funktional unterteilt werden,

- die konfigurierten und gesamtaktivierten Bereiche können zur Effektvariation thermisch übersteuert werden,
- thermische Effektbereiche können temporär pseudoelastisch werden.

Partielle Aktivierung und lokale Wärmebehandlung

Zu den schon genannten Vorteilen bietet die Kombination dieser beiden Verfahren die Möglichkeit, die Wärmebehandlung zur Einstellung der FG-Effekte direkt durch Heizelemente bzw. durch die Eigenerwärmung des angesteuerten Strukturbereiches durchzuführen. Dementsprechend können Effekteigenschaften auch direkt vor Ort und sogar während des Betriebs irreversibel eingestellt bzw. verändert werden. Die Funktionsprogrammierung kann somit direkt vom Anwender durchgeführt werden. Anschließend kann eine weitere temporäre Effektvariation durch die partielle Aktivierung erfolgen.

Partielle Aktivierung und lokale Beschichtung

Die lokale Beschichtung bietet in Kombination mit der partiellen Aktivierung einerseits die schon erwähnten Vorteile der nochmaligen funktionalen Unterteilung und die einzelne Ansteuerung der beschichteten Bereiche. Andererseits bietet die Beschichtung den Vorteil der lokalen Konfiguration durch Schichten ohne Formgedächtniseigenschaften. Derartige Schichten können zum einen zur Beeinflussung des Spannungszustandes des Schichtverbundes dienen, wie z.B. Stahlschichten auf der gegenüberliegenden Substratseite. Aber auch die Beschichtung mit anderen Aktor- oder Sensorschichten, z.b. aus einer Piezo-Keramik oder magnetostriktiven Material, ist denkbar. Die Kombination der partiellen Aktivierung mit einer Sensorschicht zur Erfassung der Dehnung bzw. der Krümmung ermöglicht beispielsweise eine Positionsregelung. Damit lässt sich ein funktionsintegriertes autark arbeitendes Aktorelement erzeugen. Eine weitere Möglichkeit im Bereich der lokalen Beschichtung mit Nicht-FGL-Schichten stellen Heizschichten dar, die die partielle Aktivierung erst ermöglichen. Benötigt wird dies bei Aktorstrukturen, die aufgrund ihrer hohen Querschnitte sehr hohe Stromstärken zum Aktivieren benötigten.

Partielle Aktivierung und lokale Strukturierung

Ein spezielles Merkmal dieser Kombination ist, dass bei dünnen Drähten oder Elementen mit kleineren Querschnitten die Strukturierung, d.h. das Trennen, durch Überhitzen des Strukturbereiches erfolgen kann. Mit ausreichend großen Strömen lassen sich somit auf thermischem Wege mechanische Strukturierungen durchführen. Auch hier kann die Funktionsprogrammierung direkt vom Anwender durchgeführt werden. Das elektronische Äquivalent ist der PROM (Programmable Read Only Memory). Bei diesem programmierbaren Nur-Lese-Speicher werden im Rahmen der Programmierung einzelne Verknüpfungen zwischen den Speicherzellen thermisch durchtrennt.

Partielle Aktivierung und lokale Änderung der Legierungszusammensetzung

Eine Besonderheit dieser Kombination ist die Möglichkeit, durch eine Veränderung der Legierungszusammensetzung z.B. durch Beimischung ternärer Elemente die elektrische Leitfähigkeit der Struktur lokal zu variieren. Damit kann direkt Einfluss auf die Aktivierbarkeit genommen werden. Es lassen sich beispielsweise dann unterschiedliche Querschnittsgrößen der Aktorstruktur durch gleiche Stromgrößen ansteuern.

6 Bauweisen smarter Aktorstrukturen

6.1 Merkmale und Anforderungen

Grundsätzlich lassen sich die meisten FG-Strukturen partiell aktivieren oder lokal konfigurieren. Die Aufgabe dieser Arbeit ist es jedoch partiell aktivierte oder lokal konfigurierte Strukturen zu generieren, die in besonderem Maße geeignet sind, industriellen Anforderungen zu genügen. Die sogenannten smarten FG-Strukturen können durch geschickte Kombination der FG-Effekte Rückstellelemente und notwendige Gelenke beinhalten, so dass eine zusätzliche externe Rückstellkraft nicht mehr erforderlich ist. Durch die lokale Wärmebehandlung der Strukturen können mit Hilfe des pseudoelastischen Effektes beispielsweise Festkörpergelenke und Rückstellelemente generiert werden. Es sind außerdem Umlenkungen oder Vergrößerungen von Kräften oder Stellwegen des eigentlichen FG-Elementes möglich. Im Weiteren werden in diesem Abschnitt die verschiedenen Prinzipien und Bauformen identifiziert und analysiert, um die Variationsmöglichkeiten darzustellen. Die Merkmale der partiellen Aktivierung und lokalen Konfiguration werden noch einmal in *Tabelle 6.1* zusammengefasst.

Tabelle 6.1: Merkmale der partiellen Aktivierung und lokalen Konfiguration

	Partielle Aktivierung	Lokale Konfiguration
Merkmale und Möglichkeiten	• Temporäre Effektgenerierung • Lokal begrenzte Aktivierung eines Bereiches • Stufenweise Bewegung möglich • Aktorelemente und Rückstellungen in integraler Bauform realisierbar • Veränderung des Dämpfungsverhaltens und der elastischen Eigenschaften möglich	• Dauerhafte Effektgenerierung durch Wärmebehandlung • Aktivierung des gesamtes Systems • Stufenweise Bewegung möglich • Aktorelemente und Rückstellungen in integraler Bauform realisierbar • Veränderung des Dämpfungsverhaltens und der elastischen Eigenschaften möglich
Anforderungen an FG-Strukturen	• Erwärmung muss lokal begrenzbar sein • Erwärmungsmechanismus muss lokal installiert werden • Berücksichtigung der pseudoplastischen Verformung nicht aktivierter Bereiche • Reproduzierbarkeit der funktionalen Eigenschaften	• Wärmebehandlung muss lokal begrenzbar sein • Notwendigkeit einer thermomechanischen Vorbehandlung • Effekte und Effektvarianten müssen deutlich abgrenzbar sein • Reproduzierbarkeit der funktionalen Eigenschaften
Kombination: partielle Aktivierung und lokale Konfiguration	• Temporäre und dauerhafte Effektgenerierung zur Realisierung noch feinerer Effektdiversifikationen • Einzelne Ansteuerung eines lokal konfigurierten Bereiches möglich • Nutzung der Aktivierungsmechanismen zur lokalen Konfiguration • Zusammenfassung der Merkmale und Anforderungen beider Verfahren	

Generell ist es für die funktionale Programmierung wichtig, dass die FG-Strukturen lokal erwärmt bzw. wärmebehandelt werden können, um differenzierte Bewegungen auszuführen. Soll der Zweiwegeffekt genutzt werden, ist außerdem zu berücksichtigen, dass eine Rückstellung gewährleistet wird. Die Bewegungen müssen reproduzierbar sein und der Aktor muss eine geforderte Anzahl an Zyklen ausführen können.

6.2 „One-Module"-Funktionsbaukasten

Der „one-Modul"-Funktionsbaukasten stellt die methodische Sichtweise auf partiell aktivierte bzw. lokal konfigurierte smarte FG-Strukturen dar. Schematisch sind die Möglichkeiten zur Realisierung von „one-Module"-Funktionsbaukästen und dessen Merkmale in *Bild 6.1* dargestellt.
Im Gegensatz zu herkömmlichen Baukastensystemen geht dieser Ansatz damit noch einen Schritt weiter, indem er die Bausteine auf Bereiche eines einzigen Bauteils reduziert. Der „one-Module"-Baukasten kann speziell für den vorgesehenen Einsatzzweck funktional programmiert werden. Dabei kann die FG-Struktur zum einen durch eine lokale Konfiguration des FG-Effektes, z.B. durch eine lokale Wärmebehandlung, so verändert werden, dass sie verschiedene Aufgaben sowohl im Aktor- als auch im pseudoelastischen Bereich wahrnehmen kann. Dabei besteht die Möglichkeit, durch verschiedene lokale Wärmebehandlungen mit unterschiedlichen Parametern (Dauer, Intensität) an einem Bauteil passive Gelenk-, Dämpfungs- oder Strukturfunktionen als auch Aktorfunktionen parallel zu erzeugen. Eine andere Möglichkeit zur Erzeugung eines „One-Modul"-Funktionsbaukastens stellt die partielle Aktivierung von Teilbereichen des Bauteils während des Betriebes dar. Auch hier ergibt sich die Möglichkeit diverser Effektausprägungen. Weiterhin können „One-Modul"-Funktionsbaukästen auf der Kombination beider Funktionsgebungsverfahren basieren.
Ein FG-Element allein kann somit sowohl verschiedene passive als auch verschiedene aktive Bereiche besitzen. Die konfigurierten bzw. aktivierten Bereiche können dabei wie Module eines Baukastens beliebig kombiniert werden [27].

Das „one-Module"-Konzept lässt sich aus methodischer Sicht anhand folgender zwei Betrachtungsweisen erörtern:
- Standardisierung,
- Funktionsintegration.

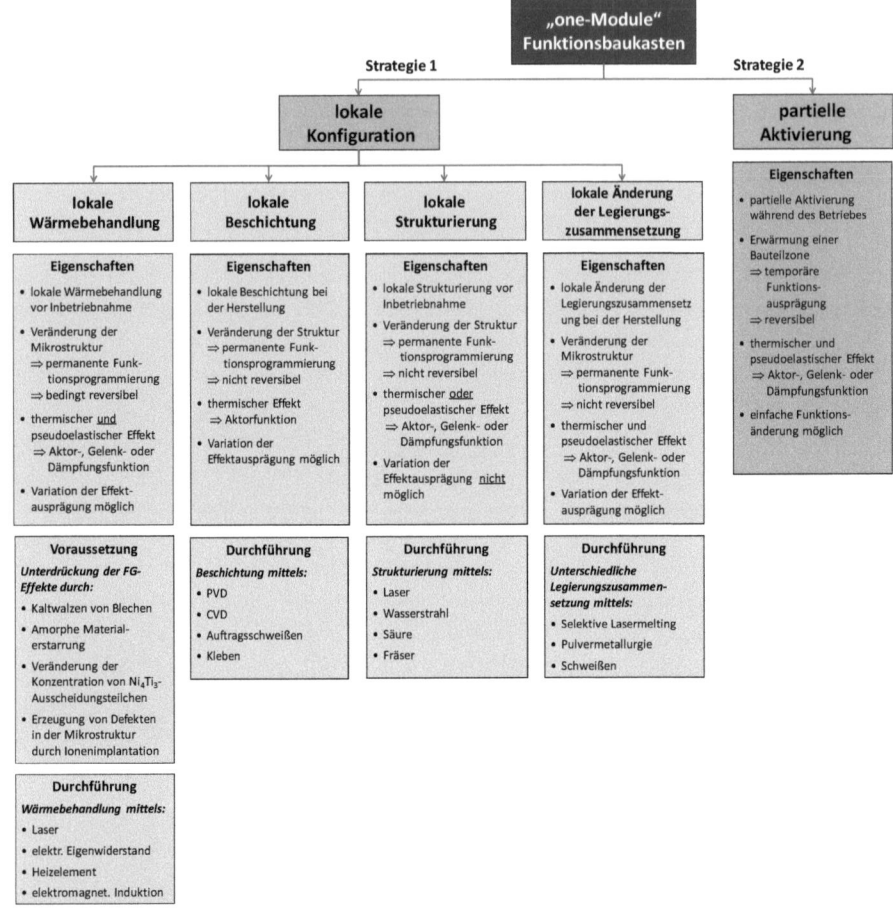

Bild 6.1: Merkmale des „one-Module"-Funktionsbaukastens

6.2.1 Standardisierung

Hierbei wird die herkömmliche Vorgehensweise der Variantenkonstruktion auf den Kopf gestellt und die Variantenvielfalt im Bereich der FG-Aktorik drastisch reduziert. Diese neue Sichtweise der Variantenbildung von Bauteilen ist vergleichbar mit der Herstellung von Schaltkreisen in der Informationstechnik. Auch hier erfolgt die endgültige Funktionsgebung erst in der Entwurfsphase auf der Grundlage von Basisstrukturen. Ein derartig standardisiertes Bauteil ist in *Tabelle 6.2* dargestellt. Mit Hilfe dieses Bauteils lässt sich schematisch aufzeigen, welche Potentiale derartige standardisierte Strukturen besitzen. Durch entsprechende Vorbehandlungen können sie verschiedene Bewegungen (Translations-, Rotations- oder Biegebewegung) realisieren und zudem die Rückstellfunktion integrieren. Zusätzlich zur Bewegungsart erfolgt eine Unterteilung in die FG-Effekte und die Funktionsgebungsverfahren. Diesbezüglich wird auch beispielhaft die Kombination von Funktionsgebungen aufgezeigt.

Tabelle 6.2: *Standardisierte „One-Modul"-Struktur in verschiedenen Konfigurationen*

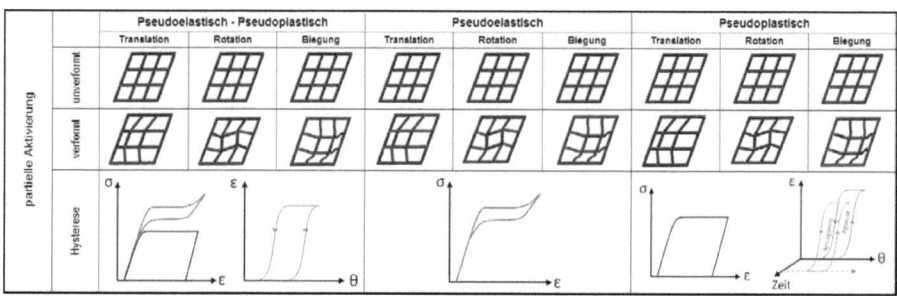

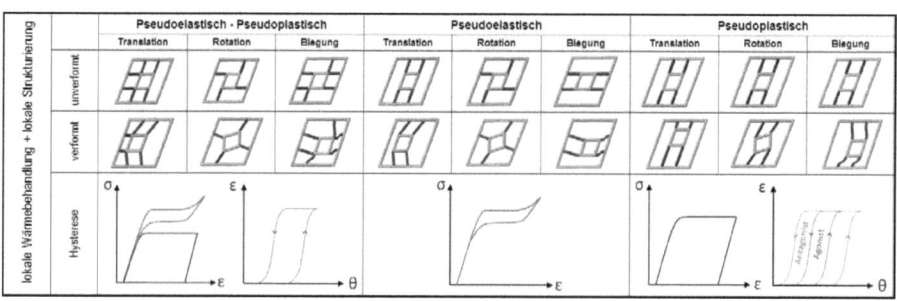

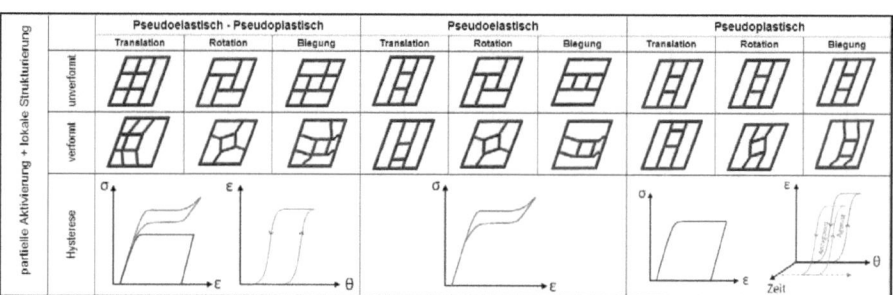

6.2.2 Funktionsintegration

Zusätzlich zum Standardisierungspotential kann durch die „one-Module"-Bauweise das Integrationspotential von FG-Strukturen vollkommen ausgeschöpft werden. D.h., alle für das Aktorsystem benötigten mechanischen Funktionen können durch ein FG-Bauteil realisiert werden. In Bezug auf die Gestalt eines derartigen Bauteils bieten sich zwei verschiedene Betrachtungsweisen an. Zum einen besteht die Möglichkeit der Realisierung einer räumlich strukturierten FG-Komponente in Anlehnung an smarte bzw. adaptive Strukturen, aufbauend auf elementaren Strukturelementen, wie Stab- bzw. Drahtstrukturen. Zum anderen kann die konfigurierbare Aktorkomponente mit Hilfe komplexer Strukturen realisiert werden. Derartige Bauteilstrukturen entsprechen beispielsweise Platten- oder Dünnschichtstrukturen [27]. In *Bild 6.2* ist ein „one-Module"-Aktor dargestellt, der folgende Funktionen in einem Bauteil vereint:

- Aktorfunktion,
- Rückstellfunktion,
- Gelenkfunktion,
- Umformfunktion,
- Struktur- bzw. Trägerfunktion.

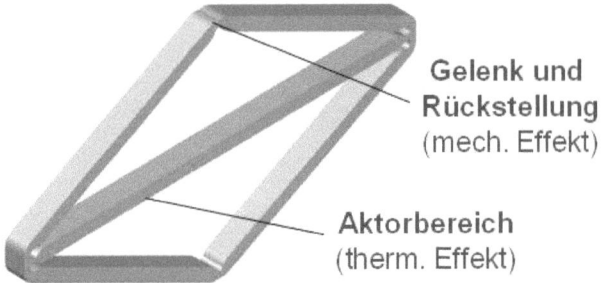

Bild 6.2: Beispiel für eine hochgradig integrierte „one-Module"-Struktur.

Tabelle 6.3 vergleicht abschließend das modulare Aktorsystem nach [1] mit einer möglichen One-Module-Struktur, die verschiedene Funktionen erfüllen kann. Auch wenn bei der Stabstruktur die elektronischen Komponenten fehlen, lässt sich doch großes Potential hinsichtlich der verschiedenen Funktionsgebungen erkennen. Der einfache Aufbau und die Kombinationsvielfalt lassen sich weiterhin in Baureihen überführen, so dass die Stellwege und –kräfte den unterschiedlichsten Anforderungen gerecht werden können.

Tabelle 6.3: Vergleich eines „one-Modul"-Systems mit dem Aktorsystem nach [1]

	one-Module	Baukasten nach Breidert [1]	Beschreibung
Linearaktor			Durch Anbringen von FG-Drähten an die Schubplatten lässt sich ein Translationsaktor generieren.
Rotationsaktor			Gegenüberliegende Zugaktoren erzeugen mit Hilfe der Seilscheibe eine Rotationsbewegung.
umlaufender Rotationsaktor			Die umlaufende Rotationsbewegung kann durch die Schaltung von Rotationsaktor und Kupplung erfolgen.
Rückstellelement			Eine Rückstellung erfolgt durch eine separate Rückstellfeder oder durch gegeneinander arbeitende Aktoren.
Bremse			Bremskräfte werden von gegenüber angeordneten Zugaktoren und einem mechanischen Bremssystem erzeugt.
Kupplung			Äquivalent zum Bremssystem kann eine kraftschlüssige Kupplung simuliert werden.

6.3 Analytische Betrachtungen an Elementarstrukturen

6.3.1 Drahtstruktur

In *Tabelle 6.4* werden die Möglichkeiten der Kombination von Funktionsgebungsverfahren und damit von FG-Aktor-Konfigurationen am Beispiel der linearen Bewegungen eines Drahtaktors qualitativ dargestellt. In den Spalten sind dabei folgende Möglichkeiten der Funktionsgebung aufgetragen:

- *partielle Aktivierung*, z.B. durch elektrischen Strom,

- *lokale Konfiguration* der Struktur durch Wärmebehandlung des gesamten Systems,
- *Kombination* der beiden Prinzipien: partielle Aktivierung einer lokal konfigurierten Struktur,
- *herkömmliches System* durch Aktivierung des gesamten Drahtes und Rückstellung durch eine mechanische Feder.

Tabelle 6.4: *Kombinationsmöglichkeiten von lokaler Konfiguration und partieller Aktivierung anhand von Drahtstrukturen mit einfacher Bewegungscharakteristik*

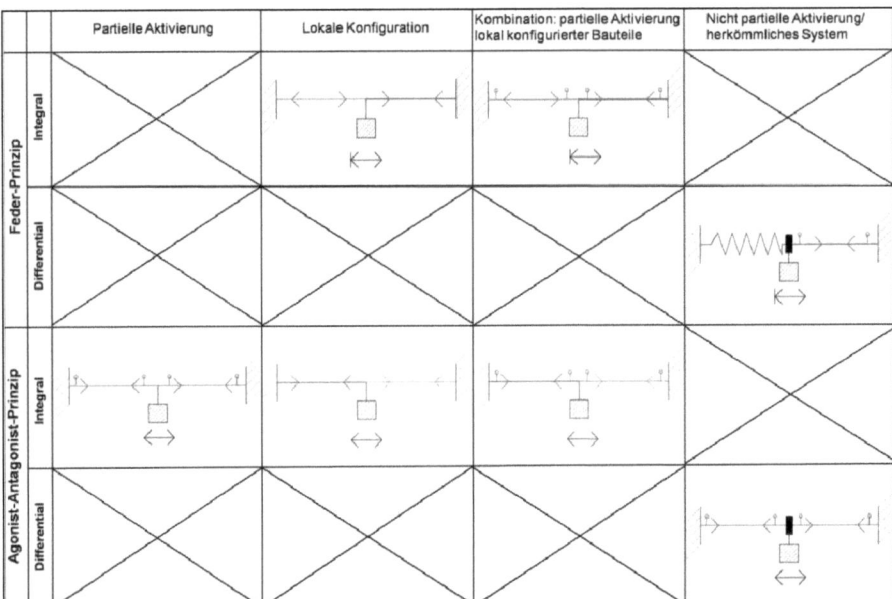

In den Zeilen der ***Tabelle 6.4*** sind die Bauweisen des Drahtaktors dargestellt. Hier werden das *Agonist-Antagonist*-Prinzip und die Rückstellung durch das Feder-Prinzip unterschieden. Beim *Agonist-Antagonist*-Prinzip arbeiten zwei Aktordrähte gegeneinander und sorgen damit für die Rückstellung des Systems. Beim Feder-Prinzip stellt sich das System aufgrund der durch das Aktivieren des Aktordrahtes hervorgerufenen potentiellen Energie eines Federelementes zurück. Es wird weiterhin in Integral- und Differential-Bauweise unterschieden. Die Unterscheidung der integralen und differentialen Bauweise besteht darin, dass die integrale Struktur aus einem FG-Element besteht, dessen Funktionen durch eine partielle Aktivierung bzw. durch eine lokale Wärmebehandlung generiert werden. Ein Bereich wirkt hier als Aktor und kontrahiert bei einer Erwärmung, der andere Bereich besitzt pseudoelastische Eigenschaften und stellt das System zurück. Bei derartigen realen Systemen muss beachtet werden, dass die Aktordrähte einen größeren Querschnitt als die superelastischen Drähte besitzen müssen, da diese ein viel höheres Spannungsplateau aufweisen. Beim lokal konfigurierten Agonist-Antagonist-Prinzip ist in äquivalenter Weise zu beachten, dass der zweite Aktordraht einen größeren Querschnitt besitzt als der erste, damit er den ersten, noch aktivierten Draht zurückstellen und dehnen kann. Der Querschnitt des zweiten Drahtes darf jedoch nicht zu hoch sein, da sonst eine Stellbewegung des ersten Drahtes entgegen der Plateaukraft des zweiten Drahtes nicht möglich ist. Die lokal unterschiedlich wärmebehandelten Aktordrähte werden durch Farbvariationen gekennzeichnet. Es soll deutlich werden, dass unterschiedliche Umwandlungstemperaturen nötig sind, um die verschiedenen Bereiche zu aktivieren.

Die differentiale Struktur besteht aus mehreren FG-Elementen, die wiederum partiell aktivierbar sein können. Bei der differentialen Bauform symbolisieren die schwarzen Balken eine bauliche Trennung der Elemente. Bei der Differentialbauweise des herkömmlichen Systems ist zudem der Einsatz einer mechanischen Feder aus einem Nicht-FGL-Material notwendig, um das System zurück zu stellen. In den Beispielen wird zudem von einer Aktivierung durch elektrischen Strom ausgegangen. Die lokale Konfiguration lässt zudem eine Aktivierung durch die Umgebungstemperatur zu.

In **Tabelle 6.5** wird die Möglichkeit der *stufenweisen Aktivierung* des Systems anhand der vorherigen Einteilung dargestellt.

Tabelle 6.5: Kombinationsmöglichkeiten von lokaler Konfiguration und partieller Aktivierung anhand von Drahtstrukturen mit stufenförmiger Bewegungscharakteristik

Zusätzlich wird hier in eine einfache und eine stufenförmig Rückstellung des Systems unterschieden, sofern dies möglich ist. Die stufenförmige bzw. diskrete Stellbewegung erfolgt dabei durch mehrere Aktivierungspunkte, durch eine lokale Konfiguration mit unterschiedlichen Parametern oder durch mehrere Aktordrähte. Die reine lokale Konfiguration lässt jedoch bei gleichen Querschnitten die stufenweise Aktivierung nicht mehr zu, da die nicht aktiven martensitischen Bereiche sich schon aufgrund der hohen Plateaukräfte des Antagonisten oder der Rückstellfeder verformen würden. Gleiches gilt für die partielle Aktivierung in Verbindung mit einer Rückstellfeder.

6.3.2 Hebelstruktur

In *Tabelle 6.6* und *Tabelle 6.7* sind Hebelstrukturen zur Erzeugung einer Winkelbewegung mit einfacher und stufenweiser Bewegungscharakteristik dargestellt. Hier wird, wie in den Ordnungsschemata der Drahtstrukturen, in Rückstellung durch das Feder- oder das Agonist-Antagonist-Prinzip, sowie nach Integral- und Differentialbauform unterschieden. Die stufenweise Rückstellung wird aus Gründen der Übersichtlichkeit nicht mehr aufgeführt. Die Darstellung der verschiedenen Elemente der Struktur wird wie zuvor vorgenommen.

Tabelle 6.6: Kombinationsmöglichkeiten von lokaler Konfiguration und partieller Aktivierung anhand von Hebelstrukturen mit einfacher Bewegungscharakteristik

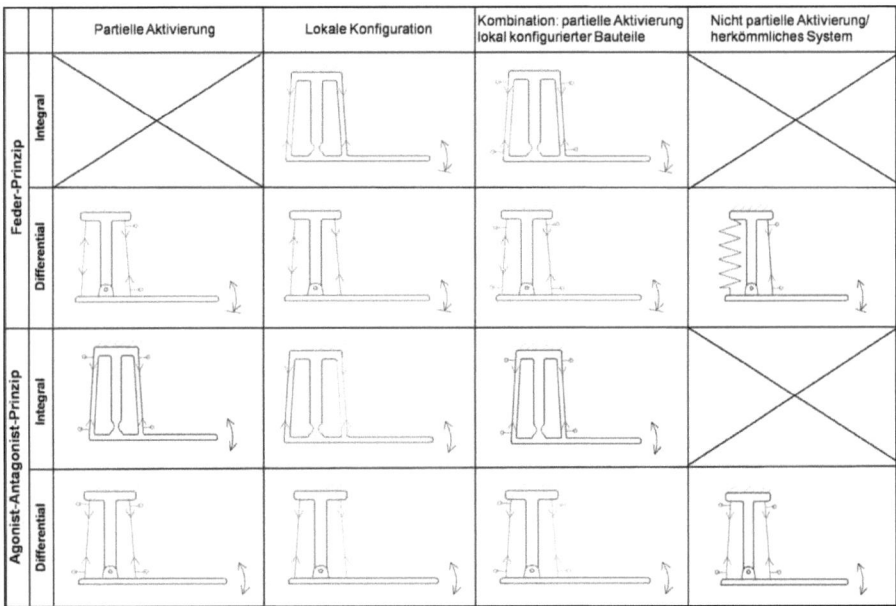

Die dargestellte Struktur kann bei Aktivierung des Aktordrahtes eine Winkelbewegung erzeugen und entspricht prinzipiell dem Demonstrator, der bei den Versuchen zur lokalen Konfiguration bzw. zur partiellen Aktivierung zur Anwendung gekommen ist. Die Kraft wird in einen Hebelarm eingeleitet, der bei der Differentialbauform in einem Gelenk gelagert ist. Diese Struktur wirkt wegvergrößernd und kann in Abhängigkeit von der Hebelarmlänge bei geringer Drahtdehnung große Stellwege zurücklegen. Die Aktoren sind bei der differentialen Bauweise Drähte, welche

leicht durch elektrische Energie angesteuert werden können. Die gestrichelten Linien symbolisieren die Durchführung eines Drahtes durch die Struktur. Es können dadurch Befestigungspunkte eingespart werden.
Bei der integralen Bauform stellen bestimmte Bereiche der Struktur die Aktorelemente dar. Bei der Rückstellung durch das Feder-Prinzip werden hierbei Bereiche der Struktur so wärmebehandelt, dass sie pseudoelastische Eigenschaften aufweisen und als Festkörpergelenke fungieren.

Tabelle 6.7: *Kombinationsmöglichkeiten von lokaler Konfiguration und partieller Aktivierung anhand von Hebelstrukturen mit stufenförmiger Bewegungscharakteristik*

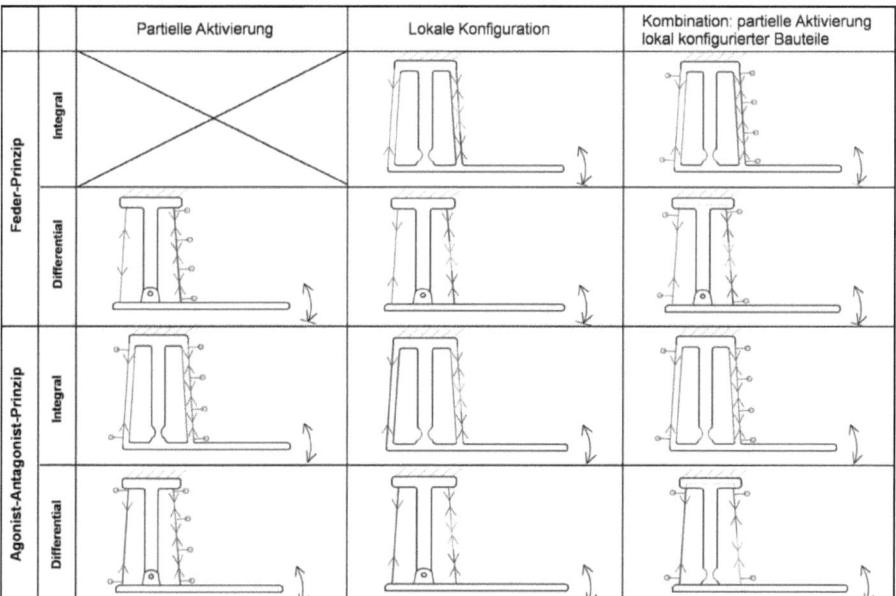

6.4 Strukturentwicklung

6.4.1 Möglichkeiten zur partiellen Aktivierung und Kontaktierung der Strukturen

Auswahl der Aktivierungsmöglichkeit

Um FG-Strukturen zu aktivieren, gibt es verschiedene Möglichkeiten, die bereits in vorherigen Abschnitten erläutert wurden. Die vorgestellten Aktivierungsmöglichkeiten sind prinzipiell alle geeignet, um die Strukturen lokal zu erwärmen und zu aktivieren. Es sind allerdings die in ***Tabelle 4.2*** dargestellten Vor- und Nachteile zu berücksichtigen, um das bestmögliche Verfahren auszuwählen. Da die Aktivierung über den eigenen elektrischen Widerstand der FG-Komponente das größte Potential besitzt, soll nachfolgend noch genauer auf die Randbedingungen dieses Verfahrens, wie die elektrische Kontaktierung, eingegangen werden.

Auswahl der Kontaktierungsart

Um die Aktivierungsmöglichkeit durch elektrischen Strom nutzen zu können, sind Verbindungen der FG-Struktur mit den Leitungen der Stromversorgung notwendig. Es gibt verschiedene Möglichkeiten diese Verbindung herzustellen:

- stoffschlüssige Verbindung,
- kraftschlüssige Verbindung,
- formschlüssige Verbindung,
- sonstige Verbindung (z.B. über „Bürsten").

Stoffschluss

Eine zentrale Rolle bei den stoffschlüssigen Verbindungen spielt die Schweißverbindung. Bei ihr handelt es sich um eine feste, nicht lösbare Verbindung, die eine gute Leitfähigkeit für den elektrischen Strom gewährleistet. Diese Form der Verbindung sollte bei möglichst gleichen Materialien zur Anwendung kommen, um eine gute Haltbarkeit sicherzustellen. Aber auch die Verbindung artfremder Materialien ist möglich. Bei NiTi-Legierung besteht beispielsweise die Möglichkeit des Verschweißens mit Kupfer. Damit können haltbare Kontaktierungen erzeugt werden [53].

Eine weitere Möglichkeit stellt das Löten dar. Wie Versuche jedoch gezeigt haben, ist die mechanische Belastbarkeit dieser Verbindungen gering.

Kraftschluss

Die Verbindung durch Festklemmen oder Quetschen der Kabel an den Strukturelementen sorgt ebenfalls für eine feste Verbindung mit guter elektrischer Leitfähigkeit. Es sind bei diesem Verfahren vielfältige Materialkombinationen möglich, ohne die Haltbarkeit zu beeinträchtigen. Quetschhülsen aus Kupfer oder Aluminium haben in Versuchen ein sehr hohes Belastungspotential gezeigt, so dass sich diese Verbindung nicht nur zur Kontaktierung, sondern auch zur Anbindung der FG-Struktur an periphere Systeme eignet. Es ist allerdings darauf zu achten, dass die Struktur durch den Befestigungsvorgang nicht beschädigt oder in ihren Eigenschaften verändert wird.

Formschluss

Werden formschlüssige Verbindungen gewählt, so sind diese konstruktiv in den FG-Strukturen zu berücksichtigen. Die Kabel können so anhand einer Formgebung an ihrem Ende mit den passenden Kontaktpunkten der FG-Struktur verbunden werden. Diese Verbindungsmöglichkeit lässt bei Bedarf evtl. eine Trennung von Kabel und Struktur zu. Bei passgenauer Gestaltung der Kontakte steht auch hier eine gute elektrisch leitfähige Verbindung zur Verfügung. Unterschiedliche Materialien können bei dieser Art der Kontaktierung problemlos miteinander verbunden werden. Eine weitere Möglichkeit stellt das Umspritzen mit oder das Anspritzen von elektrisch leitfähigen Kunststoffen dar. Hierbei könnte zudem die Verbindungstechnik mit der elektrischen Kontaktierung kombiniert werden.

Sonstige Verfahren

Eine weitere Möglichkeit der Kontaktierung besteht in der Anwendung von Bürsten oder Schleifkontakten. Diese Verbindung kann gleitend stattfinden. Es ist somit möglich, bei feststehender Bürste eine sich bewegende FG-Struktur zu kontaktieren und eine elektrisch leitfähige

Verbindung zu erzeugen. Die elektrische Leitfähigkeit kann allerdings nicht hundertprozentig sichergestellt werden. Auch bei dieser Kontaktierungsart sind verschiedene Materialien verwendbar, um die Verbindung herzustellen [54].

Es kommt sicherlich auf den jeweiligen Anwendungsfall und die vorliegende FG-Struktur an, auf welche Art und Weise die Kontaktierung vorgenommen wird. Es besteht weiterhin die Möglichkeit, ein berührungsloses Aktivierungsprinzip zu wählen, falls dies die Anwendung erfordert. Damit würde die Kontaktierung des FG-Elementes entfallen.

6.4.2 Erweiterung der Strukturen aus Kapitel 6.3

Um eine multifunktionale Struktur zu erhalten, wird der Bereich der kombinierten Bewegungen vertieft. In *Tabelle 6.8* wird dabei als Ergebnis der Analyse der Drahtstrukturen mit einer Linearbewegung und der Hebelstrukturen mit einer Winkelbewegung eine Struktur mit einer kombinierten Bewegung vorgestellt. Im Gegensatz zu den zuvor beschriebenen ebenen Strukturen handelt es sich hierbei um eine räumliche Struktur. Die erstellte Struktur ist in der Integral- und der Differentialbauweise dargestellt und vereint zudem das Agonist-Antagonist-Prinzip mit dem Federprinzip. Die integrale Struktur verdeutlicht damit noch einmal das Potential der lokalen Konfiguration bzw. partiellen Aktivierung zur Erzeugung multifunktionaler bzw. smarter Strukturen und kann somit als „one-Module"-Element aufgefasst werden.

Tabelle 6.8: Ordnungsschema der Strukturentwicklung – kombinierte Bewegungen

Bewegungsart \ Bauform	Integral	Differential
Kombinierte Bewegungen		

Bei der räumlichen Struktur in integraler Bauform handelt es sich um eine Kombination aus Winkelbewegung und linearer Bewegung. Die Aktorelemente können einzeln aktiviert werden und kippen somit den elastisch gelagerten Kopf der Struktur. Der Boden der Struktur muss dabei fest gelagert sein. Es sind Neigungen in verschiedenen Richtungen möglich. Die Rückstellung geschieht nach dem Agonist-Antagonist-Prinzip. Werden alle Aktorelemente gleichzeitig aktiviert, ist die Kraft so groß, dass die Struktur eine lineare Bewegung ausführt, da die pseudoelastische Raute nachgibt. Werden die Aktoren deaktiviert, stellt sich das System durch die elastische Komponente selbstständig zurück.

Die in der rechten Spalte dargestellte Struktur entspricht in ihrer Funktionsweise der vorherigen Struktur. Es können durch die zwei Aktordrähte Kippbewegungen in alle Richtungen erzeugt werden. Sie sind jeweils am Bodenteil befestigt und werden durch das Kopfteil geführt. Die Struktur ist in diesem Fall differential aufgebaut und besteht aus einem Bodenteil mit Führungshülse, einem Stempel, einer Feder und einem Kopfteil. Das Kopfteil ist auf dem Stempel in einem Kugelgelenk gelagert, um die Kippbewegungen zu ermöglichen. Der Stempel ist auf einer Feder platziert, die sich in der Führungshülse des Bodenteils befindet. Bei partieller Aktivierung einzelner Aktorbereiche ist die Kraft zu gering, um die Feder zu verformen. Hier erfolgt eine Kippbewegung. Erst wenn alle Aktoren aktiviert werden, verformt sich die Feder und der Stempel sowie das Kopfteil vollführen eine lineare Bewegung. Werden die Aktoren deaktiviert, stellt die Feder das System wieder zurück.

6.4.3 Analytische Betrachtung der Strukturentwicklung

Der folgende Abschnitt erörtert die systematische Entwicklung von FG-Aktorstrukturen unter dem Gesichtspunkt des Integrationspotentials. Generell lassen sich drei Arten von Bauweisen unterscheiden, die Differentialbauweise, die Semi-Integralbauweise und die vollkommene Integralbauweise. Möchte man die vollkommene Integralbauweise und damit ein „one-Module" Element realisieren, ohne die Agonist-Antagonist-Bauweise zu verwenden, ist es jedoch sinnvoll, die partielle Aktivierung mit der lokalen Konfiguration zu kombinieren. Nur durch die lokale Konfiguration lassen sich pseudoelastische Gelenkbereiche oder wenn benötigt Rückstellelemente auf einfachem Wege in die Struktur integrieren.

Die Tabelle 6.9 und die *Tabelle 6.10* zeigen die systematische Entwicklung von Aktorstrukturen, welche sich für die lokale Konfiguration bzw. partielle Aktivierung eignen. Weiterhin wurde in den Konzeptionen die Kombination beider Verfahren berücksichtigt. Für die Entwicklung wurden ausgewählte Basisstrukturen durch geeignete Ordnungskriterien gegliedert und in die Ordnungsschemata eingetragen. Die gezeigten Strukturen sind nur ein Ausschnitt aus einer beliebig erweiterbaren Auswahl an Lösungen. Weitere Lösungsvarianten ergeben sich z.B. durch die Veränderung der Lage der Aktorik- und der Rückstellbereiche. Über diese Änderung können beispielsweise andere Übersetzungen, Stellkräfte und -wege realisiert werden. Eine Erweiterung wäre auch dadurch gegeben, dass man gleiche oder verschiedene Strukturen bzw. Strukturelemente zu komplexen Strukturen verbindet. Die Ordnungsschemata zur Darstellung der Strukturintegration beinhalten dabei zwei Anwendungsklassen, Greiferstrukturen und Bewegungsstrukturen. Es sind zudem je Anwendungsklasse zwei verschiedene Grundstrukturen dargestellt.

Die Zeilen in *Tabelle 6.9* zeigen, von oben nach unten durchlaufen, die Entwicklung des Integrationspotentials. In Zeile 1 ist die Struktur differential aufgebaut, d. h. der Träger besteht aus Metall oder Kunststoff, die Rückstellung erfolgt über eine Stahlfeder. Das FG-Element übernimmt lediglich die Aktorfunktion. Eine derartige Bauweise ist in heutigen FGL-basierten Anwendungen vorzufinden. Die Zeilen 2, 3 und 4 zeigen teilintegrierte Strukturen, bei denen sich die Funktionsintegration über unterschiedliche Merkmale ausbildet. In Zeile 2 werden Träger und Rückstellfeder zu einem Bauteil zusammengefasst. In Zeile 3 wird der Träger aus einer FGL gefertigt und mit dem FG-Aktorelement zu einem Bauteil verbunden. Zeile 4 zeigt einen Aufbau aus einem Nicht-FGL-Träger und einer lokal konfigurierten FG-Struktur, die Aktorik und

Rückstellung integriert. Die Lösungen in der Zeile 5 besitzen eine vollkommen integrierte, monolithische Bauweise und erfüllen damit die Kriterien eines „one-Module"-Elementes. Alle funktions- und strukturgebenden Eigenschaften werden in einem Bauteil vereint. Die Lösungen bestehen dabei aus einer FG-Komponente mit lokal konfigurierten Aktorbereichen und pseudoelastischen Festkörpergelenken zur Strukturverformung und Rückstellung.

Tabelle 6.9: Ordnungsschema smarter FG-Strukturen mit Rückstellfunktion

Bauweise	Bauteile	Material FGL	Material kein FGL	integrierte Bauteile	Funktionsgebung PA	Funktionsgebung LK	Greiferstrukturen 1	Greiferstrukturen 2	Aktorstrukturen 1	Aktorstrukturen 2
differential	Träger	X	-							
	Rückstellfeder	(X)	X	-						
	FG-Element	X		-						
teilintegriert	Träger	(X)	X	X						
	Rückstellfeder	(X)	X	X						
	FG-Element	X		-						
	Rückstellfeder		X	-						
	Träger	X		X	X	X				
	FG-Element	X		X						
	Träger	X		-						
	Rückstellfeder		X	X	(X)	X				
	FG-Element	X		X						
integriert	Träger	X		X						
	Rückstellfeder	X		X	(X)	X				
	FG-Element	X		X						

PA: partielle Aktivierung   LK: lokale Konfiguration

Legende

FGL-Draht/ Stab, Thermischer Effekt	FGL-Draht, Stab pseudoelastisch	FGL ohne Effekt
Stahl	Stahlfeder	Gelenk

Tabelle 6.10 ist äquivalent aufgebaut, nur dass hier das Agonist-Antagonist-Prinzip betrachtet wird. Anstelle der Rückstellfeder kommt hier ein zweites FG-Element zum Tragen. Damit reduziert sich die Möglichkeit der Teilintegrationen, weshalb eine Zeile entfällt. In Zeile 2 ist somit die Integration des Trägers mit einem der FG-Elemente und in Zeile 3 die Integration beider FG-Elemente zu einem Bauteil dargestellt. Die Lösungen in Zeile 4 integrieren abschließend alle Funktionen bzw. Komponenten in einem monolithischen Bauteil.

Tabelle 6.10: Ordnungsschema smarter FG-Strukturen mit Agonist-Antagonist-Prinzip

Bauweise	Bauteile	Material FGL	Material kein FGL	integrierte Bauteile	Funktionsgebung PA	Funktionsgebung LK	Greiferstrukturen 1	Greiferstrukturen 2	Aktorstrukturen 1	Aktorstrukturen 2
differential	Träger	X		-						
	FG-Element1	X		-						
	FG-Element2	X		-						
teilintegriert	Träger	X		X						
	FG-Element1	X		X	X	X				
	FG-Element2	X		X						
teilintegriert	Träger	X		-						
	FG-Element1	X		X	X	X				
	FG-Element2	X		X						
integriert	Träger	X		X						
	FG-Element1	X		X	X	X				
	FG-Element2	X		X						

6.4.4 Erzeugung einer definierten FG-Struktur

Nachdem im vorherigen Abschnitt eine Reihe von Lösungsmöglichkeiten erarbeitet und dargestellt wurde, gilt es nun einen geeigneten Aktor auszuwählen und zu realisieren.

Die Herstellung einer vollständig integralen, lokal konfigurierten FG-Aktorstruktur würde den Rahmen dieser Arbeit überschreiten, da sowohl der Herstellungsprozess als auch die Funktionsgebung grundlegende Untersuchungen erfordert. Die aufgeführten Konzepte für integrale Strukturen zeigen jedoch, wie eine derartige Struktur aussehen kann.

Ein erster Schritt zu einer vollintegrierten FG-Struktur bietet daher eine teilintegrierte Struktur. Teilintegrität kann dabei durch Integration der Nicht-FGL-Komponenten erreicht werden. Durch diesen Kompromiss lässt sich mit vertretbarem Aufwand eine funktionale Struktur erzeugen. Der in **Bild 6.3** dargestellte Rautenaktor zeigt das Ergebnis der Entwicklung auf. Dieser Aktor ist mit einem FG-Zugdraht ausgestattet. Die thermische Aktivierung erfolgt über die Joul´sche Wärme. Der Träger aus speziellem Kunststoff dient einerseits als Rückstellelement, andererseits übersetzt er durch seine Geometrie den Stellweg des Zugdrahtes. Sowohl der Träger als auch das Heizelement stellen damit die funktionsintegrierten Komponenten des Systems dar [55].

Bild 6.3 zeigt auf der rechten Seite das gleiche Prinzip. Hier ist der Aktor jedoch integral ausgeführt und stellt damit einen „one-Module"-Funktionsbaukasten dar (siehe *Bild 6.2*). Die Aktorfunktion des Stellelementes kann durch lokale Konfiguration mit Hilfe von Wärmebehandlungsverfahren oder durch partielle Aktivierung des mittleren Steges programmiert werden. Der so eingestellte thermische Effekt ermöglicht die Arbeitsweise als Zugaktor. Die Gelenke, welche gleichzeitig als Rückstellelemente fungieren, können einerseits durch die Einstellung der Pseudoelastizität mit Wärmebehandlungen konfiguriert werden, anderseits kann eine gegenüber dem Aktorbereich zeitlich versetzte partielle Aktivierung zur pseudoelastischen Gelenkfunktion führen. Damit und unter Einbeziehung der Agonist-Antagonist-Bauweise ergeben sich verschiedene Strategien zur Funktionsweise des Aktors, die in **Bild 6.4** schematisch dargestellt werden.

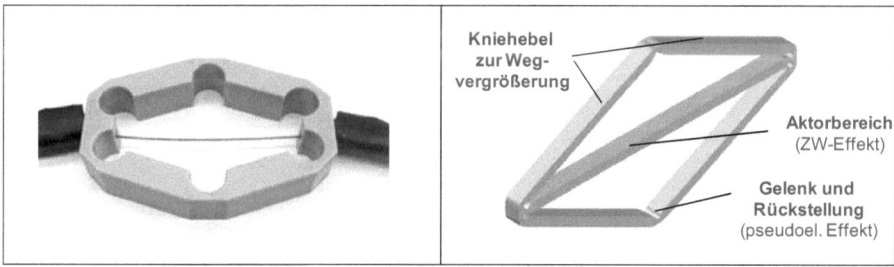

Bild 6.3: *Rautenaktor mit FGL-Antrieb [55]*
links: realisierter Aktor, rechts: monolithisch aufgebauter Rautenaktor

Wird zusätzlich zu den genannten Funktionen noch eine Sensorfunktion gewünscht, die den Stellweg bzw. die Auslenkung des Rautenaktors erfasst, kann dies entweder durch eine lokale Beschichtung mit entsprechenden Sensormaterialien erfolgen oder durch die Erfassung und Auswertung der Widerstands-Kennlinie des FG-Aktorelements.

In Bezug auf die partielle Aktivierung mittels des Eigenwiderstandes können sich bei dem monolithisch ausgeführten Aktor jedoch Probleme ergeben (siehe **Fehler! Verweisquelle konnte nicht gefunden werden.**). Zum einen sorgen die großen Querschnitte für zu hohe elektrische Leistungen und zum anderen können ungewollte Parallelschaltungen, bedingt durch die Strukturgestalt, zu einer hohen Verlustleistung führen. Alternative besteht auch hier die Möglichkeit den Aktorbereich über ein Widerstandsheizelement zu aktivieren. Denkbar sind hierbei flächige Heizelemente oder die lokale Beschichtung des Aktorbereiches mit einem Heizleiterwerkstoff.

Tabelle 6.11: *Probleme der partiellen Aktivierung bei „one-Modul"-Systemen*

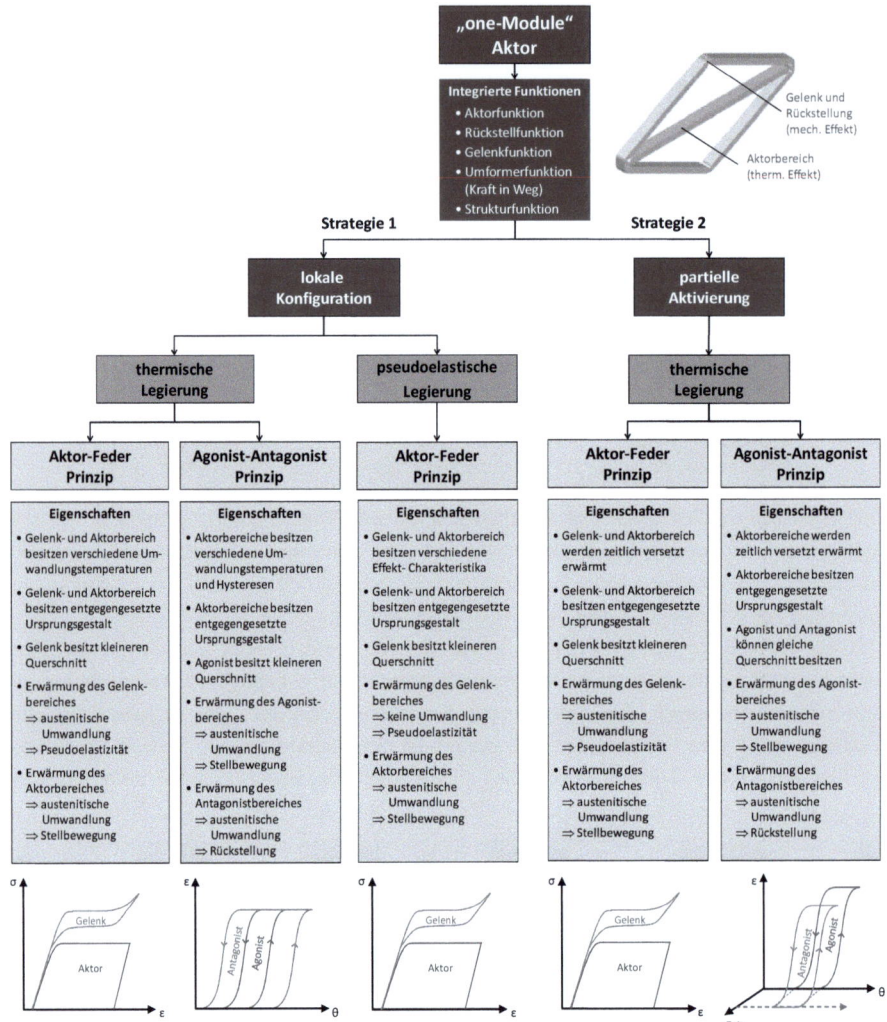

Bild 6.4: *Strategien zur Funktionsweise des Rautenaktors*

7 Handlungshilfe zur Entwicklung smarter FG-Strukturen

7.1 Grundlagen

Eine detaillierte Handlungsanleitung kann im Rahmen dieser Arbeit nicht aufgestellt werden, da die Anwendungsbereiche und Fertigungsverfahren zu vielfältig sind, um daraus allgemein gültige Vorgehensweisen abzuleiten. Ziel ist es jedoch, eine Handlungshilfe bzw. einen Handlungsleitfaden zu erarbeiten, der in zukünftigen Arbeiten um weitere Werkzeuge und Methoden ergänzt werden kann.

Die vorherigen Kapitel haben die Möglichkeiten der lokalen Konfiguration, der partiellen Aktivierung und deren Kombinationen dargestellt und erste Schritte in Richtung eines multifunktionalen „one-Modul"-Baukastensystems aufgezeigt. *Bild 6.1* zeigte bereits die verschiedensten Variationen, die sich aus der Anwendung von den zuvor beschriebenen Funktionsprogrammierungen ergeben. *Bild 7.1* gibt nun einen Überblick der Attribute, die die FG-Aktorik beschreiben und damit in der Handlungshilfe zu berücksichtigen sind.

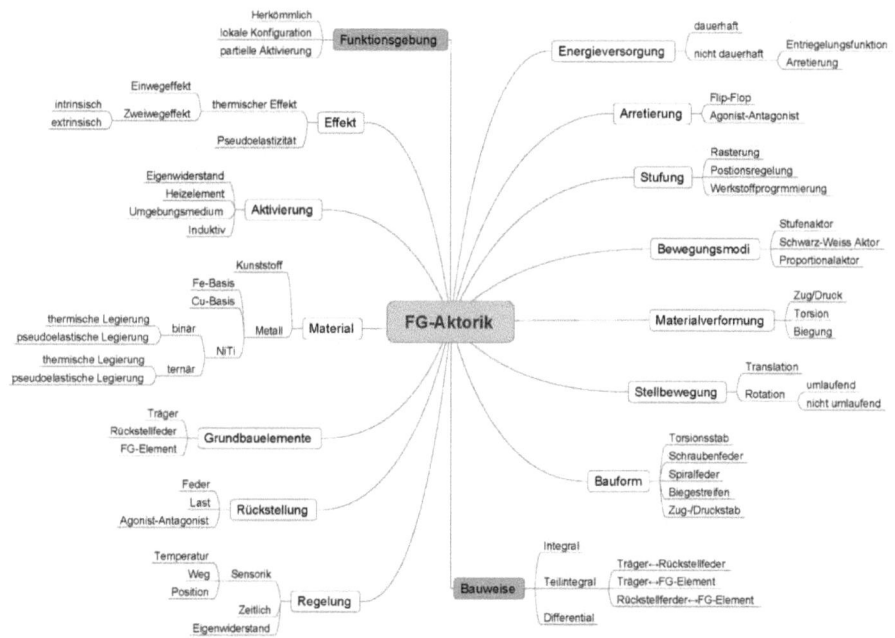

Bild 7.1: Merkmale der FG-Aktorik

Generell können FG-Aktoren als mechatronische Systeme aufgefasst werden, woraus sich für Entwicklungsprozesse besondere Anforderungen ergeben. Neben der reinen Betrachtung von Mechatronik als technische Produktart wird die Mechatronik auch als fachübergreifender Entwicklungsansatz verstanden, welcher bei FG-Aktorsystemen Anwendung finden sollte. Demnach kann Mechatronik als interdisziplinäre Ingenieurwissenschaft betrachtet werden, die mit Methoden der Systemtechnik die Mechanik, Elektronik, Informatik und weitere notwendige technologische Teilbereiche integriert [56]. Dieser Definition kann entnommen werden, dass auch die Entwicklungsprozesse, die zu einem mechatronischen Produkt führen, einen ganzheitlichen und integrierten Ansatz verfolgen müssen, um die erwünschten Synergien auch auf Prozessebene zu erhalten. Aus diesem Grunde wurde auch die VDI-Richtlinie 2206 veröffentlicht, die einen Leitfaden für die Entwicklung mechatronischer Systeme beinhaltet, der erstens den besonderen Aspekt der interdisziplinären Prozesse und zweitens die heterogenen Produktstrukturen berücksichtigt. Auf der Basis dieser Richtlinie sollten auch Entwicklungen von FGL-basierten Produkten stattfinden. Für die reine Entwicklung smarter FG-Strukturen, ohne die Berücksichtigung von elektronischen und informationstechnischen Komponenten ist jedoch eine Erweiterung bzw. Anpassung des mechatronischen Vorgehensmodells notwendig.

7.2 Erweiterung des mechatronischen Vorgehensmodells

7.2.1 Allgemeine Sichtweise

Die Verwendung von FG-Bauteilen in mechatronischen Systemen führt zu neuen Aspekten, die im bisherigen Vorgehensmodell [57] nicht berücksichtigt werden. Insbesondere für die Funktionsintegration gibt es bisher keine methodische Unterstützung des Entwicklungsprozesses. Zwar gibt es Ansätze, die eine Einbindung funktionaler Werkstoffe zum Ziel haben, aber es wird keine Betrachtung der FG-Komponenten aus mechatronischer Sicht vorgenommen. Für diese Sichtweise ist die Einordnung der FG-Technologie in den Lösungsraum mechatronischer Systeme relevant. Der Lösungsraum mechatronischer Systeme beschreibt die verschiedenen Sichtweisen, die während der Konzeptphase notwendig sind, um eine ganzheitliche domänenübergreifende Beschreibung des zu entwickelnden Systems zu erhalten. Die Betrachtung untergliedert sich dabei in die System-, Modul- und Teilsystemebene. Die Besonderheit bei der Entwicklung mechatronischer Systeme ist der stetige Wechsel von einer detaillierten zur übergeordneten Ebene und umgekehrt, um die wechselseitigen Beziehungen zwischen Teilsystemen zu erfassen. Desweiteren findet ein Wechsel des Abstraktionsgrades statt. Ziel der Entwicklung ist es, ausgehend von einer abstrakten Fragestellung konkrete Lösungen auszuarbeiten. Auch umgekehrt ist es möglich, konkrete Probleme durch systemtechnische Betrachtungen auf ein höheres Abstraktionsniveau zu bringen, um eine Lösung zu finden. Die dritte Betrachtungsebene wird in die verschiedenen Modellebenen untergliedert, die zur Entwicklung eines Lösungskonzeptes notwendig sind. Dazu gehören der Funktions-, Wirk- und Bauzusammenhang. *Bild 7.2* zeigt den Lösungsraum mit den verschiedenen Betrachtungsebenen [58].

Um nun zu einer Einbindung von FGL in den mechatronischen Entwurf zu kommen, müssen die verschiedenen Betrachtungsweisen des Lösungsraums auf FG-Komponenten angewendet werden. Die Erarbeitung der Funktionsstruktur erfordert dabei keine Erweiterung des bisherigen Vorgehens. Vielmehr kann hier die Verwendung von definierten Funktionsbausteinen eine Vereinfachung sein. Die grundlegenden Funktionen, die ein Aktor bereitstellen muss, wurden dazu im Rahmen einer Patentanalyse ermittelt. Dabei kann zwischen Muss-, Kann- und Hilfsfunktionen unterschieden werden. Auf der Basis dieser Funktionen aufgebaute Funktionsstrukturen wurden bereits in den *Bildern 2.9* und *2.10* erläutert.

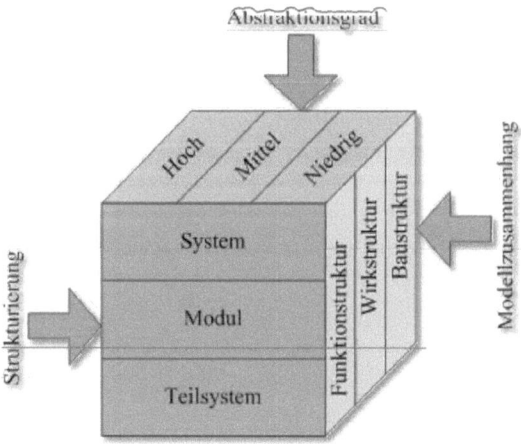

Bild 7.2: Lösungsraum für mechatronische Systeme (in Anlehnung an [58])

Für die Betrachtung der Baustruktur eines FG-Aktors ist die Einführung eines neuen Begriffs notwendig. Durch die mögliche lokale Konfiguration oder partielle Aktivierung muss die Strukturierung unterhalb der Bauteilebene möglich sein. Dieser Strukturierungsgrad wird *Partition* genannt. Demnach hat ein herkömmliches FG-Bauteil nur eine Partition und somit ist diese identisch mit dem Bauteil selber. Durch lokale Konfiguration oder partielle Aktivierung untergliedert sich das Bauteil noch weiter in mindestens zwei Partitionen. Die genaue Anzahl richtet sich dabei nach der räumlichen Platzierung des Effekts. In *Bild 7.3* ist die Bedeutung des Partitionsbegriffes dargestellt.

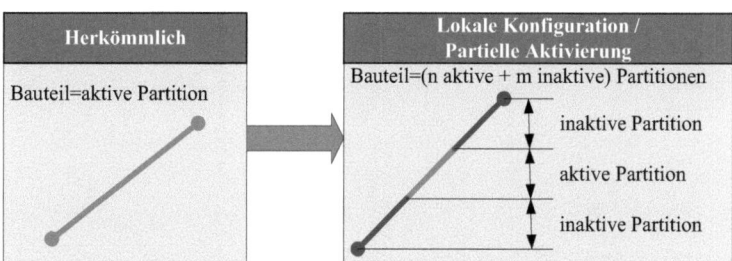

Bild 7.3: Partitionierung von FG-Bauteilen

Die Ausschöpfung des Integrationspotentials, das FG-Aktoren besitzen, erfordert zum einen die methodische Betrachtung des Übergangs von der Differentialbauweise zur Integralbauweise und zum anderen die Verwendung von lokaler Konfiguration bzw. partieller Aktivierung im Gegensatz zur herkömmlichen Funktionsgebung. So können FG-Aktoren erzeugt werden, die ein hohes Maß an funktionaler Integration aufweisen.

Bild 7.4 zeigt den Entwicklungsraum für das Vorgehen bei der Integration von FGL-basierten Systemen. Hier werden in horizontaler Richtung die Barrieren zwischen den verschiedenen

Bauweisen Differential, Teilintegral und Integral dargestellt, die es zu überwinden gilt. Dies kann in zwei Schritten erfolgen. Zunächst müssen verschiedene Funktionalitäten teilintegriert werden. Die Teilintegration kann dabei verschiedene Stufen in Abhängigkeit der Anzahl der integrierten Funktionen einnehmen. Während der Überschreitung der Barriere zur Teilintegration müssen die Schnittstellen zwischen Systemelementen auf der funktionalen Ebene und der Baustrukturebene betrachtet werden, um beurteilen zu können, ob eine Integration überhaupt möglich ist. Wenn die Teilintegration eine hohe Stufe erreicht hat, kann eine Betrachtung des Potentials zur Voll- bzw. Totalintegration durchgeführt werden. Bei der Integration, d.h. beim Durchlaufen der Barriere, werden reale Schnittstellen zwischen Systemelementen in Partitionsschnittstellen überführt.

Einen anderen Fall stellt die Überwindung der Barrieren in vertikaler Richtung dar. Hier erfolgt beim Durchschreiten die Transformation von Nicht-FG- in FG-Bauteile. Diese Transformation ist für die Funktionsintegration auf der Basis der lokalen Konfiguration bzw. partiellen Aktivierung notwendig. Um eine totalintegrierte FG-Aktorstruktur zu erhalten, muss mindestens einmal diese Barriere überschritten werden. Die Position auf der Integrationsgrad-Achse spielt hierbei keine Rolle.

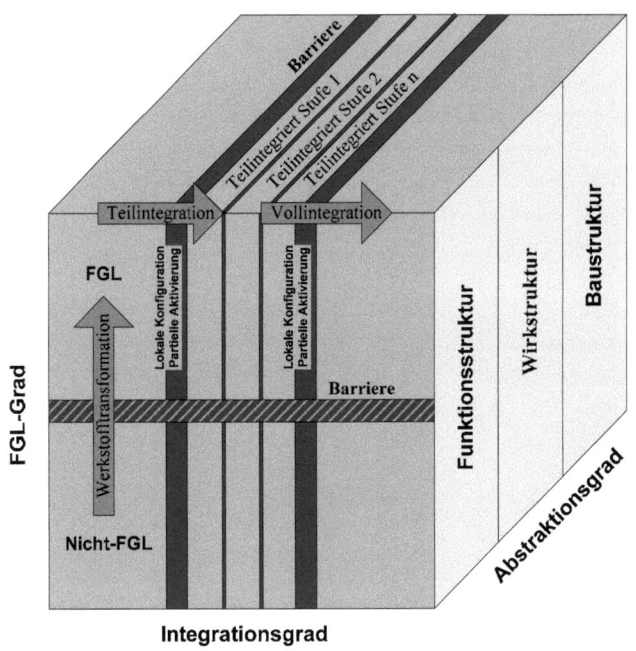

Bild 7.4: Entwicklungsraum für die Integration FGL-basierter Systeme

Bild 7.5 zeigt den Übergang von der Differentialbauweise zum teil- oder totalintegrierten System in detaillierterer Form. Die Unterscheidung von Teil- und Totalintegration wird durch die resultierende Baustruktur des Gesamtsystems vorgenommen. Bleibt beim Durchlaufen der Schnittstellenebene bzw. Barriere nur noch ein Bauteil erhalten, so kann man von einem totalintegrierten

System sprechen. Die Integration erfolgt hier über die Gruppierung von Teilfunktionen zu einem Modul, dessen Funktionalität von einem Bauteil realisiert wird.

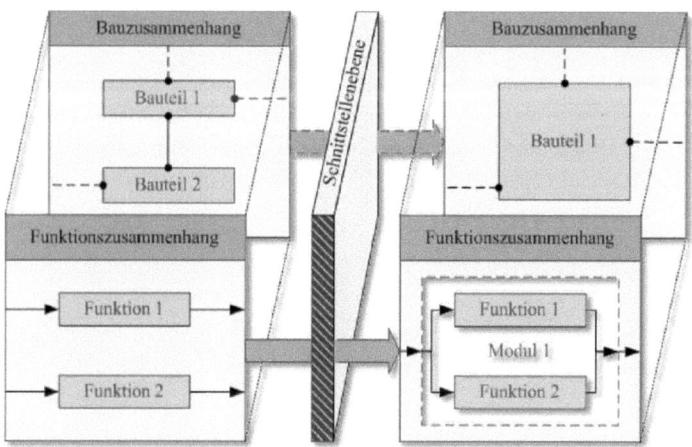

Bild 7.5: *Integration durch Modularisierung von Teilfunktionen*

Die Transformation von Bauteilen aus einem herkömmlichen Material in ein FG-Element ist schematisch in **Bild 7.6** dargestellt.

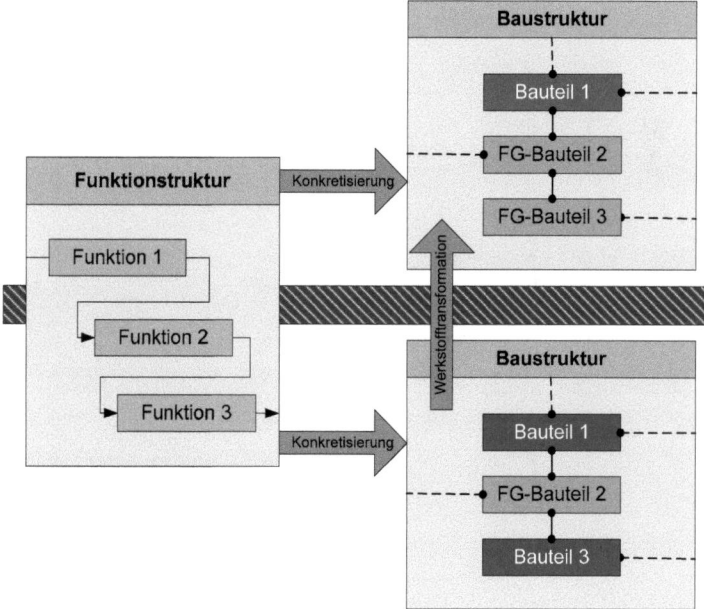

Bild 7.6: *Integration durch Partitionierung von Bauteilen*

Die Transformation findet dabei auf der Baustrukturebene statt. Diese erhält man durch eine Konkretisierung der funktionalen Ebene. Die Funktionsstruktur bleibt von dieser Transformation unberührt. Bei der Materialtransformation ist es wichtig, Änderungen in Bezug auf Gestalt und Fertigungsverfahren der Bauteile zu berücksichtigen. Im Speziellen müssen Gestaltungsregeln und Fertigungsverfahren von FGL in diese Transformation einfließen. Erfolgt nach der Transformation des Bauteilmaterials eine Integration der FG-Bauteile in horizontaler Richtung, so kommen die Funktionsgebungsverfahren der lokalen Konfiguration und der partiellen Aktivierung zum Tragen. Die **Bild 7.7** und **Bild 7.8** bilden die schon erwähnten Funktionsstrukturen für FG-Aktoren ab. Hier werden die grundlegenden Funktionen eines FG-Aktorsystems dargestellt.

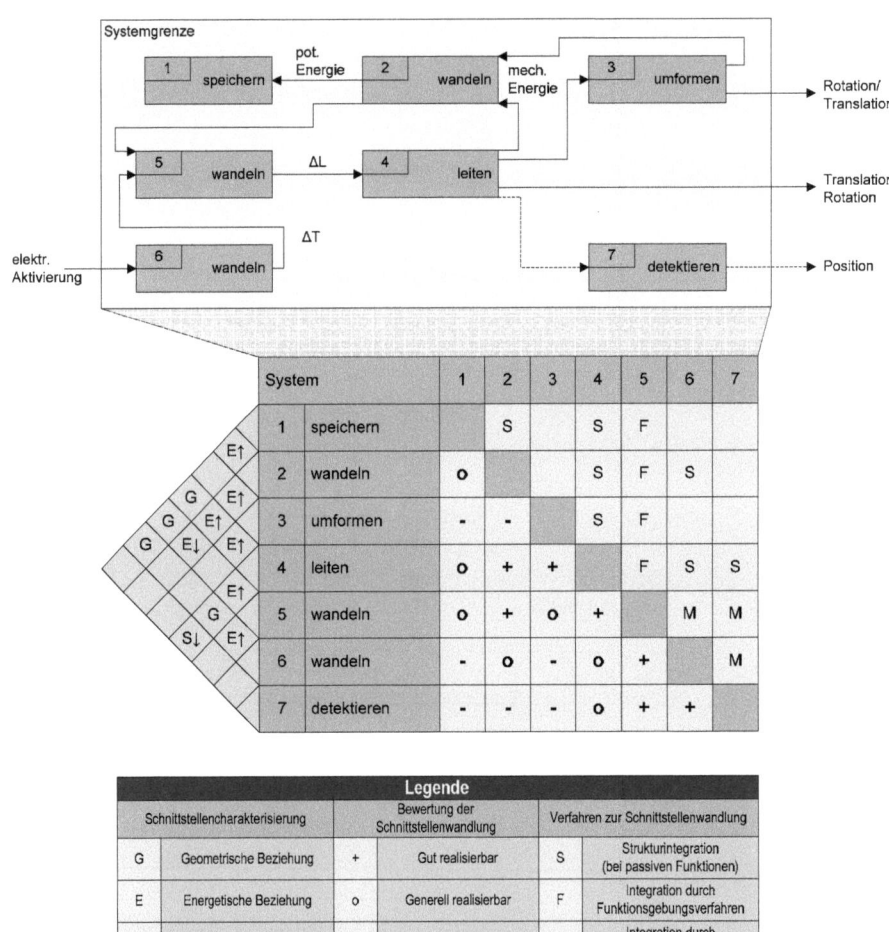

Bild 7.7: *Schnittstellenanalyse von elektrisch aktivierten FG-Aktorsystemen*

Handlungshilfe zur Entwicklung smarter FG-Strukturen

Bild 7.7 stellt ein System mit Fremdaktivierung dar. Derartige Systeme sind bei zusätzlich gefordertem Regelungsaufwand eher komplex und bieten damit eine hohe Anzahl an Schnittstellen, wodurch sich ein hohes Potential zur Bauteilintegration ergibt.

Parallel zur Funktionsanalyse erfolgt die Analyse der Schnittstellen zwischen den Funktionen in Anlehnung an die Schnittstellenmatrix von Erixon [59] und die Bewertung der Integrierbarkeit dieser Funktionen. In der linken Dreiecksmatrix werden dabei die Schnittstellen anhand der energetischen, signaltechnischen und geometrischen Beziehungen charakterisiert. Die Pfeile geben dabei die Richtung des jeweiligen Flusses an. Unterhalb der Diagonalen in der rechten Matrix erfolgt eine Bewertung der Integrationsmöglichkeit. Oberhalb der Diagonalen in der rechten Matrix werden Hinweise zum anwendbaren Integrationsverfahren gegeben. Strukturintegration bedeutet in diesem Zusammenhang die Integration von Bauteilen durch eine Änderung des Wirkprinzips und der Gestalt. Meistens erfolgt dies in Verbindung mit einer Änderung des Werkstoffs und des Fertigungsverfahrens. Die Integration durch Funktionsgebungsverfahren beinhaltet die Zusammenfassung von FG-Bauteilen bzw. -Effekten in einer Komponente. Um dies zu erreichen, muss evtl. vorher eine Materialtransformation von Nicht-FG- zu FG-Komponenten stattfinden (vertikale Richtung im Entwurfsraum). Integration durch Multifunktionalität bedeutet, dass ein Bauteil von vornherein in der Lage ist, verschiedene Funktionen zu erfüllen. Beispielsweise können FG-Elemente über den elektrischen Eigenwiderstand erwärmt und über ihre Widerstandskennlinie geregelt werden. Mit Hilfe der Matrix lassen sich die gewünschten Funktionen eines zu entwickelnden Aktorsystems in Abhängigkeit von der Position im Entwicklungsraum integrieren.

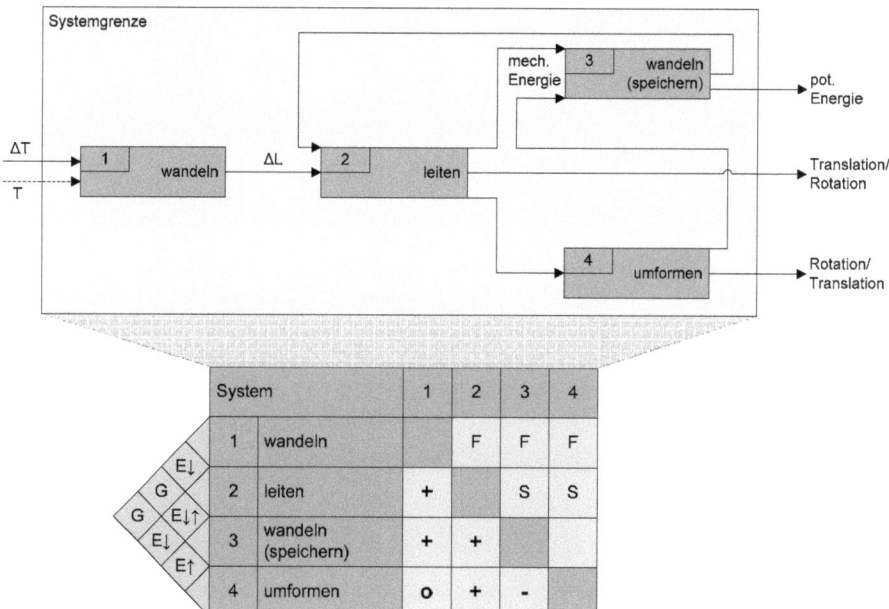

Bild 7.8: *Schnittstellenanalyse von FG-Aktorsystemen mit Aktivierung durch das Umgebungsmedium*

In *Bild 7.8* wird ein durch das Umgebungsmedium aktiviertes Aktorsystem aufgeführt. Diese Systeme besitzen weniger Komponenten und bieten damit das Potential für eine Totalintegration. Die Darstellung und die Beurteilung der Schnittstellen erfolgt äquivalent zu den elektrisch aktivierten Systemen.

7.2.2 Evaluierung am Beispiel des Rautenaktors

In *Bild 7.9* sind schematisch am Beispiel des schon in Kapitel 6 vorgestellten Rautenaktors die Bewegungen im Entwicklungsraum dargestellt. Hierbei wird ersichtlich, dass das Ziel der Vollintegration auf unterschiedlichen Wegen erreicht werden kann. Es besteht dabei einerseits die Möglichkeit, zuerst alle Nicht-FG-Bauteile in horizontaler Richtung zu integrieren (von 1 über 2 nach 3), diese anschließend in vertikaler Richtung in eine FG-Komponente zu überführen (von 3 nach 6) und abschließend mit dem FG-Aktorelement zu integrieren (von 6 nach 7). Andererseits besteht die Möglichkeit mit der Transformation der Nicht-FG-Bauteile in FG-Bauteile zu beginnen (von 1 nach 4) und diese Schritt für Schritt bis zur Totalintegration zu integrieren (von 4 nach 7). Weiterhin existieren dazwischen noch Möglichkeiten, wo die Materialtransformation in frühen Teilintegrationsphasen durchlaufen wird.

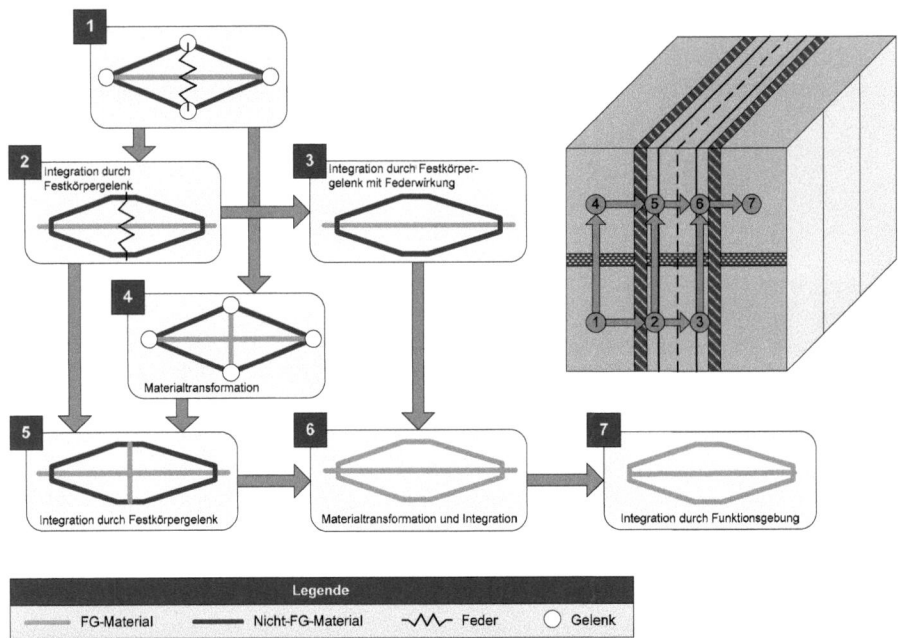

Bild 7.9: Evolution des Rautenaktors im Entwicklungsraum

Der Übergang von der herkömmlichen zur monolithischen Bauweise wird für das Beispiel eines Gelenkes noch einmal in *Bild 7.10* erläutert. Auch hier werden die verschiedenen Wege zur Totalintegration sichtbar. Ein Weg besteht darin, dass beim Überschreiten der Schnittstellenebene in horizontaler Richtung die externe Schnittstelle in eine interne Schnittstelle überführt wird.

Handlungshilfe zur Entwicklung smarter FG-Strukturen

Konkret bedeutet dies, dass ein herkömmliches Gelenk in ein Festkörper- bzw. stoffschlüssiges Gelenk überführt wird. Anschließend erfolgt die Materialtransformation in eine FGL. Der zweite Weg überführt zuerst die Nicht-FG-Bauteile in FG-Bauteile, die aber immer noch über ein herkömmliches Gelenk miteinander verbunden sind. Als nächster Schritt erfolgt die Integration, was eine Partitionierung des entstehenden FG-Bauteils zur Folge hat. Im Falle eines einzelnen Gelenks besteht dabei die Möglichkeit, pseudoelastisches Material zu verwenden, welches an der Gelenkstelle durch Strukturierungsverfahren verjüngt wurde. Eine weitere Möglichkeit besteht in der lokalen Konfiguration des Gelenkbereiches zum pseudoelastischen Effekt. Die restlichen Partitionen besitzen keinen oder auch den pseudoelastischen Effekt und dienen als Strukturwerkstoff.

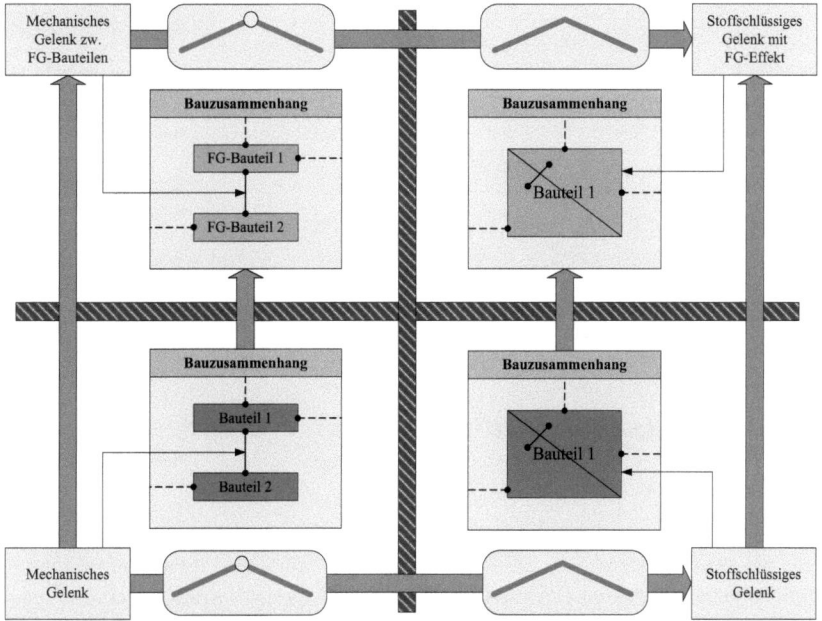

Bild 7.10: *Entwicklungsevolution am Beispiel eines Gelenkes*

Bild 7.11 betrachtet abschließend die Integration des Rautenaktors anhand der Schnittstellenmatrix. Beispielhaft werden hierbei die Schnittstellen von zwei Gelenken mit dem Potential zur Integration betrachtet. Diese Schnittstellen bestehen zum Gelenk *G2* bzw. *G4* und sind farbig unterlegt. Ziel ist die Auflösung der externen Schnittstellen. Die Schnittstellen sind dabei sowohl geometrischer als auch energetischer Natur, da der FG-Draht als Wandler fungiert, dessen mechanischer Energieoutput über das Gelenk und die Stäbe weitergeleitet wird. Die Integration der Gelenke erfolgt in zwei Schritten. Zuerst werden die externen Schnittstellen durch Festkörpergelenke in interne umgewandelt. Anschließend erfolgen die Materialtransformation und damit die Ausbildung von pseudoelastischen FG-Gelenken. Um die Vollintegration der Komponente zu erreichen, müssen nur noch die Gelenke *G1* und *G3* integriert werden.

Handlungshilfe zur Entwicklung smarter FG-Strukturen

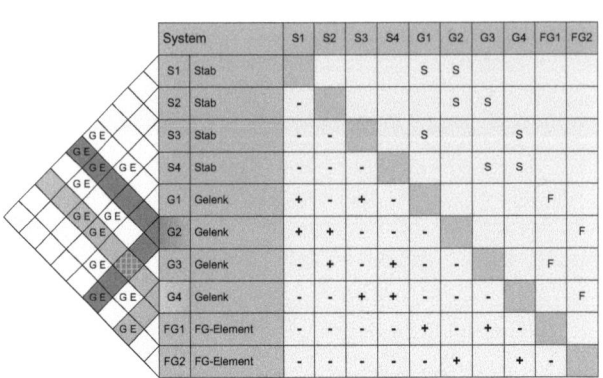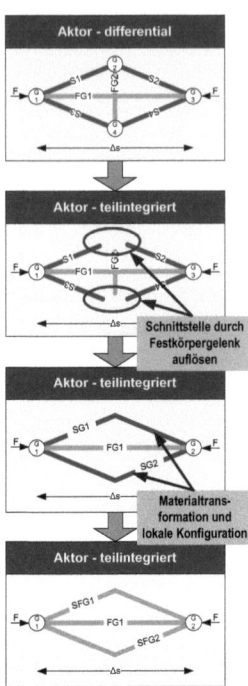

Bild 7.11: Integration anhand der Schnittstellenmatrix

7.3 Einbindung in den Entwurfsprozess mechatronischer Systeme

7.3.1 Anforderungen

Die Anforderungserstellung als Arbeitsphase der Produktplanung muss als einer der wichtigsten Schritte der Produktentwicklung gesehen werden [20], da durch diese Anforderungen die zukünftigen Merkmale des zu entwickelnden Produktes festgelegt werden. Dabei wird zwischen Kunden- und Systemanforderungen [60] unterschieden. Die Kundenanforderungen werden innerhalb eines Lastenhefts geführt. Mit Hilfe der Kundenanforderungen werden dann die Systemanforderungen entwickelt. Innerhalb des Pflichtenhefts geführt, beantworten sie die Frage, wie und womit ein Element des Lastenheftes zu lösen ist. Somit stellen sie eine Konkretisierung der Kundenanforderungen dar. Diese Transformation muss immer eine Prüfung auf Realisierbarkeit und Widerspruchsfreiheit beinhalten, denn nach dem Gesetz von Glass [61] sind Mängel in den Anforderungen hauptverantwortlich für das Scheitern von Entwicklungsprojekten. Somit sollten die Anforderungen methodisch erarbeitet und analysiert werden [62]. Dies gilt insbesondere für den Einsatz von FGL, deren Eigenschaftsprofil einige Grenzen aufweist.

Bei dem Einsatz von funktionalen Werkstoffen (siehe *Bild 7.7*), wie FGL, muss deshalb bei der Konkretisierung noch eine Machbarkeitsprüfung stattfinden. Der Produktentwickler muss wissen, welche Anforderungsmerkmale wechselwirken, bzw. überhaupt realisierbar sind. Desweiteren müssen FGL-Anforderungen systematisch gefunden werden, falls diese nicht Bestandteil der

Kundenanforderungen sind. Zwar ist es schwierig, in dieser frühen Phase der Entwicklung Merkmale quantitativ zu erfassen, um diese dann mit den Eigenschaften von FGL abzugleichen, jedoch muss auch hier schon ein grundsätzliches Verständnis für die Zusammenhänge zwischen Stellweg, -kraft, -zeit und Zyklenzahl vorhanden sein. Desweiteren muss das weite Feld der möglichen Anforderungen auf mögliche FGL-Anforderungen zurückgeführt werden.

Bild 7.12: *Konkretisierung von FGL-Anforderungen*

Das zentrale Element der Konkretisierung ist hierbei die Abstimmung der vier grundsätzlichen FG-Merkmale (Stellweg, Stellkraft, Stellzeit und Zyklenzahl), die für die Entwicklung von Bedeutung sind. Schon während der Anforderungsermittlung müssen die sich gegenseitig ausschließenden Forderungen berücksichtigt werden.
[17] schlägt für die Ermittlung von Anforderungen eine Leitlinie mit Haupt- und Nebenmerkmalen vor, an der sich die Produktentwickler orientieren können, um die Vollständigkeit der Anforderungen überprüfen zu können. Für einen Einsatz von FGL muss diese Leitlinie allerdings erweitert werden. Die Leitlinie für FG-Aktoren (*Tabelle 7.1*) bietet die Möglichkeit, grundsätzlich die Themenfelder, die von FGL tangiert werden, zu erfassen. Dies ist insbesondere für die Konkretisierung vorhandener Anforderungen von Bedeutung.

Tabelle 7.1: *Leitlinie für die Ermittlung von Anforderungen an FG-Elemente*

Hauptmerkmal	Merkmal
Geometrie	Bauweise, Bauform, Bauraum, Materialquerschnitt (Drahtdurchmesser)
Kinematik	Stellbewegung, Stellweg (Effektgröße), Stellwinkel, Stellgeschwindigkeit, Auflösung der Bewegung
Kräfte	Stellkraft, Rückstellkraft, Plateaukraft
Energie	Aktivierungsart, Aktivierungstemperatur, Umgebungstemperatur
Stoff	FG-Legierung, max. Effektgröße, Hysteresebreite, Biokompatibilität, Korrosionsbeständigkeit
Signal	Wegmessung, Widerstandsmessung, Regelung der Aktivierung
Gebrauch	Einsatzort, Anzahl der thermischen Zyklen

Die Prüfung von Anforderungen für FG-Komponenten muss die gegenseitige Beeinflussung von Stellzeit, -kraft, -weg und den thermische Zyklen berücksichtigen. Mithilfe des Korrelationsnetzes (*Bild 7.813*) kann der Entwickler sehen, welche Merkmale sich grundsätzlich und in welcher Art und Weise beeinflussen. Vorteil bei dieser Technik ist die beliebige Erweiterbarkeit. Somit ergibt sich für jeden Anforderungskatalog ein spezifisches Profil im Korrelationsnetz.

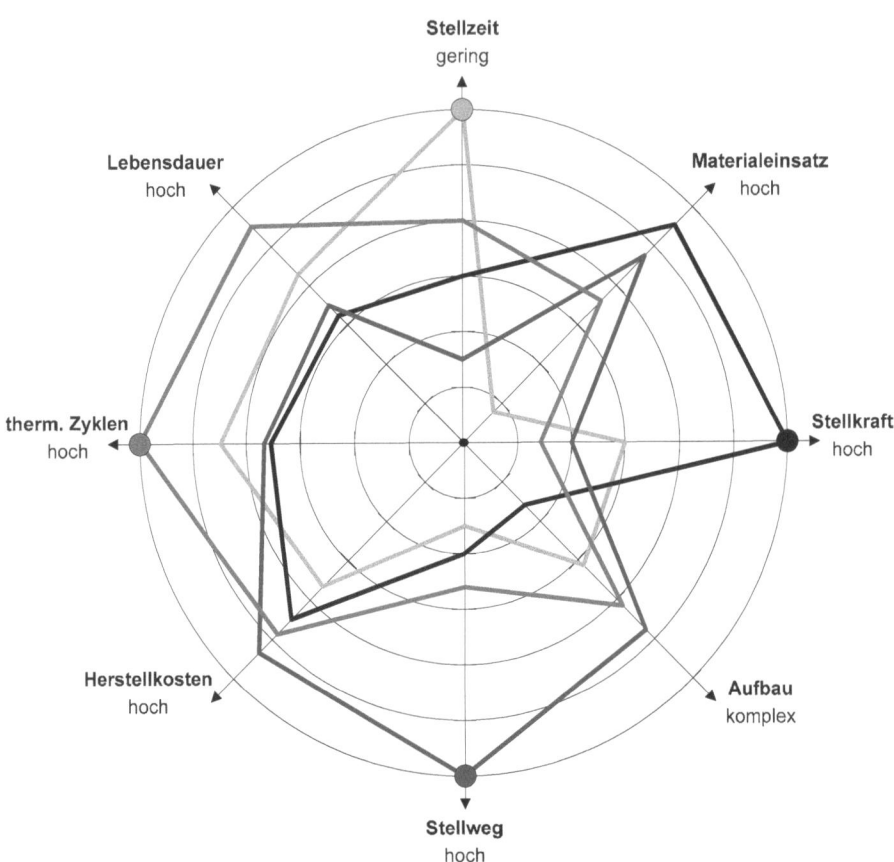

Bild 7.13: Korrelationsnetz für FGL-Interdependenzen in Bezug auf die Hauptmerkmale

7.3.2 Systementwurf

Der Systementwurf ist der zentrale Arbeitsschritt bei der Entwicklung mechatronischer Systeme. Zunächst müssen, wie bereits beschrieben, die Produktanforderungen konkretisiert werden, um die grundsätzlichen Problemfelder zu erfassen. Darauf aufbauend erfolgt die Suche nach der Gesamtfunktion und den verschiedenen Teilfunktionen, die als Funktionsstrukturen dargestellt

Handlungshilfe zur Entwicklung smarter FG-Strukturen

werden. Die Beziehungen zwischen einzelnen Funktionen beschreiben den energetischen, stofflichen und signaltechnischen Fluss durch das System. Die Funktionsstruktur dient als Basis für die Suche nach Wirkprinzipien, die die Funktionen auf physikalischer Ebene realisieren. In mechatronischen Systemen kann der Wirkzusammenhang auch direkt durch Lösungselemente ergänzt werden. Beispielsweise kann für eine Wegmessung direkt ein Hall-Sensor vorgeben werden, wenn die Anwendung von Vorteil erscheint. So ergeben sich verschiedene Lösungsvarianten, die durch eine Bewertung weiter eingegrenzt werden. Die Vorgehensweise wird schematisch in *Bild 7.14* dargestellt.

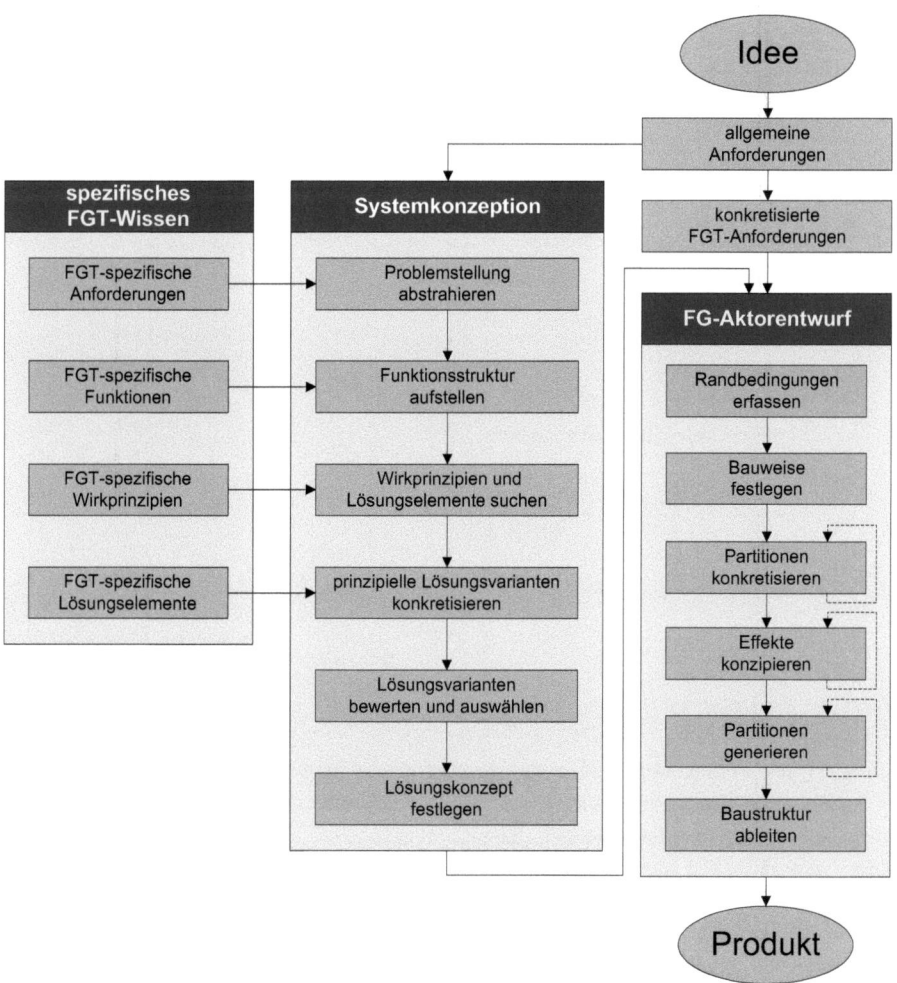

Bild 7.14: *Vorgehen beim Aktorentwurf in der Formgedächtnistechnik (FGT)*

Für die Anwendung von FGL und insbesondere der partiellen Aktivierung und lokalen Konfiguration reicht diese Betrachtung nicht aus. *Bild 7.15* zeigt die ersten Schritte zur Konzeption eines FG-Aktors unter Berücksichtigung der Randbedingungen und Anforderungen. Wichtig ist hierbei die frühzeitige Aufteilung des Systems in Partitionen. Diese können sowohl Bauteile als Ganzes als auch Bereiche eines Bauteils symbolisieren.

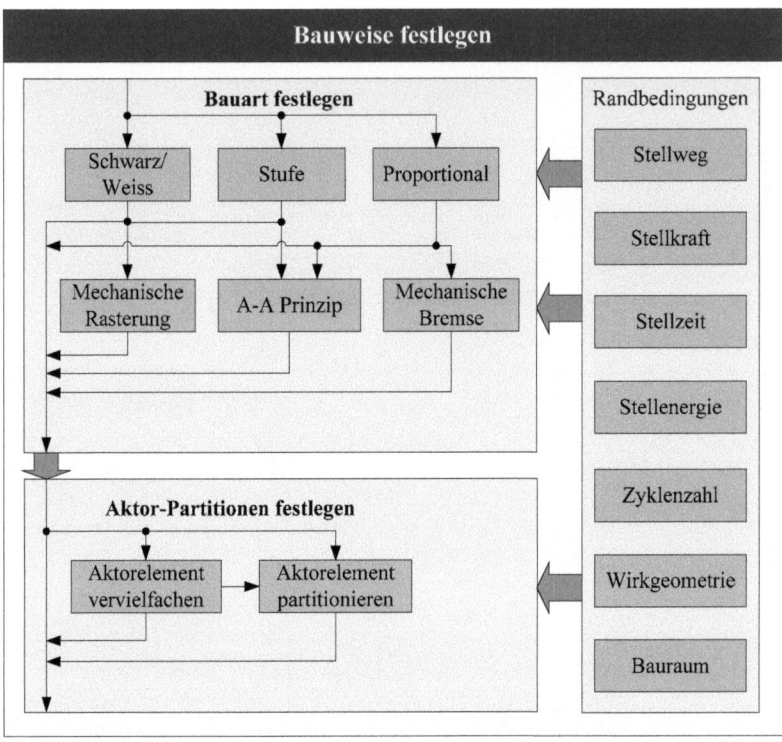

Bild 7.15: Festlegung der Bauweise als erster Schritt bei der FG-Aktorkonzeption

Zunächst muss Klarheit über den Bewegungsmodus geschaffen werden, der eine zentrale Rolle für den Aufbau des Aktors spielt. Es existieren dabei drei unterschiedliche Arten der Bewegung (siehe *Bild 7.16*). Der Entwickler muss sich demnach zwischen SW-, P- oder S-Aktoren entscheiden. Diese Auswahl erfolgt so früh im Vorgehensprozess, weil der Bewegungsmodus entscheidenden Einfluss auf die Schnittstellen und die peripheren Bauteile hat. Eine weitere Unterteilung der Modi kann durch eine dauerhafte oder eine nicht dauerhafte Energieversorgung getroffen werden. Die dauerhafte Versorgung mit elektrischer Energie kompensiert den Vorteil des einfacheren Aufbaus mit dem Nachteil der höheren Kosten bzw. des schlechteren Wirkungsgrades. Nur bei der Versorgung mit thermischer Energie durch das Umgebungsmedium spielt die Dauerhaftigkeit der Energieversorgung keine Rolle.

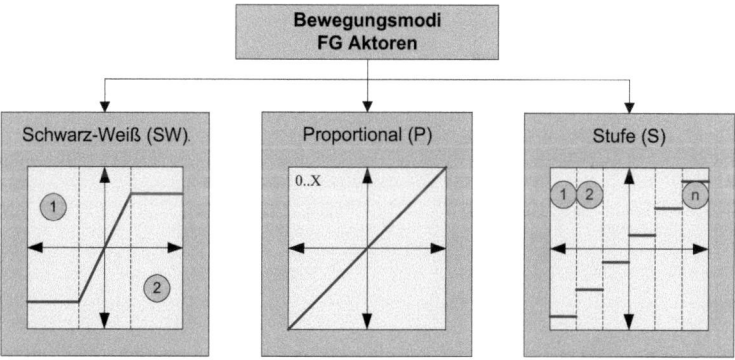

Bild 7.16: Bewegungsmodi von FG Aktoren

Schwarz-Weiß-Aktor (SW)

Dieser Aktor besitzt genau zwei diskrete Stellpositionen. Dabei ist die Wiederholbarkeit der Stellbewegung für die weitere Konkretisierung von Bedeutung. Soll der Aktor nur einmalig schalten (z.B. intelligente Verbindungselemente), so ist keine Rückstellung erforderlich. Für ein mehrfaches Durchlaufen des Bewegungszyklus muss ein Rückstellelement vorgesehen werden.

Proportionalaktor (P)

Dieser Aktor kann eine beliebige Position anfahren. Die Stellposition ist somit eine kontinuierliche Größe zwischen einem Minimal- und Maximalwert. Für diese Ausführung muss eine Regelung vorgesehen werden, die in der Lage ist, ein Soll-Ist-Abgleich vorzunehmen und entsprechende Steuersignale zu generieren. Dabei kann die Ist-Position auf verschiedene Art und Weise ermittelt werden.

Stufenaktor (S)

Der Stufenaktor kann n diskrete Stufen anfahren und stellt somit eine Mischform zwischen SW- und P-Aktor dar. Die konstruktive Herausforderung liegt hier in der Ausführung der Stufen. Die Stufung kann dabei auf drei verschiedene Art und Weisen generiert werden:

- Die gängigste Möglichkeit stellt die Verwendung einer mechanischen Rasterung dar. Hierbei kann zudem ein energieloses Halten der Position realisiert werden.
- Die zweite Möglichkeit besteht in der Partitionierung des FG-Aktors durch mehrere FG-Elemente (differentialer Aufbau) oder durch Schaffung von verschiedenen Effektbereichen in einem FG-Element mittels lokaler Konfiguration bzw. partieller Aktivierung (integraler Aufbau).
- Als dritte Möglichkeit bietet sich die regelungstechnische Ansteuerung definierter Stufenpositionen an. Diese Möglichkeit kann auch als eine in diskrete Stufen aufgeteilte Proportionalregelung aufgefasst werden.

Die Beziehung zwischen dem Bewegungsmodus und der mechatronischen Systemstruktur wird in *Tabelle 7.2* näher erläutert.

Tabelle 7.2: Struktur-Modus-Verträglichkeitsmatrix

Bewegungsmodus		Energieversorgung	Notwendigkeit einer mechan. Arretierung (Flip-Flop oder Bremse)	Systemstruktur				
				Aktor	Aktor+Sensor	Aktor+Informationsverarbeitung	Aktor+Sensor+Informationsverarbeitung	
					Positionssensor		Wegsensor	Temperatursensor
Schwarz-weiß		dauerhaft	—	X	O	O	O	
		nicht dauerhaft	X	—	X	X	O	
Proportional		dauerhaft	—	X	—	X	X	O
		nicht dauerhaft	X	—	—	X	X	O
Stufe	Rasterung	dauerhaft	—	—	X	X	X	O
		nicht dauerhaft	—	—	X	X	X	O
	Partionierung	dauerhaft	—	X	—	X	—	X
		nicht dauerhaft	X	X	—	X	—	X
	Stufung über Regelung	dauerhaft	—	—	—	X	X	O
		nicht dauerhaft	X	—	—	X	X	O

Die nächste Entscheidung betrifft die Auswahl der Bewegungsart der Partitionen des FG-Elementes. Unterschieden werden kann dabei zwischen einer rotatorischen und einer translatorischen Bewegung. Um die gewünschte Bewegungsart zu realisieren, gilt es unter anderem zu prüfen, ob die geforderte Stellbewegung direkt, ohne Umformer realisiert werden kann. Hierzu bieten sich diverse Möglichkeiten an, die in der Vorgehensweise in *Bild 7.17* aufgeführt werden. Generell geben die Bauteilgestalt und die Verformungsart die Bewegungsart vor. Häufig ist es jedoch sinnvoll, die vorhandene Bewegungsart in die gewünschte umzuformen. Dies ist beispielsweise der Fall, wenn man eine Rotationsbewegung fordert, aber aufgrund der vorteilhaften Eigenschaften einen Zugdraht einsetzt. Weiterhin sind aufgrund des Bauraumes oder anderer Anforderungen auch häufig Umformungen der Größen Stellkraft in Stellweg oder umkehrt notwendig. Hierfür müssen entsprechende Getriebeelemente vorgesehen werden.

Die gesamten Betrachtungen zur grundsätzlichen Auslegung des Aktors müssen immer im Kontext der Randbedingungen, die durch Anforderungen definiert werden, stehen. Dazu gehören der Bauraum und die quantitativen Anforderungen bezüglich der Stellkraft oder des Stellweges. Jeder Elementtyp hat in diesem Zusammenhang andere Eigenschaften, womit hier also eine geeignete Auswahl zu treffen ist. Beispielsweise ist die Forderung nach einer sehr hohen Stellkraft meistens nur durch den Elementtyp Zugstab bzw. -draht realisierbar, da dieser den besten Materialausnutzungsgrad besitzt.

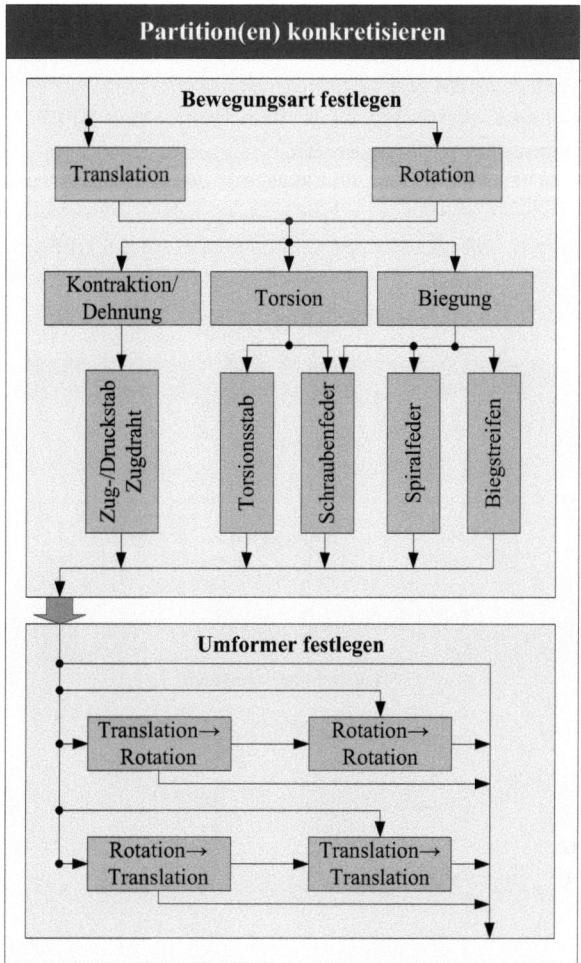

Bild 7.17: Konkretisierung der Partitionen

Im Anschluss an die Konkretisierung der Partitionen durch die Bewegungsart sind die FG-Effekte zu konzipieren. Dargestellt wird der Verfahrensablauf schematisch in *Bild 7.18*. Der Effekt richtet sich dabei nach der Funktion der Partition. Hierbei gilt es zwischen aktorischen und elastischen Funktionen zu unterscheiden. Im Rahmen der Effektkonzipierung, speziell zur Realisierung des Zweiwegeffektes, ist die Auswahl von Rückstellprinzipien notwendig. Hierbei bieten sich verschiedene Möglichkeiten an. Das Agonist-Antagonist-Prinzip stellt eine dieser Möglichkeiten dar und besitzt ein großes Potential. In vorherigen Abschnitten wurde dieses Prinzip bereits ausführlich diskutiert.

Die nächsten Schritte der Generierung der Partitionen sind in *Bild 7.19* dargestellt. Entscheidend ist hierbei die Art der Funktionsgebung, deren Untersuchung einen Hauptbestandteil dieser Arbeit darstellt. Mit der Funktionsgebung lässt sich die Anzahl der Partitionen in einem Bauteil und damit der Integrationsgrad festlegen. Erfolgt die Funktionsgebung nicht lokal, sondern mit herkömmlichen Verfahren für das gesamte Bauteil, repräsentiert dieses dann eine Partition. Möchte man damit ein multifunktionales System auf der Basis verschiedener FG-Effekt erhalten, ist man gezwungen, die Differentialbauweise anzuwenden.

Die Aktivierung der Partitionen und die Regelung der Aktivierung stellen nachfolgende Auswahlschritte dar. Unterschieden werden kann hierbei zwischen der partiellen und der gesamten Aktivierung des Bauteils, wobei das Bauteil lokal oder im Gesamten konfiguriert sein kann. Die Kombination der lokalen Konfiguration und der partiellen Aktivierung stellt dabei die höchste Form der Partitionsgenerierung dar. Sie wurde ausführlich in Kapitel 5 erläutert.

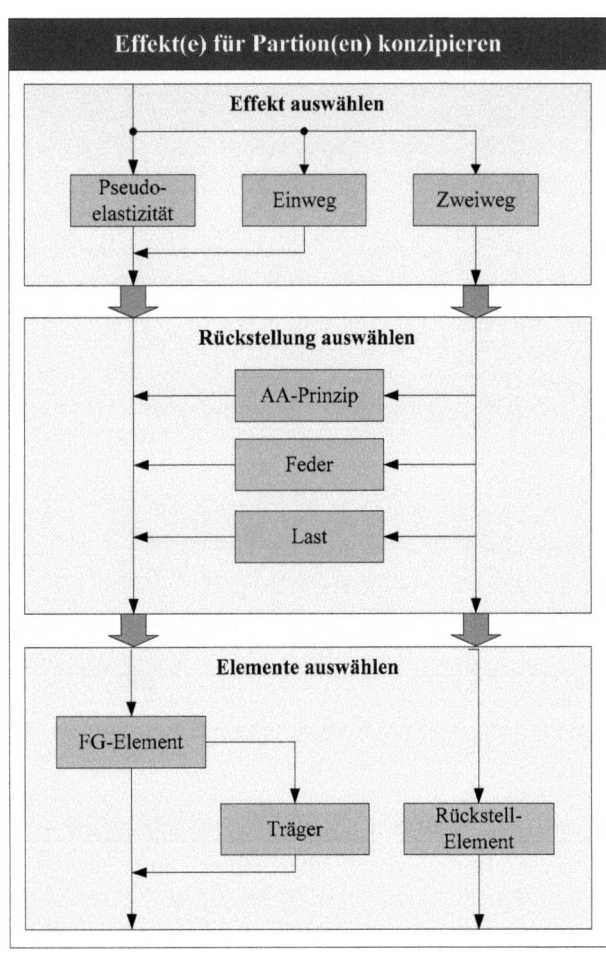

Bild 7.18: *Konzeption der Effekte für die Partitionen*

Handlungshilfe zur Entwicklung smarter FG-Strukturen

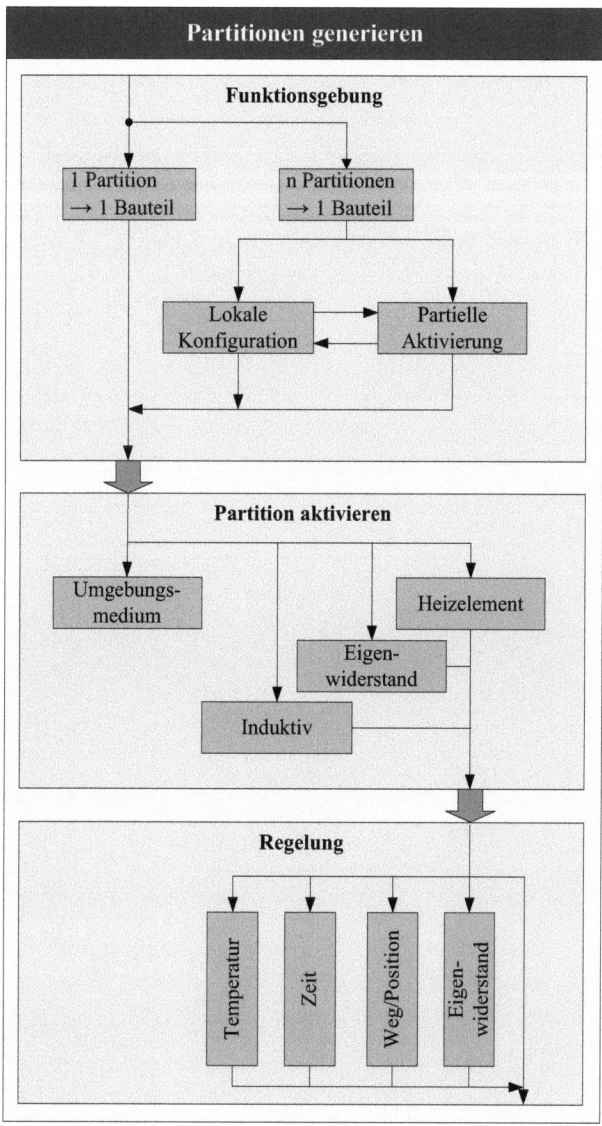

Bild 7.19: Partitionen generieren

Bild 7.20 stellt abschließend die Korrelationen zwischen den Aktormerkmalen und den Hauptanforderungen dar. Erfolgt eine Quantifizierung dieser Anforderungen durch eine Anforderungsliste, können vorteilhafte Merkmale bzw. Bauweisen auf einfachem Wege erkannt und ausgewählt werden. Weiterhin erfolgt eine Analyse der Korrelationen der Merkmale von FG-Aktoren untereinander. Diese Korrelationsmatrix unterstützt damit effektiv die Konzeption von FG-

Aktoren in frühen Entwicklungsphasen und stellt ein weiteres Werkzeug im Rahmen des aufgestellten Handlungsleitfadens dar.

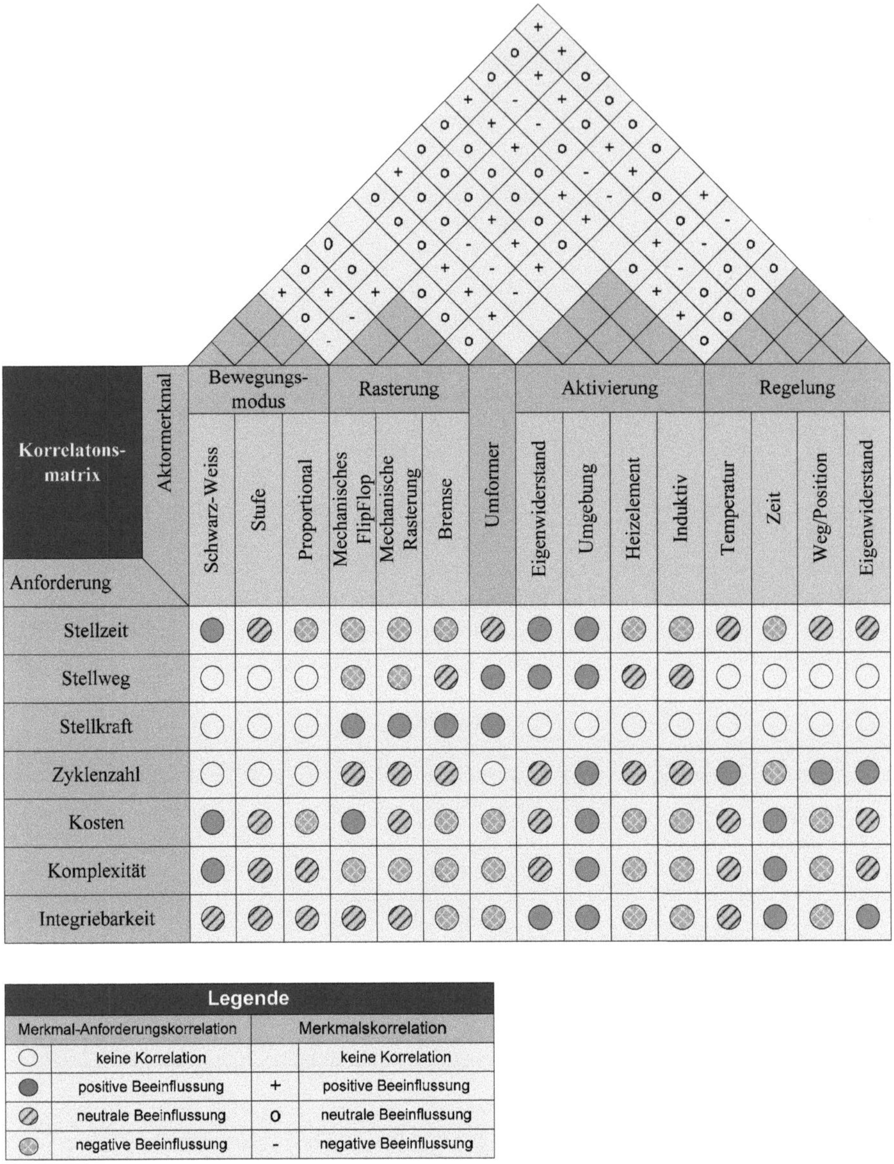

Korrelatons-matrix / Anforderung	Aktormerkmal	Bewegungs-modus			Rasterung				Aktivierung				Regelung			
		Schwarz-Weiss	Stufe	Proportional	Mechanisches FlipFlop	Mechanische Rasterung	Bremse	Umformer	Eigenwiderstand	Umgebung	Heizelement	Induktiv	Temperatur	Zeit	Weg/Position	Eigenwiderstand
Stellzeit		●	⊘	⊗	⊗	⊗	⊗	⊘	●	●	⊗	⊗	⊘	⊗	⊘	⊘
Stellweg		○	○	○	⊗	⊗	⊘	●	●	●	⊘	⊘	○	○	○	○
Stellkraft		○	○	○	●	●	●	●	○	○	○	○	○	○	○	○
Zyklenzahl		○	○	○	⊘	⊘	⊘	⊘	○	●	●	⊘	⊘	●	●	●
Kosten		●	⊘	⊗	●	⊘	⊗	⊘	●	●	⊘	⊘	⊘	●	⊘	⊘
Komplexität		●	⊘	⊘	⊗	⊗	⊗	⊘	●	⊘	⊘	⊘	⊘	●	⊗	⊘
Integriebarkeit		⊘	⊘	⊘	⊘	⊘	⊗	⊗	●	⊘	●	⊗	⊘	●	⊗	●

Legende			
Merkmal-Anforderungskorrelation		Merkmalskorrelation	
○	keine Korrelation		keine Korrelation
●	positive Beeinflussung	+	positive Beeinflussung
⊘	neutrale Beeinflussung	o	neutrale Beeinflussung
⊗	negative Beeinflussung	-	negative Beeinflussung

***Bild 7.20**: Korrelationsmatrix zur Unterstützung der Aktorkonzeption*

8 Abschließende Betrachtung

8.1 Fazit

Formgedächtnislegierungen besitzen die besondere Eigenschaft der funktionalen Programmierbarkeit und der Zerlegbarkeit eines Bauteils in Partitionen unterschiedlicher Funktion. Ein Alleinstellungsmerkmal, das den FGL hierbei zu Gute kommt, ist die Möglichkeit, verschiedene Effektausprägungen (pseudoelastischer Effekt, thermischer Effekt) in einem Bauteil lokal einstellen zu können. Diese lokale Funktionsgebung, die man als „funktionale Programmierung" auffassen kann, ermöglicht die Realisierung sogenannter „one-Module"-Funktionsbaukästen. Diese monolithischen Bauteile besitzen verschiedene örtlich begrenzte Funktionsbereiche bzw. Partitionen, welche wie Bausteine vielfältig kombiniert werden können. Aus der Summe der Einzelfunktionen dieser Partitionen ergibt sich äquivalent zu einem herkömmlichen Baukastensystem eine Gesamtfunktion. Damit lassen sich einerseits hochintegrierte und andererseits standardisierte Strukturen generieren. Dieses Potential von FGL ermöglicht es, die Konfiguration von Bauteilfunktionen in der detaillierenden Entwurfsphase allein durch Veränderung der Werkstoffeigenschaften durchzuführen. Dafür ist es in der Produktentwicklung lediglich erforderlich, die Gestaltung und Dimensionierung von FG-Bauteilen um die Funktionsgebung zu ergänzen.

Die Versuchsergebnisse an Halbzeugen und Dünnschichtstrukturen zeigen generell, dass eine lokale Konfiguration bzw. partielle Aktivierung des FG-Effektes nicht nur theoretisch sondern auch praktisch möglich und mit vertretbarem Aufwand technisch durchführbar ist. Besonders die Versuche zur stufenförmigen Aktivierung und die Versuche an der Hebelstruktur verdeutlichen das Potential dieser Funktionsgebungsverfahren und geben einen Ausblick auf mögliche Einsatzbereiche und mögliche Strukturformen. Die lokale Konfiguration mittels Wärmebehandlung durch Widerstandsheizelemente lässt sich in diesem Zusammenhang gut und reproduzierbar durchführen. In Kombination mit der partiellen Aktivierung bieten sich vielfältige Funktionsgebungsmöglichkeiten. Zu beachten ist hierbei jedoch der Aufwand für die Kontaktierung und der Einfluss der nicht konfigurierten bzw. nicht aktivierten Partitionen auf die Funktionserfüllung. Die Schärfe der Abgrenzbarkeit der Partitionen muss zudem für eine sichere Erfüllung der Anforderungen berücksichtigt werden.

Ein weiterer Punkt, den die Versuchsergebnisse beleuchten, ist die Sensibilität des Werkstoffes gegenüber der thermomechanischen Vorbehandlung. Damit ergibt sich in Bezug auf das Verfahren der lokalen Konfiguration eine Hürde, die vor der Industrialisierung dieses Verfahrens überwunden werden muss. Hierzu sind beispielsweise weitere Untersuchungen des Einflusses der Kaltverformung auf die lokale Konfiguration mittels Wärmebehandlung durchzuführen. Auch die Charakterisierung ternären NiTi-Legierungen und die Ausweitung der Untersuchungen auf Dünnschichtstrukturen zeigen zukünftige Untersuchungsgebiete auf.

Die Entwicklung von Strukturkonzepten und die Erarbeitung eines Handlungsleitfadens zur Konzeptionierung von „one-Module"-Strukturen stellen einen ersten Schritt zur Verwirklichung derartiger Strukturen in industriellen Produkten dar und geben zudem einen Überblick über die Komplexität und die vielfältigen Möglichkeiten dieses Themas.

8.2 Zusammenfassung und Ausblick

Zu Beginn der Arbeit erfolgte eine Einführung in die Defizite bei heutigen FG-Aktorsystemen und deren Entwicklungsprozesse sowie in die Problemstellung der Entwicklung standardisierter und funktionsintegrierter FG-Komponenten. Weiterhin wurden die beiden Ziele, die mit dieser Arbeit verfolgt werden, erläutert. Ein Ziel bestand in der Charakterisierung der Verfahren zur lokalen Funktionsgebung. Das zweite Ziel bestand in der Konzeption von multifunktionalen Aktorstrukturen und der Bereitstellung einer Methodik zur Unterstützung der Entwicklung derartiger Strukturen.

Anschließend wurden die grundlegenden Merkmale und Eigenschaften der Formgedächtnistechnik sowie relevanter Bauweisen erläutert. Hierbei wurden zum einen der Stand der Technik auf dem Gebiet der Formgedächtnisaktoren und die mechatronische Sichtweise auf FGL-basierte Antriebe beleuchtet. Zum anderen wurden Baukastensysteme und smarte Strukturen unter dem Blickwinkel der Integral- und Differentialbauweise erläutert. Damit wurde die Basis für die weiteren Untersuchungen geschaffen, da ein Hauptziel dieser Arbeit darin bestand, die Formgedächtnistechnik mit smarten Strukturen bzw. mit der Integralbauweise in Beziehung zu setzen.

Im Anschluss wurden die beiden zentralen Verfahren zur Herstellung von sogenannten „one-Module"-Strukturen vorgestellt. Hierbei handelte es sich um die lokale Konfiguration mit dem Fokus auf die lokale Wärmebehandlung und die partielle Aktivierung. Im Rahmen der Untersuchungen wurde eine detaillierte Charakterisierung der Verfahren in Bezug auf die Effektgenerierung und Effektvariation sowie auf mögliche Problemfelder vorgenommen. Hierzu erfolgten Versuche an eigens dafür entwickelten Versuchsständen unter Variation von spezifischen Parametern. Darüber hinaus erfolgte die theoretische Untersuchung der Kombination beider Verfahren. Diskutiert wurde in diesem Zusammenhang sowohl die Kombination der Verfahren der lokalen Konfiguration untereinander als auch die Kombination der lokalen Konfiguration mit der partiellen Aktivierung. Durch das Kombinieren der lokalen Konfiguration und mit der partiellen Aktivierung ergeben sich noch vielfältigere Möglichkeiten der Funktionsgebung. Dies konnte methodisch nachgewiesen werden.

Unter Einbeziehung der gewonnenen Erkenntnisse aus der Untersuchung der beiden Funktionsgebungsverfahren wurden Aktorstrukturen konzipiert und die verschiedenen Evolutionsstufen der Funktions- und Bauteilintegration analysiert. Weiterhin wurden grundlegende smarte FG-Strukturen aus dem Bereich der Aktorik und Greifertechnik konzipiert. Ein ausgewählter teilintegrierter Aktor wurde im Anschluss bis zum Prototypen weiterentwickelt und getestet. Die Teilintegration beschränkte sich hierbei auf die Integration der Nicht-FG-Komponenten durch die Verwendung eines Kunststoffbauteils. Die Entwicklung eines vollintegrierten Aktorsystems durch Integration der multifunktionalen Kunststoffkomponente mit dem FG-Aktorelement wird Bestandteil weiterer Forschungsaktivitäten sein.

Die bei der Entwicklung des teilintegrierten Aktorsystems gesammelten Erfahrungen flossen in den Handlungsleitfaden zur Strukturentwicklung ein. Besonderer Wert wurde hier auf die zielgerichtete Entwicklung von integrierten FG-Strukturen gelegt. Aus diesem Grund erfolgte die Fokussierung auf die Darstellung und Unterstützung von Integrationsvorgängen. Diese werden durch eine

Überführung von externen Schnittstellen in interne Schnittstellen vollzogen. Der dargestellte Leitfaden besitzt zudem das Potential zur weiteren Ergänzung mit Methoden und Werkzeugen. Die gesteckten und in der Einführung beschriebenen Ziele konnten durch die durchgeführten experimentellen, analytischen und konzeptionellen Untersuchungen weitgehend erfüllt werden. Mit dieser Arbeit konnte somit der Grundstein für die methodische Beschreibung und die Nutzung des Integrations- und Standardisierungspotentials von FGL gelegt werden. In zukünftigen wissenschaftlichen Arbeiten kann eine punktuelle Vertiefung in diese Thematik vorgenommen werden. Dies kann beispielsweise durch die Realisierung einer smarten Aktorstruktur oder durch den Aufbau eines Assistenzsystems zur Entwicklung derartiger Strukturen erfolgen. Auch die experimentelle Untersuchung derjenigen Funktionsgebungsverfahren, die in dieser Arbeit nur theoretisch betrachtet werden, stellt ein interessantes Gebiet für zukünftige Forschungsarbeiten dar. In Bezug auf die Umsetzung der Forschungsergebnisse in technischen Produkten sind noch weitere Untersuchungen zur Wärmebehandlung und zur Kontaktierung unter industriellen Fragestellungen notwendig. Geklärt werden müssen beispielsweise der Einfluss der chargenabhängigen Streuung von Materialeigenschaften auf die Funktionsgenauigkeit der zu erzeugenden smarten Strukturen und der Einfluss des lokalen Funktionsgebungsverfahrens auf das Ermüdungsverhalten der jeweiligen Strukturbereiche.

Literaturverzeichnis

[1] J. Breidert: *Schnittstellengestaltung für die Baukastensynthese mit Beispielen aus der Formgedächtnisaktorik*. Aachen: Shaker Verlag 2007.

[2] H. Janocha: *Adaptronics and Smart Strukturen-Basics, Materials, Design and Applications*. Springer-Verlag, Berlin Heidelberg New York 2000

[3] M. E. Regelbrugge: *Smart Structures and integrated systems*. Proceedings of SPIE - The International Society for Optical Engineering, Vol. 3329, San Diego 1998.

[4] J. Taláko: *Die Funktionsmöglichkeiten der Mechanismen mit variablen Strukturen*. International Conference on Engineering Design, Prag 1995.

[5] D. Treppmann: *Thermomechanische Behandlung von NiTi*. VDI-Fortschrittbericht, Reihe 5, Nr. 462, VDI-Verlag, Düsseldorf 1997.

[6] Y. Bellouard, T. Lehnert, J.-E. Bidaux, T. Sidler, R. Cavel, R. Gotthardt: *Local annealing of complex mechanical devices: a new approach for developing monolithic micro-devices*. Material Science and Engineering, Vol. A273-275, S. 795-798, Elsevier Science 1999.

[7] M. Kohl: *Entwicklung von Mikroaktoren aus Formgedächtnislegierungen*. Dissertation, Forschungszentrum Karlsruhe 2002.

[8] D. Stöckel: *Engineering Aspects Of Shape Memory Alloys*. 1. Auflage. London: Butterworth-Heinemann Ltd. 1990.

[9] K. Otsuka, C.M. Wayman: *Shape Memory Materials*. Cambridge University Press, Cambridge 1998.

[10] M. Mertmann: *NiTi-Formgedächtnislegierungen für Aktoren der Greifertechnik*. VDI-Fortschrittsberichte, Reihe 5, Nr. 469. Düsseldorf: VDI-Verlag 1997.

[11] E.G. Welp: *Mechatronische Systeme*. Skript zur Vorlesung, Ruhr-Universität Bochum 2008.

[12] B. Winzek, E. Quandt: *Shape-Memory Ti-Ni-X-Films under Constraint*. Zeitschrift für Metallkunde, 90. Jahrgang. Carl Hanser Verlag, München 1999.

[13] S. Langbein, E. G. Welp, J. Sohn: *Development of a Variable and Integratively Structured SMA-Actuator for Multifunctional Application*. Proceedings of the 11th International Conference on New Actuators, Bremen, 2008.

[14] S. Jansen, J. Breidert, E. Welp: *Positioning Actuator based on Shape Memory Wires*. Proccedings of the 9th International Conference on New Actuators (ACTUATOR), pp. 94-97, Bremen 2004.

[15] M. Humburg, G. Eggeler, M. Wagner: *Thermo-Kombiventil: Thermomanagment im Standheizbetrieb*. ATZ 03/2006 Jahrgang 108.

[16] Isermann, R.: *Mechatronische Systeme*. Springer-Verlag, Berlin Heidelberg New York 2007

[17] G. Pahl, W. Beitz: *Konstruktionslehre–Methoden und Anwendung*. Springer-Verlag, Berlin 1997.

[18] A. Ludwig: *Funktionswerkstoffe und Mikrotechnik*. Center of Advanced European Studies and Research, Skript zur Vorlesung 2001

[19] D. Neumann: *Bausteine "intelligenter" Technik von morgen*. Funktionswerkstoffe in der Adaptronik, 1995.

[20] K. Ehrlenspiel: *Integrierte Produktentwicklung: Methoden für Prozeßorganisation, Produktherstellung und Konstruktion*. Carl-Hanser Verlag, München 1995.

[21] R. Koller: *Konstruktionslehre für den Maschinenbau: Grundlagen zur Neu- und Weiterentwicklung technischer Produkte mit Beispielen*. Springer Verlag, Berlin 1998.

[22] Å. Burman, E. Møster, P. Abrahamsson: *On the Influence of Functional Materials on Engineering Design*. Research in Engineering Design, Springer Verlag, London 2000.

[23] T. Eller: *Untersuchung von Integral- und Differential-Bauweisen vor dem Hintergrund von Formgedächtnislegierungen und Baukastensystemen*. Diplomarbeit an der RUB, Eigenverlag 2004.

[24] J. Peirs, D. Reynaerts, J. Van Humbeeck, H. Van Brussel: *Design of an Modular Actuator for Minimal Invasive Surgery*. Proceedings of the Second International Conference on Shape Memory and Superelastic Technologies, 527-532, Pacific Grove/California, USA 1997.

[25] T. La Grange, R. Gotthardt: *Thermomechanical Motion of NiTi Thin Film Micro-Actuatores Produced by Ion Implantation Processing Technique*. Proceedings of the International Conference on Shape Memory and Superelastic Technology Conference (SMST), Baden-Baden 2004

[26] J. K. Allafi: *Mikrostrukturelle Untersuchungen zum Einfluss von thermomechanischen Behandlungen auf die martensitischen Phasenumwandlungen an einer Ni-reichen NiTi Formgedächtnislegierung*. Dissertation, Fakultät Maschinenbau, Ruhr-Universität Bochum, Shaker Verlag, Aachen 2002.

[27] S. Langbein, E.G. Welp: *Neue Ansätze zur Baukastensystematik von Formgedächtnisaktoren*. VDI-Tagung Mechatronik, Wiesloch 2007.

[28] D. Wurzel: *Mikrostruktur und funktionelle sowie mechanische Eigenschaften von NiTi-Formgedächtnislegierungen*. Dissertation, Ruhr-Universität Bochum, Bochum 2000.

[29] B. Winzek: *Entwicklung, Herstellung und Charakterisierung von Mikroaktoren mit Formgedächtnisschichten auf der Basis von NiTi*. Dissertation, Forschungszentrum Karlsruhe GmbH. Karlsruhe 2000.

[30] S. Kajiwara, Y. Furuva, Y. Shinya, K. Ogawa: *Fabrication of Shape Memory Thin Films and Ultra-Fine Wires of Ti-Ni-Cu Alloys by Spun Melt Technique and their Internal Structures*. Proceedings of the International Conference on Shape Memory and Superelastic Technology Conference (SMST), Baden-Baden 2004

Literaturverzeichnis

[31] C. Somsen: *Mikrostrukturelle Untersuchungen an Ni-reichen Ni-Ti Formgedächtnislegierungen.* Dissertation, Fakultät für Naturwissenschaften, Gerhard-Mercartor-Universität Duisburg, Shaker Verlag, Aachen 2002.

[32] P. Filip, K. Mazanec: *On precipitation kinetics in TiNi shape memory alloys.* Scripta Materialia, Vol. 45, Elsevier Science, 2001, S. 701-707.

[33] D. E. Hodgson: *Fabrication, Heat Treatment and Joining of Nitinol Components.* Proceedings of the International Conference on Shape Memory and Superelastic Technology Conference (SMST), Fremont 2000.

[34] M. Buschka: *Formgedächtnistechnik – Prozessgestaltung beim Drehen und Bohren von NiTi-Formgedächtnislegierungen.* Dissertation, Universität Dortmund, Vulkan Verlag, Essen 2002.

[35] W. Theisen, A. Schürmann: *Electro Discharge Machining of Nickel-Titanium Shape Memory Alloys.* Materials Science and Engineering A 2004.

[36] M. Bram, A. Ahmad-Khanlou, A. Heckmann, B. Fuchs, H. Buchkremer, D. Stöver: *Powder Metallurgical Fabrication Processes for NiTi Shape Memory Alloy Parts.* Mater. Sci. Eng. A, 337 (2002) pp. 254-263, 2002.

[37] M. Köhl, J. Mentz, M. Bram, H.-P. Buchkremer, D. Stöver, T. Habijan, M. Köller: *Powder Metallurgical Production and Biomedical Properties of NiTi Shape Memory Alloys.* Proceedings of Conference on Materials & Processes for Medical Devices, Palm Desert, USA 2007.

[38] W. Schatt: *Pulvermetallurgie, Sinter- und Verbundwerkstoffe.* Hüthig Verlag, Heidelberg 1988.

[39] H. Meier, Ch. Haberland: *Experimental Studies on Selective Laser Melting of Metallic Parts.* Materialwissenschaft und Technik, Vol. 39, Nr. 9, Wiley-VCH, Weinheim 2008.

[40] S. M. Russell: *Nitinol Melting and Fabrication.* Proceedings of the International Conference on Shape Memory and Superelastic Technology Conference (SMST), Fremont 2000.

[41] M. Wagner, J.-K. Yu, G. Kausträter, G. Eggeler: *Functional fatigue of NiTi shape memory coil spring actuators.* 9th International Conference on New Actuators (ACTUATOR), Conference Proceedings, pp. 629-632, Bremen 2004.

[42] R. Pischellis: *Mechanische Miniaturgreifer mit Formgedächtnisantrieb.* Dissertation, Technische Universität Braunschweig 1998.

[43] K. Escher: *Die Zweiweg-Formgedächtniseffekte zur Herstellung von Greifelementen.* VDI-Fortschrittsberichte, Reihe 5, Nr. 298. Düsseldorf: VDI-Verlag 1992.

[44] E. Just: *Entwicklung eines Formgedächtnis – Mikrogreifers.* Dissertation, Fakultät für Maschinenbau, Universität Karlsruhe, Karlsruhe 2001.

[45] S. Langbein, E.G. Welp, S. Schmitz, A. Ludwig: *Entwicklung von Formgedächtnis-Dünnschichtaktoren für haptische Anwendungen.* 50. Internationales Wissenschaftliches Kolloquium, Ilmenau 2005.

[46] M. Leester-Schädel: *Mikrotechnisches Multiaktorsystem auf der Basis von Formgedächtnislegierungen.* Dissertation, Fakultät Maschinenbau und Elektrotechnik, Technische Universität Carolo-Wilhelmina zu Braunschweig, Shaker Verlag, Aachen 2004.

[47] O. Barth: *Miniaturisierter Schrittantrieb mit Piezoaktoren und Harmonic Drive Getriebe.* Dissertation Universität Stuttgart, Stuttgart 2000.

[48] R. Degen, F. Michel: *Mikrogetriebe für präzises Positionieren.* F&M Jahrgang 109, Carl-Hanser Verlag 2001.

[49] H. Stork: *Aufbau, Modellbildung und Regelung von Formgedächtnisaktorsystemen.* VDI-Fortschrittsberichte, Reihe 8, Nr. 657. VDI-Verlag, Düsseldorf 1997.

[50] H. Meier, L. Oelschläger: *Numerical thermomechanical modelling of shape memory alloy wires.* Materials Science and Engineering A, pp. 484-489, 2004.

[51] H. Meier, L. Oelschläger, S. Dilthey, F. Pöhlau: *Extremely Compact High-Torque Drive with Shape Memory Actuators and Stain Wave Gear WAVE DRIVE®.* 9th International Conference on New Actuators (ACTUATOR), Conference Proceedings, pp. 98-102, Bremen 2004.

[52] M. Kristen: *Untersuchung zur elektrischen Ansteuerung von Formgedächtnisantrieben in der Handhabungstechnik.* Braunschweiger Schriften zur Mechanik, Nr.5 Technische Universität Braunschweig 1994.

[53] H. Gugel, W. Theisen: *Laserstrahlschweißen von Mikrodrähten aus Nickel-Titan-Formgedächtnislegierungen und austenitische Stahl.* Mat. Wiss. U. Werksstofftech. Nr. 6, 489-493, 2007.

[54] P. Gümpel: *Formgedächtnislegierungen - Einsatzmöglichkeiten in Maschinenbau, Medizintechnik und Aktuatori.* Expert-Verlag, Renningen 2004

[55] S. Langbein, E. G. Welp, J. Sohn: *Development of a Variable and Integratively Structured SMA-Actuator for Multifunctional Application.* Proceedings of the 11th International Conference on New Actuators, Bremen 2008.

[56] H. Czichos: *Mechatronik.* Vieweg Verlag, Wiesbaden 2006.

[57] VDI-Richtlinie 2206: *Entwicklungsmethodik für mechatronische Systeme,* Beuth Verlag, Düsseldorf 2004.

[58] S. Jansen: *Eine Methodik zur modellbasierten Partitionierung mechatronischer Systeme.* Dissertation, Shaker Verlag, Aachen 2006

[59] G. Erixon: *Modular Function Deployment: A Method for Product Modularisation.* Dissertation, Royal Institute of Technology, Stockholm 1998.

[60] VDI-Richtlinie 2519 Blatt1: *Vorgehensweise bei der Erstellung von Lasten-/Pflichtenheften*, Beuth Verlag, Düsseldorf 2001.

[61] A. Endres, D. Rombach: *A Handbook of Software and Systems Engineering: Empirical Observations, Laws and Theories*. Addison Wesley Verlag, München 2003

[62] U. Lindemann: *Methodische Entwicklung technischer Produkte*. Springer Verlag, Berlin Heidelberg 2006

Vorveröffentlichte Inhalte

E.G. Welp, S. Langbein: *Measures for Optimisation of the Dynamic Behaviour of Shape Memory Actuators*. Proceedings of the International Conference on Shape Memory and Superelastic Technology Conference (SMST), Baden-Baden 2004.

S. Langbein, E.G. Welp, S. Schmitz, A. Ludwig: *Entwicklung von Formgedächtnis-Dünnschichtaktoren für haptische Anwendungen*. 50. Internationales Wissenschaftliches Kolloquium, Ilmenau 2005.

J. Breidert, E. G. Welp, S. Langbein: *Modular Shape Memory Actuator System*. Proccedings of the 10th International Conference on New Actuators (ACTUATOR), Bremen 2006.

S. Langbein, E.G. Welp: *Neue Ansätze zur Baukastensystematik von Formgedächtnisaktoren*. VDI-Tagung Mechatronik, Wiesloch 2007.

E.G. Welp, S. Langbein: *Formgedächtnisaktoren für miniaturisierte Anwendungen*. 5. Paderborner Workshop Entwurf mechatronischer Systeme, Paderborn 2007

E.G. Welp, S. Langbein: *Survey of the in-situ configuration of cold-rolled, nickel rich NiTi sheets to create variable component functions*. Material Science and Engineering, Elsevier Science 2007.

S. Langbein, E. G. Welp, J. Sohn: *Development of a Variable and Integratively Structured SMA-Actuator for Multifunctional Application*. Proceedings of the 11th International Conference on New Actuators, Bremen 2008.

S. Langbein, E.G. Welp: *Generation of Smart Structures on the Basis of in-situ Configuration of Shape Memory Alloys*. Advances in Science and Technology, Vol. 59 pp 184-189, Trans Tech Publications 2008.

S. Langbein, E.G. Welp: *"One-module"-actuators based on partial activation of shape memory components*. Proceedings of the International Conference on Shape Memory and Superelastic Technology Conference (SMST), Stresa, Italy 2008.

Abbildungsverzeichnis

Bild 1.1: Schematische Entwicklung von Bauweisen bei FG-Aktoren 2

Bild 1.2: Struktur und Inhalte der Arbeit 3

Bild 2.1: Vorteile von FG-Aktoren in Bezug auf industrielle Anwendungen 4

Bild 2.2: Umwandlung anhand des Temperaturstrahls 5

Bild 2.3: Temperaturabhängiges Spannungs-Dehnungsverhalten von FGL 6

Bild 2.4: Schematische Unterteilung der FG-Effekte und Zuordnung von Anwendungen 6

Bild 2.5: Verhalten beim Einwegeffekt 7

Bild 2.6: Verhalten beim Zweiwegeffekt 8

Bild 2.7: Verhalten beim pseudoelastischen Effekt 9

Bild 2.8: Aufbau eines einfachen FG-Aktors basierend auf dem ZWE im System 13

Bild 2.9: Allgemeine Funktionsstruktur bei elektrischer Aktivierung 14

Bild 2.10: Allgemeine Funktionsstruktur bei Aktivierung durch Umgebungsmedium 15

Bild 2.11: Stellaktor für die Heizungstechnik 17

Bild 2.12: a) Thermostat-Ventil b) Integriertes Schaltelement 17

Bild 2.13: Sicherheitsverrieglung für Fotoapparate 18

Bild 2.14: Roboterhand, -finger gesteuert mit FG-Drähten 18

Bild 2.15: Mechatronisches Grundsystem 20

Bild 2.16: Wegfall der Sensorik und der Informationsverarbeitung durch direkte Aktivierung über das Umgebungsmedium 21

Bild 2.17: Wegfall der Sensorik und der Informationsverarbeitung durch direkte elektrische Aktivierung 21

Bild 2.18: Wegfall der Informationsverarbeitung durch direkt die elektrische Energie schaltende Sensoren 22

Bild 2.19: Wegfall der Sensorik durch Regelung über den Eigenwiderstand 23

Bild 2.20: Schematischer Aufbau einer Smarten Struktur 24

Bild 2.21: Modulares Aktorsystem 27

Bild 3.1: Einfluss des Nickelgehaltes auf die A_f-Temperatur 38

Bild 3.2: Linearaktor mit lokal konfiguriertem FG-Steller und Rückstellfeder 40

Bild 3.3: Lokal konfigurierter NiTi-Mikrogreifer 41

Bild 3.4: Mikrogreifer; links: montiert auf Grundträger, rechts: REM-Aufnahme 42

Bild 3.5: Lokal beschichtete Dünnschichtstruktur in martensitischer und austenitischer Form 42

Abbildungsverzeichnis

Bild 3.6: Prüfmaschine „Zwick" und Spannungs-Dehnungs-Diagramm einer FG-Drahtprobe 45

Bild 3.7: Versuchstand zur thermischen Aktivierung der lokal konfigurierten Drähte 46

Bild 3.9: Vergleich des Einflusses unterschiedlicher Positionen der Klemmhülsen 47

Bild 3.8: Außen (oben) oder innen (unten) aufgequetschte Hülsen 46

Bild 3.10: Konfiguration von Drähten in einem Heizrohr 48

Bild 3.11: Bereiche der DSC-Analyse einer Heizelementprobe 48

Bild 3.12: DSC-Kurven zur Ermittlung der Temperaturverteilung in der Heizröhre 49

Bild 3.13: V. l. n. r. Draht im Ausgangszustand, Stempel mit eingelegter Hülse, Draht mit gequetschten Hülsen 50

Bild 3.14: Quetschhülsen an einem Dreistufenaktor 50

Bild 3.15: Zugversuch Proben H-O, links: Anlassdauer 5 min, rechts Anlassdauer 20 min ..53

Bild 3.16: Zugversuch Proben H-O, links: Anlassdauer 5 min, rechts Anlassdauer 20 min ..55

Bild 3.17: Restdehnung nach Zugversuch Proben H-O 55

Bild 3.18: Zugversuch, Proben S-O, links: Anlassdauer 5 min, rechts: Anlassdauer 20 min.56

Bild 3.19: Zugversuch Proben S-O, links: Variation der Glühdauer, rechts: Variation der Zyklenzahl 58

Bild 3.20: Zugversuch Proben S-O, links: Anlassdauer 5 min, rechts Anlassdauer 20 min ... 60

Bild 3.21: Restdehnung nach Zugversuch Proben S-O 60

Bild 3.22: Aktivierung, Proben H-O, links: 5 min Glühdauer, rechts: 20 min Glühdauer 62

Bild 3.23: Vergleich der Umwandlungstemperaturen bei der thermischen Aktivierung 63

Bild 3.24: Vergleich der Restverformungen bei der thermischen Aktivierung 64

Bild 3.25: Aktivierung der Proben S-O, Glühdauer: 5min bzw. 20min 65

Bild 3.26: Vergleich der Umwandlungstemperaturen bei der thermischen Aktivierung 66

Bild 3.27: Vergleich der Restverformungen bei der thermischen Aktivierung 67

Bild 3.28: DSC-Analyse der H-O Proben, Anlassdauer 5 Minuten 69

Bild 3.29: DSC-Analyse der H-O Proben, Anlassdauer 5 Minuten 69

Bild 3.30: Verlauf der charakteristischen Umwandlungstemperaturen (Legierung H) 70

Bild 3.31: Vergleich der Ergebnisse der DSC-Analyse mit den Aktivierungsversuche 71

Bild 3.32: DSC-Analyse der Proben S-O, Anlassdauer 5 Minuten 72

Bild 3.33: DSC-Analyse, Proben S-O, Anlassdauer 20 Minuten 73

Bild 3.34: Verlauf der charakteristischen Umwandlungstemperaturen (Legierung S) 73

Abbildungsverzeichnis

Bild 3.35: Vergleich der Ergebnisse der DSC-Analyse mit denen der Aktivierungsversuche 74

Bild 3.36: Dehnungs-Temperatur Diagramme der Legierung S (oben: S400-20, unten: S500-20, links: Spannung von 400N/mm2, rechts: Dehnung von ca. 6%) 76

Bild 3.37: Restdehnungsdiagramme für 6% Vordehnung und 400N/mm^2 Spannung 77

Bild 3.38: Versagenstemperatur in Abhängigkeit von der Vorspannung für kurze Haltezeiten 78

Bild 3.39: Versagenstemperatur in Abhängigkeit von Haltezeit 79

Bild 3.40: links: Zugversuch, rechts: Aktivierungsversuch der H-HE-Proben 80

Bild 3.41: Vergleich der im Ofen und mit dem Heizelement geglühten Proben (Legierung H) 82

Bild 3.42: Vergleich der charakteristischen Kennwerte der im Ofen und der mittels Rohrheizelement geglühten Proben der Legierung H 83

Bild 3.43: links: Zugversuch, rechts: Aktivierungsversuch der S-HE-Proben 84

Bild 3.44: Vergleich Heizelement- und Ofenproben der Legierung S 85

Bild 3.45: Vergleich der charakteristischen Kennwerte 86

Bild 3.46: 2-Stufenaktor H-STA-400-500-20 88

Bild 3.47: Stufenaktor H-HE-STA-300-500-20 88

Bild 3.48: links: Versuchsaufbau, rechts: Detailaufnahme des Hebels 90

Bild 3.49: Funktionsintegrierter S-Drahtaktor, Durchmesser 0,4mm, 4% vorgedehnt 91

Bild 4.1: Funktionsprinzip des Einzelaktors 96

Bild 4.2: Serielle Verbindung 97

Bild 4.3: Schrittantrieb mit FG-Drahtaktoren auf der Basis eines Harmonic Drive Getriebes 98

Bild 4.4: Dehnungen des H300-Drahtes bei unterschiedlichen Spannungen 99

Bild 4.5: Dehnungen des H400-Drahtes bei unterschiedlichen Spannungen 99

Bild 4.6: Schematischer Verlauf der Kraft-Weg-Kennlinie 102

Bild 4.7: Schematische Darstellung des Prüfstandes 103

Bild 4.8: Diagramme zur Agonist-Antagonist Bauweise 105

Bild 4.9: Ausschnitt eines Agonist-Antagonist-Zykluses 106

Bild 4.10: Darstellung von Dehnung und Spannung über der Anzahl der Zyklen 107

Bild 4.11: Aktorsystem zur Ermittlung der Agonist-Antagonist-Eigenschaften 108

Bild 4.12: Diagramm zur Darstellung des Agonist-Antagonist-Prinzips 109

Bild 6.1: Merkmale des „one-Module"-Funktionsbaukastens 116

Abbildungsverzeichnis

Bild 6.2:	Beispiel für eine hochgradig integrierte „one-Module"-Struktur.	118
Bild 6.3:	Rautenaktor mit FGL-Antrieb	129
Bild 6.4:	Strategien zur Funktionsweise des Rautenaktors	130
Bild 7.1:	Merkmale der FG-Aktorik	131
Bild 7.2:	Lösungsraum für mechatronische Systeme	133
Bild 7.3:	Partitionierung von FG-Bauteilen	133
Bild 7.4:	Entwicklungsraum für die Integration FGL-basierter Systeme	134
Bild 7.5:	Integration durch Modularisierung von Teilfunktionen	135
Bild 7.6:	Integration durch Partitionierung von Bauteilen	135
Bild 7.7:	Schnittstellenanalyse von elektrisch aktivierten FG-Aktorsystemen	136
Bild 7.8:	Schnittstellenanalyse von FG-Aktorsystemen mit Aktivierung durch das Umgebungsmedium	137
Bild 7.9:	Evolution des Rautenaktors im Entwicklungsraum	138
Bild 7.10:	Entwicklungsevolution am Beispiel eines Gelenkes	139
Bild 7.11:	Integration anhand der Schnittstellenmatrix	140
Bild 7.12:	Konkretisierung von FGL-Anforderungen	141
Bild 7.13:	Korrelationsnetz für FGL-Interdependenzen	142
Bild 7.14:	Vorgehen beim Aktorentwurf in der Formgedächtnistechnik	143
Bild 7.15:	Festlegung der Bauweise als erster Schritt bei der FG-Aktorkonzeption	144
Bild 7.16:	Bewegungsmodi von FG Aktoren	145
Bild 7.17:	Konkretisierung der Partionen	147
Bild 7.18:	Konzeption der Effekte für die Partitionen	148
Bild 7.19:	Partitionen generieren	149
Bild 7.20:	Korrelationsmatrix zur Unterstützung der Aktorkonzeption	150

Tabellenverzeichnis

Tabelle 2.1: Technisch nutzbare Formgedächtnislegierungen [5] 10

Tabelle 2.2: Bauformen von Aktorelementen aus Formgedächtnislegierungen 11

Tabelle 2.3: Vergleich verschiedener Bauformen von Formgedächtniselementen 12

Tabelle 2.4: Möglichkeiten zur thermischen Aktivierung von Formgedächtnislegierungen 16

Tabelle 2.5: Vor-/ Nachteile der Differential (DBW)- und Integralbauweise (IBW) [23] 25

Tabelle 3.1: Übersicht der Arten der lokalen Konfiguration 30

Tabelle 3.2: Lokale Konfiguration durch Wärmebehandlung 32

Tabelle 3.3: Einfluss von Legierungselementen auf NiTi-Legierungen 39

Tabelle 3.4: Weitere Möglichkeiten der lokalen Konfiguration 39

Tabelle 3.5: Spezifische Werte der H-O Proben 54

Tabelle 3.6: Eigenschaften der S-O-Proben 59

Tabelle 3.7: Eigenschaften der H-O-Proben 63

Tabelle 3.8: Eigenschaften der S-O-Proben bezüglich der thermischen Aktivierung 66

Tabelle 3.9: DSC-Analyse der Probe H 70

Tabelle 3.10: DSC-Analyse der Probe S 74

Tabelle 3.11: Versuche der Proben H-HE 81

Tabelle 3.12: Zugversuch der Proben S-HE 85

Tabelle 3.13: Übersetzungsverhältnisse des Hebelsystems 90

Tabelle 4.1: Arten der partiellen Aktivierung in Bezug auf Mikro- und Makrobauweisen 94

Tabelle 4.2: Möglichkeiten der Aktivierung von FG-Effekten 95

Tabelle 5.1: Kombinationsmöglichkeiten lokaler Konfigurationsverfahren (direkte Kombination) 111

Tabelle 5.2: Kombinationsmöglichkeiten lokaler Konfigurationsverfahren (indirekte Kombination) 111

Tabelle 5.3: Kombinationsmöglichkeiten lokale Konfiguration mit partieller Aktivierung 112

Tabelle 6.1: Merkmale der partiellen Aktivierung und lokalen Konfiguration 114

Tabelle 6.2: Standardisierte „One-Modul"-Struktur in verschiedenen Konfigurationen 117

Tabelle 6.3: Vergleich eines „one-Modul"-Systems mit dem Aktorsystem nach [1] 119

Tabelle 6.4: Kombinationsmöglichkeiten von lokaler Konfiguration und partieller Aktivierung anhand von Drahtstrukturen mit einfacher Bewegungscharakteristik 120

Tabelle 6.5: Kombinationsmöglichkeiten von lokaler Konfiguration und partieller Aktivierung anhand von Drahtstrukturen mit stufenförmiger Bewegungscharakteristik 121

Tabellenverzeichnis

Tabelle 6.6: Kombinationsmöglichkeiten von lokaler Konfiguration und partieller Aktivierung anhand von Hebelstrukturen mit einfacher Bewegungscharakteristik 122

Tabelle 6.7: Kombinationsmöglichkeiten von lokaler Konfiguration und partieller Aktivierung anhand von Hebelstrukturen mit stufenförmiger Bewegungscharakteristik 123

Tabelle 6.8: Ordnungsschema der Strukturentwicklung – kombinierte Bewegungen 125

Tabelle 6.9: Ordnungsschema smarter FG-Strukturen mit Rückstellfunktion 127

Tabelle 6.10: Ordnungsschema smarter FG-Strukturen mit Agonist-Antagonist-Prinzip............. 128

Tabelle 6.11: Probleme der partiellen Aktivierung bei „one-Modul"-Systemen 129

Tabelle 7.1: Leitlinie für die Ermittlung von Anforderungen an FG-Elemente 141

Tabelle 7.2: Struktur-Modus-Verträglichkeitsmatrix 146

I want morebooks!

Buy your books fast and straightforward online - at one of world's fastest growing online book stores! Environmentally sound due to Print-on-Demand technologies.

Buy your books online at
www.morebooks.shop

Kaufen Sie Ihre Bücher schnell und unkompliziert online – auf einer der am schnellsten wachsenden Buchhandelsplattformen weltweit! Dank Print-On-Demand umwelt- und ressourcenschonend produziert.

Bücher schneller online kaufen
www.morebooks.shop

KS OmniScriptum Publishing
Brivibas gatve 197
LV-1039 Riga, Latvia
Telefax: +371 686 204 55

info@omniscriptum.com
www.omniscriptum.com

Printed by Books on Demand GmbH, Norderstedt / Germany